高等职业教育教材

生态环境保护概论

夏德强 | 主编

SHENGTAI HUANJING
BAOHU GAILUN

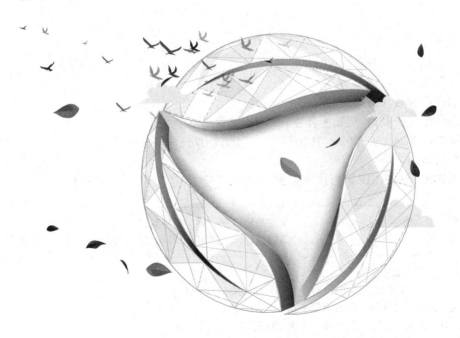

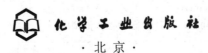

化学工业出版社

·北京·

内容简介

本书以生态文明思想为主线，对标新时代生态环境保护目标、措施、技术、成就进行编写。在内容选取方面力求与时俱进，在文字表述方面做到深入浅出，在课程思政方面力求润物无声，在技术措施方面聚焦新颖实用。

本书共七章，主要介绍环境问题与环境保护、大气污染及其防治技术、水污染及其防治技术、土壤污染及其防治技术、固体废物及其资源化技术、生态系统与生态保护、绿色低碳发展等内容。

本书既可作为普通高等教育和高等职业教育环境保护类专业基础课程教材、生物与化工类专业拓展课程教材，也可作为工科类专业的选修课程教材，还可以作为干部培训、党员学习的参考资料。

图书在版编目（CIP）数据

生态环境保护概论 / 夏德强主编． -- 北京：化学工业出版社，2024.9（2025.3重印）． -- ISBN 978-7-122-46256-5

Ⅰ．X171.4

中国国家版本馆CIP数据核字第2024LK3917号

责任编辑：刘心怡　　　　　　文字编辑：张　琳　杨振美
责任校对：宋　玮　　　　　　装帧设计：王晓宇

出版发行：化学工业出版社
　　　　（北京市东城区青年湖南街13号　邮政编码100011）
印　　装：高教社（天津）印务有限公司
787mm×1092mm　1/16　印张16　字数403千字
2025年3月北京第1版第2次印刷

购书咨询：010-64518888　　　　售后服务：010-64518899
网　　址：http://www.cip.com.cn
凡购买本书，如有缺损质量问题，本社销售中心负责调换。

定　　价：45.00元　　　　　　　　　　　版权所有　违者必究

前言
PREFACE

  生态兴则文明兴。党的十八大以来，我国把生态文明建设纳入"五位一体"总体布局和"四个全面"战略布局，开展了一系列根本性、开创性、长远性改革，取得了历史性、转折性、全局性变化，创造了举世瞩目的生态奇迹和绿色发展奇迹，美丽中国建设迈出重大步伐。面向未来，党的二十大提出，要尊重自然、顺应自然、保护自然，牢固树立和践行绿水青山就是金山银山的理念，站在人与自然和谐共生的高度谋划发展。要推进美丽中国建设，坚持山水林田湖草沙一体化保护和系统治理，统筹产业结构调整、污染治理、生态保护、应对气候变化，协同推进降碳、减污、扩绿、增长，推进生态优先、节约集约、绿色低碳发展。这些新思想、新理念、新成就、新标准、新政策、新技术、新要求迫切需要整合序化为教师好教、学生爱学的具有鲜明时代特征的教材，这是作者编写本书的主要目的，也是推动习近平生态文明思想进教材、进课堂、进头脑的具体行动。

  本书以生态文明思想为主线，对标新时代生态环境保护目标、措施、技术、成就等进行编写设计，具有以下四点特色：一是在课程思政方面力求"润物无声"，本书每章首设有"学习指南"，章中设有"案例分析"，章末设有"课外阅读"，做到专业知识和中华优秀传统文化、伟大成就的有机融合，增强学生的爱国情怀、法治意识、职业精神等，实现知识传授、价值塑造和能力培养的统一；二是在内容选取方面力求"与时俱进"，本书涉及的生态环境保护实践成果以及生态环境保护目标、措施、标准、法规等绝大多数源自党的十八大以后，部分是党的二十大以来作出的新部署、新要求；三是在文字表述方面力求"深入浅出"，本书将大量的新时代生态文明建设和环境保护的措施、实践成果转化为教学案例，将新污染物、国家公园制度、碳达峰、碳中和、绿色低碳发展、蓝天碧水净土保卫战、黄河流域生态环境保护、无废城市等引入教材，增强了教材的科普性和可读性；四是在技术措施方面力求"新颖实用"，本书紧盯生态环境保护产业链条、社会急需、技术前沿，推进"岗课赛证"有机融合的课程改革，将生态环境保护的新方法、新工艺、新技术融入课程，提升教材的技术含量和专业性。

本书共七章，分两个部分。第一部分主要介绍环境保护，包括环境问题与环境保护、大气污染及其防治技术、水污染及其防治技术、土壤污染及其防治技术和固体废物及其资源化技术五章；第二部分主要介绍生态文明，包括生态系统与生态保护、绿色低碳发展。本书既可作为普通高等教育和高等职业教育环境保护类专业基础课程教材、生物与化工类专业拓展课程教材、其他专业的选修课教材，也可作为工科类专业课程的课程思政资源库，还可以作为干部培训、党员学习的参考资料。

本书前言、第一章、第三章、第六章、第七章由夏德强编写，第二章由本莲芳编写，第四章由王智博编写，第五章由胡甫嵩编写，魏贤参与了部分章节和课后练习题的编写。全书由夏德强统稿。

本书编写中参考了大量的相关教材、专著、论文、规范及标准等，尤其是书中部分插图、数据引用了中华人民共和国生态环境部网站的相关内容，在此对本书所引用成果的单位和个人表示衷心感谢。安徽嘉泰检测科技有限公司王彬，安徽省亳州生态环境监测中心李媛媛、赵红艳等为本书的编写提供了大量素材，在此一并表示感谢。

由于编者的知识和能力水平有限，书中不足之处在所难免，恳请广大读者批评指正，以便今后进一步修订。

夏德强

2024年1月

目录
CONTENTS

第一章 环境问题与环境保护 　　001

　第一节 环境 　　002

　　一、环境的分类 　　002

　　二、环境的组成 　　002

　　三、环境的特性 　　004

　　四、环境的功能 　　004

　第二节 环境问题 　　005

　　一、环境问题及其分类 　　005

　　二、环境问题的产生 　　006

　第三节 全球性环境问题 　　010

　　一、全球气候变化 　　010

　　二、臭氧层空洞 　　013

　　三、酸雨 　　014

　　四、生物多样性锐减 　　015

　　五、土地沙漠化 　　016

　　六、新污染物 　　018

　　七、海洋污染 　　022

　　八、危险废物越境转移 　　024

　第四节 环境保护发展历程 　　024

　　一、人类环境保护史上的四个阶段 　　024

二、我国古代环境保护思想 ... 028
三、我国环境保护发展历程 ... 029

练习题 ... 033

第二章 大气污染及其防治技术 ... 034

第一节 大气污染问题 ... 035

一、大气圈结构与大气的组成 ... 035
二、大气污染及其分类 ... 037
三、大气污染源 ... 038
四、大气污染物 ... 039
五、大气污染的危害 ... 041
六、我国大气污染现状 ... 042

第二节 大气污染防治的重点任务及相关法律、政策 ... 044

一、大气污染防治的重点任务 ... 045
二、大气污染防治的法律保障 ... 045
三、大气污染防治的相关政策 ... 047

第三节 大气污染控制的基本技术 ... 048

一、空气质量标准及规范 ... 048
二、大气污染控制技术 ... 053
三、机动车船尾气治理 ... 061
四、$PM_{2.5}$和臭氧的协同治理 ... 062

第四节 我国大气污染治理成效 ... 064

一、我国大气污染防治历程 ... 064
二、我国大气污染防治成效 ... 066
三、我国污染物协同控制成效 ... 067
四、大气污染防治的未来行动 ... 068

练习题 ... 070

第三章 水体污染及其防治技术 　　071

第一节 我国水安全问题 　　072

  一、我国水资源现状及特点 　　072
  二、水体污染及其类型 　　073
  三、污水的水污染指标 　　074
  四、我国水体污染现状 　　080

第二节 水污染控制的重点任务及相关法律、政策 　　082

  一、水污染控制的重点任务 　　082
  二、水污染控制的法律保障 　　083
  三、深入打好长江保护修复攻坚战行动方案 　　085
  四、黄河流域生态环境保护规划 　　086

第三节 水污染控制的基本技术 　　086

  一、水质标准 　　087
  二、水污染控制基本技术 　　090
  三、城市黑臭水体治理方法 　　095

第四节 我国水污染治理历程及成效 　　098

  一、我国水污染治理历程 　　099
  二、我国水污染治理成效 　　101

练习题 　　103

第四章 土壤污染及其防治技术 　　105

第一节 土壤污染问题 　　106

  一、土壤的物质组成 　　107
  二、土壤污染的类型和特点 　　111
  三、土壤污染物的来源 　　112
  四、我国土壤污染现状 　　114

第二节 土壤污染防治的重点任务及相关法律、政策 　　117
一、土壤污染防治的重点任务 　　117
二、土壤污染防治的法律保障 　　118
三、土壤污染防治的相关政策 　　118

第三节 土壤污染防治的基本技术 　　120
一、土壤环境质量标准 　　120
二、土壤的自净作用 　　123
三、土壤污染修复技术 　　126

第四节 我国土壤污染治理成效 　　138
一、我国土壤环境管理的发展历程 　　138
二、我国土壤环境管理的总体思路 　　140
三、我国土壤污染防治的主要成效 　　140

练习题 　　143

第五章 固体废物及其资源化技术 　　145

第一节 固体废物问题 　　146
一、固体废物定义及特点 　　146
二、固体废物的来源及其分类 　　147
三、固体废物的危害 　　148
四、固体废物的产生、综合利用和处置情况 　　148

第二节 固体废物资源化的重点任务及相关法律、政策 　　151
一、固体废物防治的原则 　　152
二、固体废物防治的重点任务 　　153
三、固体废物防治的法律保障 　　153
四、固体废物资源化相关政策 　　154

第三节 固体废物资源化的基本技术 　　156
一、固体废物预处理技术 　　157

二、固体废物传统处理方法	158
三、固体废物资源化利用技术	160

第四节　我国固体废物资源化成效　165

- 一、"无废城市"政策沿革和推进现状　165
- 二、无废城市建设成效　167
- 三、无废城市典型亮点模式　168
- 四、无废城市走向无废社会　170

练习题　171

第六章　生态系统与生态保护　173

第一节　生态系统　174

- 一、生态系统的基本概念　174
- 二、生态系统的组成和结构　174
- 三、生态系统的类型　178
- 四、生态系统的功能　179
- 五、我国生态系统情况　185

第二节　生态平衡　186

- 一、生态平衡的特点　186
- 二、生态平衡的标志　186
- 三、生态平衡的破坏　187

第三节　生态保护　188

- 一、生态学的一般规律　188
- 二、生态学在环境保护中的应用　190

第四节　我国生态保护的重要举措　192

- 一、筑牢国家生态安全屏障　192
- 二、开展大规模国土绿化行动　193
- 三、加强荒漠化治理和湿地保护　194
- 四、提升生态系统质量和稳定性　194

第五节 我国新时代生态保护的实践成效 　　198
一、生态环境保护制度得到系统性完善 　　198
二、生态保护监管力度得到持续加强 　　199
三、生态安全屏障得到有效巩固 　　199
四、推动"绿水青山"向"金山银山"的转化实践 　　199
五、深度参与全球生物多样性治理 　　201

练习题 　　202

第七章 绿色低碳发展 　　204

第一节 绿色低碳发展的基本内容 　　205
一、促进经济社会发展全面绿色转型 　　205
二、努力实现碳达峰碳中和 　　205
三、打造国家重大战略绿色发展高地 　　205

第二节 绿色低碳发展的重要举措 　　208
一、碳达峰碳中和的顶层设计 　　208
二、碳达峰碳中和的实施方案 　　210
三、绿色低碳发展的法律保障 　　214

第三节 绿色低碳发展的常用术语与基本技术 　　215
一、碳达峰碳中和的常用术语 　　215
二、实现碳中和的绿色低碳技术 　　216

第四节 从绿色发展到美丽中国 　　234
一、我国绿色低碳发展的历程 　　234
二、我国绿色低碳发展的成效 　　234
三、我国绿色低碳发展的未来行动 　　239

练习题 　　242

参考文献 　　244

第一章 环境问题与环境保护

Study Guide
学习指南

内容提要 本章主要介绍环境的概念、分类和组成；分析环境问题产生的原因；阐述当前具有全球共识、形成国际公约的主要全球性环境问题；论述国内外环境保护的发展历程。

重点要求 系统了解环境、环境问题及其相关的环境基础知识；了解当前全球性、广域性环境问题，并掌握其发生、发展的起因；掌握人类环境保护史的四个阶段和我国环境保护发展历程的五个阶段。

第一节 环境

环境（environment）是一个抽象的、相对的概念，总是相对于某一中心事物而言。它是指作用于这一中心事物周围的所有客观事物的总体，因中心事物的不同而不同，随中心事物的改变而改变。从环境科学的角度看，中心事物是人类，它的含义可以概括为："作用在'人'这一中心客体上的一切外界事物和力量的总和。"人与环境之间存在着一种对立统一的辩证关系，是矛盾的两个方面，二者既相互作用、相互依存、相互促进和相互转化，又相互对立和相互制约。

《中华人民共和国环境保护法》中环境的概念为："本法所称**环境**，是指影响人类生存和发展的各种天然的和经过人工改造的自然因素的总体，包括大气、水、海洋、土地、矿藏、森林、草原、湿地、野生生物、自然遗迹、人文遗迹、自然保护区、风景名胜区、城市和乡村等。"法律明确规定，环境内涵就是指人类的生存和发展环境，并不泛指人类周围的所有自然因素。这里的"自然因素的总体"强调的是"各种天然的和经过人工改造的"，即法律所指的"环境"，既包括了自然环境，也包括了社会环境。所以人类的生存环境有别于其他生物的生存环境，也不同于所谓的自然环境。

一、环境的分类

环境既包括以空气、水、土地、植物、动物等为内容的物质因素，也包括以观念、制度、行为准则等为内容的非物质因素；既包括自然因素，也包括社会因素；既包括非生命体形式，也包括生命体形式。按环境的属性，可将环境分为自然环境、人工环境和社会环境。

1. 自然环境

自然环境（natural environment）指未经过人的加工改造而天然存在的环境，是人类赖以生存和发展的基础。自然环境按环境要素，又可分为大气环境、水环境、土壤环境、地质环境和生物环境等，主要指地球的五大圈——大气圈、水圈、土壤圈、岩石圈和生物圈。

2. 人工环境

人工环境（artificial environment）指在自然环境的基础上经过人的加工改造所形成的环境，或人为创造的环境。人工环境与自然环境的区别主要在于人工环境对自然物质的形态做了较大的改变，使其失去了原有的面貌。

3. 社会环境

社会环境（social environment）指由人与人之间的各种社会关系所形成的环境，包括政治制度、经济体制、文化传统、社会治安、邻里关系等。

二、环境的组成

环境是由若干规模和性质不同的子系统组成的，这些子系统主要包括聚落环境（settlement environment）、地理环境（geographical environment）、地质环境（geologic environment）和宇宙环境（cosmic environment）等层次结构。

1. 聚落环境

聚落环境是人类有目的、有计划地利用和改造自然环境而创造出来的生存环境，是与人类生产和生活关系最密切、最直接的工作和生活环境。聚落环境中的人工环境因素占主导地位，也是社会环境的一种类型。人类的聚落环境经历了从自然界中的穴居和散居，直到形成人口密集的乡村和城市的过程。显然，聚居环境的变迁和发展，为人类提供了安全清洁和舒适方便的生存环境。但是，聚落环境及周围的生态环境由于人口的过度集中、人类缺乏节制的频繁活动以及对自然界的资源和能源超负荷索取而受到巨大的压力，造成局部、区域性乃至全球性的环境污染。因此，聚落环境历来都引起人们的重视和关注，也是环境科学的重要和优先研究领域。聚落环境根据其性质、功能和规模可分为院落环境、村落环境和城市环境等。

2. 地理环境

地理环境又称地球环境，是指一定社会所处的地理位置以及与此相联系的各种自然条件的总和，包括气候、土地、河流、湖泊、山脉、矿藏以及动植物资源等。地理环境是能量的交错带，位于地球表层，即岩石圈、水圈、土壤圈、大气圈和生物圈相互作用的交错带上。它下起岩石圈的表层，上至大气圈下部的对流层顶，厚10~30km，包括了全部的土壤圈，其范围大致与水圈和生物圈相当。概括地说，地理环境是由与人类生存和发展密切相关，直接影响到人类衣、食、住、行的非生物和生物等因子构成的复杂的对立统一体，是具有一定结构的多级自然系统，水圈、土壤圈、大气圈、生物圈都是它的子系统。每个子系统在整个系统中有着各自特定的地位和作用，非生物环境都是生物（植物、动物和微生物）赖以生存的主要环境要素，它们与生物种群共同组成生物的生存环境。地理环境是来自地球内部的内能和来自太阳辐射的外能的交融地带，有着适合人类生存的物理条件、化学条件和生物条件，因而构成了人类活动的基础。

3. 地质环境

地质环境主要指地表以下的坚硬地壳层，也就是岩石圈部分。地理环境是在地质环境的基础上，在宇宙因素的影响下发生和发展起来的，地理环境和地质环境以及宇宙环境之间经常不断地进行着物质和能量的交换。岩石在太阳能作用下的风化过程，使被固结的物质释放出来，进入地理环境中，参与到地质循环乃至星际物质大循环中去。如果说地理环境为人们提供了大量的生活资料、可再生的资源，那么地质环境则为人们提供了大量的生产资料——丰富的难以再生的矿产资源等。矿产资源是人类生产资料和生活资料的基本来源，对矿产资源的开发利用是人类社会发展的前提和动力。

4. 宇宙环境

宇宙环境又称星际环境，是指地球大气圈以外的宇宙空间环境，由广袤的空间、各种天体、弥漫物质以及各类飞行器组成。目前人类能观察到的空间范围已达100多亿光年的距离，图1-1为我国2016年建成的500m口径球面射电望远镜，其是世界已经建成的最大射电望远镜，被誉为"中国天眼"。自古以来，人类采用各种方法观测宇宙、探寻宇宙的奥秘，直到1957年第一颗人造地球卫星成功发射，人类才开始离

图1-1 "中国天眼"全景

开地球进入宇宙空间进行探测活动。我国于 2022 年建成中国空间站（天宫空间站），空间站轨道高度为 400~450km，倾角 42°~43°，设计寿命为 10 年，长期驻留 3 人，总重量达 180t。建造空间站、建成国家太空实验室是实现我国载人航天工程"三步走"战略的重要目标，是建设科技强国、航天强国的重要引领性工程，是中国航天事业的重要里程碑，将为人类和平利用太空作出开拓性贡献。

三、环境的特性

1. 整体性与区域性

环境的整体性是指环境各要素构成一个完整体系。即在一定空间内，环境要素（大气、水、土壤、生物等）之间存在着确定的种类、数量、空间位置的排布和相互作用关系。通过物质转换和能量流动以及相互关联的变化规律，在不同的时刻，系统会呈现出不同的状态。环境的区域性是指整体特性的区域差异，即不同区域的环境有不同的整体特性，比如滨海环境与内陆环境、高原环境与盆地环境等，都会明显地表现出环境特性的差异。环境的区域性不仅体现了环境在地理位置上的变化，还反映了区域社会、经济、文化和历史等的多样性。环境的整体性与区域性是同一环境特性在两个不同侧面的表现。

2. 变动性与稳定性

环境的变动性是指在自然过程和人类社会的共同作用下，环境的内部结构和外在状态始终处于变动之中。人类社会的发展史就是环境的结构与状态在自然过程和人类社会行为相互作用下不断变动的历史。环境的稳定性是指环境系统具有在一定限度范围内自我调节的能力，即环境可以凭借自我调节能力在一定限度内将人类活动引起的环境变化抵消。环境的变动性是绝对的，而稳定性是相对的。人类必须将自身活动对环境的影响控制在环境自我调节能力的限度内，使人类活动与环境变化的规律相适应，以使环境朝着有利于人类生存发展的方向变动。

3. 资源性与价值性

环境的资源性表现在物质性和非物质性两个方面：物质性（如水资源、土地资源、矿产资源等）是人类生存发展不可缺少的物质资源和能量资源；而非物质性同样可以是资源，如某一地区的环境状况直接决定其适宜的产业模式，因而环境状况就是一种非物质性资源。环境的价值性源于环境的资源性，是由其生态价值和存在价值组成的。环境是人类社会生存和发展所不可缺少的，具有不可估量的价值。

四、环境的功能

1. 环境的资源功能

各类环境要素都是人类生产生活所需要的资源。例如，岩石圈为人类提供大量的矿产资源，土壤圈为人类提供生产粮食作物所需要的营养条件，生物圈为人类提供食物和大量的生产资料等。

2. 环境的调节功能

环境系统是一个复杂的具有时、空、量、序特征的动态系统和开放系统，系统内外存在着物质和能量的变化与交换。系统外部的各种物质和能量，通过外部作用，进入系统内部，这种过程称为输入；系统内部也对外界发生一定的作用，通过系统内部作用，一些物质和能量排放到系统外部，这个过程称为输出。生态系统具有自我调节作用，如森林具有蓄水、防止水土流失、吸收 CO_2 的调节作用。在一定的时空尺度内，环境在自然状态下通过调节作用，使系统的输入等于输出，这时候就出现一种平衡，称为生态平衡。当外部干扰影响了环境系统的输入和输出时就会造成环境系统的失衡。

3. 环境的服务功能

自然资源和自然生态环境是生命的支持系统，它们除了为人类提供大量的生产和生活资料外，还有许多生态服务功能，如森林能调节气候、净化空气，为人类提供休闲娱乐的场所等，生态系统提供的这些功能是人类自身所不能替代的。美国的"生物圈二号"（建立在美国亚利桑那州图森市北部沙漠中的一个微型人工生态循环系统）科学试验证实，在人类现有的技术水平下，还无法模拟出一个供人类生存和繁衍的生态系统。

4. 环境的文化功能

地球的演化形成了今天壮丽的名山大川，优美的自然环境使人类在精神上和人格上得到了发展和升华，不同的自然环境塑造了不同的民族性格、习俗和文化。

第二节 环境问题

一、环境问题及其分类

环境问题是指由于自然演变或人类活动作用于人们周围的环境所引起的环境质量变化，以及这种变化反过来影响人类的生产、生活和健康所产生的问题。在人类改造自然环境和创建社会环境的过程中，自然环境仍以其固有的自然规律变化着。社会环境受自然环境制约的同时，也以其固有的规律发展变化着。人类与环境不断地相互影响和相互作用，产生环境问题，见图1-2。

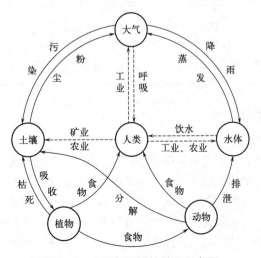

图1-2 人类与环境的关系示意图

1. 原生环境问题

环境问题多种多样。由自然演变和自然灾害引起的环境问题为原生环境问题，也称第一环境问题。如地震、火山爆发、滑坡、泥石流、台风、洪涝、干旱等。

2. 次生环境问题

由人类活动引起的环境问题为次生环境问题，也称第二环境问题。次生环境问题一般又分为环境污染和环境破坏两大类。人类生产、生活活动中产生的各种污染物（或污染因素，如废水、废气、废渣）进入环境，当超过了环境容量的容许极限时，使环境受到污染；人类在开发利用自然资源时，超越了环境承载能力，使生态环境遭到破坏，或出现自然资源枯竭的现象，这些都属于人为造成的环境问题，如森林破坏、草原退化、沙漠化、盐渍化、水土流失、物种灭绝、自然景观破坏等。人们通常所说的环境问题，多指人为因素造成的。

二、环境问题的产生

从人类诞生开始就存在着人与环境的对立统一关系，人类利用和改造自然的能力越强，对环境的影响越大。因而，环境问题是随着人类生产力的提高而日益凸显出来并随之发展和变化的，大体上可分为以下四个阶段，如表1-1所示。

表1-1 人类文明发展史中环境问题的四个阶段和特征

文明类型	采猎文明	农业文明	工业文明	现代文明
社会形态	原始社会	农业社会	工业社会	知识社会
对自然的态度	依赖自然	改造自然	征服自然	善待自然
生产特点	生产力低下，活动范围很小	使用比较简单的劳动工具，活动范围较小	广泛应用机械设备，生产力提高，活动范围扩大	信息技术促进生产力水平极大提高
主要活动	天然食物采集和捕食	主要从事农业和畜牧业生产，开始改造自然	工业化生产，大量使用化石燃料	工农业生产不断集中扩大，能源需求迅猛增加
环境破坏程度	萌芽	严重	恶化	缓解
环境问题	生产资料缺乏，滥用资源	生态平衡失调，局部环境污染	从地区性公害到全球性灾难	环境污染，人口爆炸，资源枯竭，能源短缺，粮食不足
人类对策	听天由命	"牧童经济"	环境保护	可持续发展

1. 原始社会，人类依赖自然

《韩非子·五蠹》中写道："上古之世，人民少而禽兽众，人民不胜禽兽虫蛇。"人类在诞生后的漫长岁月里，只是天然食物的采集者和捕食者，那时人类主要是利用环境，而很少有意识地改造环境，人类对环境的影响不大。尤其是原始社会，人们的物质生产能力十分低下，主要通过向自然索取植物性食物的采集活动和向自然捕获动物性食物的渔猎活动来维持自己的生存，其生命时刻处在大自然的威胁之中，大自然的变化使得原始人类经常处于饥饿、疾病、受冻、被侵袭等艰苦状态中。这种生存状态使原始人对自然产生了极大的恐惧感，他们把自然视为威力无穷的主宰，视自然为神秘力量的化身。他们只好屈从于自然，神化自然，跪拜在自然之神的脚下，并通过各种原始宗教仪式对其表示服从，乞求自然之神的保护。另外，原始人发明了取火技术，将火用于烧熟食物，用于抵抗咆哮的猛兽，用于驱赶刺骨的严寒，但同时也把污染带到了他们居住的洞穴。

2. 农业社会，人类改造自然

在农业社会，人类学会了培育植物、驯化动物，开始发展农业和畜牧业，这在生产发展史上是一次大革命，人类开始进入了一种依靠人工控制动植物生长和繁殖来取得自己物质生活资料的农业文明时代。随着农业和畜牧业的发展，人类改造环境的作用日益显著，但与此同时也产生了相应的环境问题，如大量开发森林、破坏草原、刀耕火种、盲目开荒，往往引起严重的水土流失、水旱灾害频繁和沙漠化；又如兴修水利、不合理灌溉，往往引起土壤的盐渍化、沼泽化，以及引起某些传染病的流行。例如，黄河流域是中国古代文明的发祥地，在古代，那里森林茂密、土壤肥沃，西汉末年和东汉时期对黄河流域进行了大规模的开垦，促进了当地农业生产的发展，但是由于滥伐森林，水源不能得到涵养，水土流失严重，造成了沟壑纵横、水旱灾害频繁、土地日益贫瘠。再如，塔克拉玛干沙漠的蔓延，湮没了盛极一时的丝绸之路；河西走廊沙漠的扩展，毁坏了敦煌古城；科尔沁、毛乌素沙地和乌兰布和沙漠的蚕食，侵占了富饶美丽的草原；楼兰古城因屯垦开荒、盲目灌溉，导致孔雀河改道而衰落；河北北部的围场，早年树海茫茫、水草丰美，但从同治年间开围放垦，致使千里松林几乎荡然无存，出现了几十万亩❶的荒山秃岭。唐代中叶以来，我国经济中心逐步向东、向南转移，很大程度上同西部地区生态环境变迁有关。在我国古代的史书上，还留下了许多有关水污染的记载，如宋时西安"城内泉咸苦，民不堪食"，乃将龙首渠水"引注入城，给民汲饮"。

3. 工业社会，人类征服自然

1784年瓦特发明了蒸汽机，迎来了工业革命，使生产力获得了飞跃式发展，增强了人类利用和改造自然的能力，同时大规模地改变了环境的组成和结构，还改变了环境中的物质循环系统，与此同时也带来了新的环境问题。20世纪30年代以后，环境问题突出，震惊世界的公害事件接连不断，出现了不少公害病，表1-2列举了世界著名的八大公害事件。

表1-2 世界八大公害事件

事件	时间	地点	原因	污染物质	污染伤害情况
马斯河谷事件	1930年12月	比利时马斯河谷工业区	炼焦厂、炼钢厂、硫酸厂和化肥厂等许多工厂排放出的有害气体，在逆温的条件下大量积累	二氧化硫	60多人中毒死亡，几千人患呼吸道疾病，许多家禽死亡
多诺拉烟雾事件	1948年10月	美国匹兹堡市多诺拉镇	因地处河谷，工厂林立，大气受反气旋和逆温的控制，持续有雾，大气污染物在近地层积累	二氧化硫	四天内使得约6000人患病，占全镇总人数的43%
洛杉矶光化学烟雾事件	20世纪50年代初期	美国洛杉矶	汽车排放的NO_x、CO、碳氢化合物，在阳光的照射下，	光化学烟雾	光化学烟雾刺激人的眼、鼻、喉，引起眼病、喉炎和头痛。

---

❶ 1亩 = 666.67m^2。

续表

事件	时间	地点	原因	污染物质	污染伤害情况
洛杉矶光化学烟雾事件	20世纪50年代初期	美国洛杉矶	形成了淡蓝色的光化学烟雾（含臭氧、氧化氮、乙醛和其他氧化剂）	光化学烟雾	在1952年12月的一次烟雾事件中，65岁以上的老人死亡400多人
伦敦烟雾事件	1952年12月	英国伦敦市	冬季燃煤引起的煤烟形成烟雾	煤烟	四天内死亡4000多人
四日市哮喘事件	1961年	日本四日市	该市的石油炼制和各种燃油产生的废气，使整个城市终年黄烟弥漫。全市工厂粉尘和二氧化硫的年排放量高达13万吨，空气中的重金属微粒与二氧化硫形成硫酸烟雾	石油冶炼和燃油产生的废气	硫酸烟雾被吸入肺里以后，使人患气管炎、支气管哮喘和肺气肿等多种呼吸道疾病
水俣病事件	1953—1956年	日本熊本县水俣镇	日本氮肥公司制造氯乙烯和醋酸乙烯过程中使用含汞（Hg）催化剂，产生的工业废水污染了水体，致使水俣湾的鱼中毒，人食用鱼后也中毒发病	汞	1956年，水俣镇开始出现一些手脚麻木、听觉失灵、运动失调、严重时呈疯癫状态的病人
骨痛病事件	1955—1977年	日本富山县神通川流域	由于锌铅冶炼厂排放的含镉废水污染了河水，两岸居民用河水灌溉农田，致使土壤含镉量明显增高。居民食用含镉量高的稻米和饮用含镉量高的河水而中毒，导致肾和胃受损	镉	镉通过稻米进入人体，首先引起肾脏障碍，逐渐导致软骨症，或叫痛痛病，也叫骨痛病，严重者在痛苦中死亡
日本米糠油事件	1968年3月	日本北九州市和爱知县一带	在生产米糠油时，使用了多氯联苯作脱臭工艺中的热载体，由于管理不善，多氯联苯混入米糠油中。随着这种有毒的米糠油在各地销售，造成了大批人中毒	多氯联苯	患者眼皮发肿、手心出汗、全身起红疙瘩，随后全身肌肉疼痛、咳嗽不止，严重时恶心呕吐、肝功能下降

20世纪50—60年代，出现了第一次环境问题高潮，产生的主要原因有两个方面。

一是人口迅猛增长，城市化速度加快。19世纪早期（约1830年），世界人口只有10亿，100年后（1930年）人口增加了10亿，而世界人口增加第三个10亿仅仅经过了30年，增加第四个10亿仅仅用了不到15年。1974年世界人口增至40亿，到1987年增至50亿，见图1-3。2022年11月15日，全球人口总数达到80亿，据联合国《世界人口展望2022》报告，由于预期寿命和育龄人口增加，预计到2030年全球人口将增长至85亿左右，2050年达到97亿，21世纪80年代达到约104亿的峰值，并保持这个水平到2100年。

二是工业不断集中和扩大，能源消耗增加。1900年世界能源消耗量还不到10亿吨标准煤❶，到1950年猛增至25亿吨标准煤，到1956年石油的消耗量也猛增至6亿吨，在能源中所占的比例增大，而且增加了新污染，碳的排放量也迅速增加。1962年，美国科普作家蕾切尔·卡逊编著出版《寂静的春天》（Silent Spring），描写因过度使用化学药品和肥料而导致环境污染、生态破坏，最终给

---

❶ 1吨标准煤 = 29.3×10⁶kJ。

人类带来不堪重负的灾难，指出人类应该走"另外的路"。此书引起了世人的强烈反响。

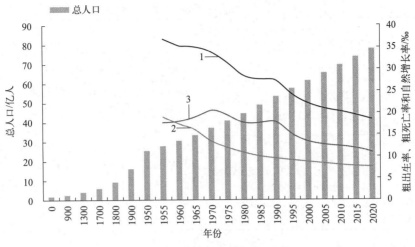

图1-3　世界人口增长曲线图

1—粗出生率；2—粗死亡率；3—自然增长率

（数据来源：联合国，美国自然历史博物馆）

4. 知识社会，人类善待自然

20世纪80年代初，伴随着环境污染和大范围生态破坏，环境问题的第二次高潮开始出现。此时，人们共同关心的影响范围大和危害严重的环境问题有三类：一是全球性的大气污染，如温室效应、臭氧层破坏和酸雨；二是大面积生态破坏，如大面积森林被毁、草场退化、土壤侵蚀和荒漠化；三是突发性的污染事件频发，如1984年12月的印度博帕尔农药泄漏事件、1986年4月的苏联切尔诺贝利核电站泄漏事件、1986年11月的莱茵河污染事件等。在1979—1988年间，这类突发性的严重污染事故就发生了十多起。2011年3月11日，日本宫城县以东的太平洋海域发生了震级达到9.1级的大地震，并引发严重海啸，导致近两万人死亡，见图1-4。肆虐的海水、破烂的房屋、漂起的汽车，以及碰撞导致的火灾，都让这场海啸制造了一个个触目惊心的场景，受此影响，福岛第一核电站1至3号机组堆芯熔毁。事故发生后，东京电力公司持续向1至3号机组安全壳内注水以冷却堆芯并回收污水，截至2021年3月，已储存了125万吨核污水，且每天新增140吨。2021年4月13日，日本政府召开内阁会议，无视国内国际舆论的质疑和反对，正式决定将福岛第一核电站上百万吨核污水经过滤并稀释后排入大海，排放于2023年8月24日启动。

图1-4　日本"3·11"海啸

前后两次环境问题高潮有很大的不同，有明显的阶段性，见表1-3。

表1-3　两次环境问题高潮的不同点

项目	第一次高潮	第二次高潮
影响范围不同	主要出现在工业发达国家，重点是局部性、小范围的环境污染问题	不仅对某个国家、某个地区造成危害，而且对人类赖以生存的整个地球生态环境造成危害
危害后果不同	环境污染对人体健康的影响及造成的经济损失问题不突出	不但明显损害人类健康，而且全球性的环境污染和生态破坏已威胁到全人类的生存与发展，阻碍经济的可持续发展
污染来源不同	污染来源尚不太复杂，较易通过污染源调查弄清问题。通过采取适当措施，污染就可以得到有效控制	污染源和破坏源众多，不但分布广，而且来源杂，来自全人类的经济生产和日常生活。解决这些环境问题要靠众多国家甚至全人类的共同努力，极大地增加了解决问题的难度
事件性质不同	公害事件	突发性严重污染事件

随着工业化进程的发展，人类生存的环境遭受到了巨大的破坏，自然环境逐渐恶化，人类的生存受到了自然环境的威胁。人类经过不断反思，逐渐认识到人与自然的关系不应该是征服与被征服的关系，人类必须善待地球，必须学会与自然和谐共处。

第三节　全球性环境问题

地球是人类唯一赖以生存的家园，珍爱和呵护地球是人类的唯一选择。进入21世纪以来，地球生态赤字不断扩大，人类生存的生态环境正面临巨大挑战，生态超载进一步加剧全球气候变化、臭氧层破坏、生物多样性锐减、酸雨、土地荒漠化、海洋污染、危险废物越境转移、新污染物产生等，资源安全、生态安全已经成为国家安全的核心内容，并影响世界安全的格局。因此，了解典型全球性环境问题的产生、现状、发展及防控措施，对充分了解我国面临的严峻生态环境形势、应对已发生的和潜在的环境问题、积极参与我国生态环境建设至关重要。

一、全球气候变化

气候变化（climate change）是指在全球范围内，气候平均状态统计学意义上的巨大改变或者持续较长一段时间（典型的为30年或更长）的气候变动。气候变化的原因可能是自然的内部进程，或是外部强迫，或者是人为的持续对大气组成成分和土地利用的改变。《联合国气候变化框架公约》（United Nations Framework Convention on Climate Change，UNFCCC）将"气候变化"定义为"经过相当一段时间的观察，在自然气候变化之外由人类活动直接或间接地改变全球大气组成所导致的气候改变"。

1. 气候变化的原因

近一百年来，全球平均气温总体为上升趋势，进入20世纪80年代后，全球气温明显上升。导致全球变暖的主要原因是人类活动和自然界排放了大量温室气体，如CO_2、CH_4、O_3、N_2O

和氯氟烃（CFCs）等，其中以CO_2的温室作用最为明显，见表1-4。这些温室气体对来自太阳辐射的短波具有高度的透过性，而对地球反射出来的长波辐射具有高度的吸收性，因此造成**温室效应**（greenhouse effect）。

表1-4 主要温室气体及其特征

名称	现有浓度/(g/t)	年平均增长率/%	生存期/年	温室效应（CO_2=1）	现有贡献率/%	主要来源
CO_2	355	0.4	50～200	1	55	煤、石油、天然气、森林砍伐
CFCs	0.00085	1～2	50～102	3400～15000	24	发泡剂、气溶胶、制冷剂、清洗剂
CH_4	1.714	0.2～0.3	12～17	11	15	湿地、稻田、化石燃料、牲畜
NO_x	0.31	5.0	120	270	6	化石燃料、化肥、森林砍伐

引自全球环境基金（GEF）：*Valuing the global environment*,1998。

2023年11月30日，世界气象组织在《联合国气候变化框架公约》第二十八次缔约方大会开幕当天发布暂定版《2023全球气候状况报告》，并宣布2023年是有记录以来人类历史上最热的一年。截至2023年10月底的数据显示，2023年平均气温较工业化前的基线高出1.4℃±0.12℃。2022年温室气体含量达到新高，CO_2的含量为（417.9±0.2）×10^{-6}（体积分数），CH_4含量为（1923±2）×10^{-9}，N_2O含量为（335.8±0.1）×10^{-9}（见图1-5），分别为工业化前（1750年）水平的150%、266%和124%。

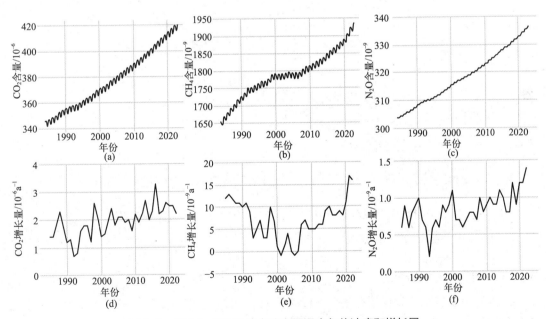

图1-5 1984—2022年全球主要温室气体浓度和增长量

2. 气候变化的影响

（1）影响全球的平均气温 由于世界上人口的增加和经济的迅速增长，排入大气中的CO_2也越来越多。有关资料指出，过去100年人类通过燃烧化石燃料，约把4150亿吨的CO_2排入大气，2014年至2023年10月，全球平均温度比1850—1900年的平均值高出（1.19±0.12）℃。按照目前化石燃料燃烧的增加速度，大气中CO_2含量将在50年内加倍，这将使中纬地区温度升高2~3℃，极地温度升高6~10℃。

（2）极端异常天气频发　全球性气候变化会对陆地自然生态系统产生难以预料的影响，如高温、干旱、洪涝、疾病、暴风雨和热带风加剧等，使热带雨林面积和生物多样性减少、农作物减产，从而威胁人类的食物供应和居住环境。近年来，世界各国出现了几百年来历史上最热的天气，"厄尔尼诺"现象频繁发生，给各国造成了巨大经济损失。如2021年6—7月，异常热浪席卷北美西部，造成数百人死于高温；加利福尼亚州北部的"迪克西大火"持续2个多月，烧毁面积约39万公顷，创下加利福尼亚州有史以来单次最大火灾；我国河南省遭遇极端降雨，2021年7月20日，郑州市1小时降雨量为201.9mm，6小时降雨量为382mm，全场降雨量为720mm，超过全年平均水平。

（3）海洋变暖及海平面上升　通过测量海洋热含量发现，全球大约90%的累积热量储存在海洋中。基于七个全球数据集的初步分析表明，海洋热含量在2022年达到最高水平，这是65年观测记录中最新的全年数据，海洋变暖率在过去20年显著增长。海平面上升成倍增加，全球平均海平面变化主要是由于海水热膨胀和陆地冰融化导致的海洋变暖。1993—2002年，全球平均海平面年均上升2.14mm，2013—2022年，年均上升4.72mm，增加了2.2倍，见图1-6。

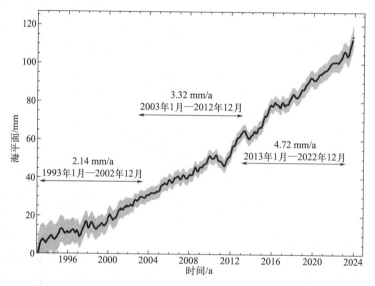

图1-6　1993年1月—2022年12月的全球平均海平面演变

（数据来源：AVISO网站）

3. 减缓气候变化的国际行动

人类历史上应对气候变化有三个里程碑式的法律文件，分别是《联合国气候变化框架公约》（1992年）、《京都议定书》（1997年）和《巴黎协定》（2016年）。其中，《巴黎协定》是由全世界一百多个缔约方共同签署的气候变化协定，是对2020年后全球应对气候变化的行动作出的统一安排，于2016年11月4日起正式实施。《巴黎协定》的长期目标是将全球平均气温较前工业化时期上升幅度控制在2℃以内，并努力将温度上升幅度限制在1.5℃以内。2021年11月13日，《联合国气候变化框架公约》第二十六次缔约方大会（COP26）在英国格拉斯哥闭幕，经过两周的谈判，各缔约方最终完成了《巴黎协定》实施细则。2018年10月，政府间气候变化专门委员会发布"全球升温1.5℃特别报告"，要将全球变暖限制在1.5℃以内，需要人类在土地、能源、工业、建筑、交通等领域加速具有深远意义的转型,到2030年,全球人为二氧化碳净排放量必须比2010年的水平减少约45%,到2050年左右实现"净零"排放。据评估,与全球升温2℃相比,若将全球变暖限制在1.5℃,到2100年全球海平面上升将减少10cm;若全球升温2℃,导致夏季北冰洋没有海冰的可能性为至少每十年发生一次,若全球升温1.5℃,这种可能性则降低到每世纪发生一次;若全球升温1.5℃,珊瑚礁将减少70%~90%,而若全球升温2℃,99%以上的珊瑚礁将在地球上消失。

二、臭氧层空洞

臭氧层(ozonosphere)是地球大气圈的平流层中距地表20~30km空间臭氧浓度最大的区域,但臭氧的含量只占这一高度上空气总量的十万分之一。臭氧含量虽然极微,但它能吸收99%的太阳辐射的波长为200~300nm的紫外线,从而阻挡了太阳紫外线对地球上人类和生物的伤害,被称为"地球保护伞"。20世纪70年代初,美国环境科学家最先观察到臭氧层受损的现象。1985年,英国科学家首先发现南极臭氧层空洞。其后,美国云雨7号卫星的大范围观测也表明覆盖整个南极大陆上空的臭氧量减少了一半,并且这种情况呈逐年加重的趋势。到1994年,南极上空的臭氧层破坏面积已经十分严重,北半球上空的臭氧层比以往任何时候都薄,欧洲和北美上空平均减少了10%~15%,西伯利亚上空减少了35%。2022年10月5日,美国航空航天局等研究人员发现,单日最大臭氧空洞为2640万平方千米。

1. 臭氧层空洞的形成原因

对臭氧层空洞形成原因有三种解释,即大气化学过程解释、太阳活动影响解释和大气动力学解释。其中,大气化学过程解释认为臭氧层的破坏主要是使用氯氟烃(氟利昂)和哈龙(Halons,包括5种氯氟烃类物质和3种卤代烃物质)造成的。氟利昂被广泛用作制冷剂、发泡剂、清洗剂、分散剂和保温材料等,它们几乎都毫无控制地排放到大气中。进入大气的氟利昂缓慢地从对流层进入平流层,在紫外线的作用下,释放出氯原子,氯原子与臭氧发生链式反应,形成氧原子,1个氯原子可以破坏10万个臭氧分子。反应机理如下:

$$Cl + O_3 \longrightarrow ClO + O_2$$

$$ClO + O \longrightarrow Cl + O_2$$

$$O_3 + O \longrightarrow 2O_2$$

2. 臭氧层空洞的危害

① 危害人体健康。臭氧含量减少10%,地面不同地区的紫外辐射将增加19%~22%,由此皮肤癌发病率将增加15%~25%。

② 破坏生态系统。过量的紫外线影响植物的光合作用,使农作物减产;还可能导致某些生物物种的突变。

③ 过量的紫外线能使塑料等高分子材料更容易老化和分解,产生光化学污染。

3. 臭氧层保护的国际行动

为了保护臭氧层,联合国环境规划署分别于1988年和1989年实施了《保护臭氧层维也纳公约》、《关于消耗臭氧层物质的蒙特利尔议定书》(简称《蒙特利尔议定书》)。1995年1月23

日联合国大会决定，每年的9月16日为"国际保护臭氧层日"。2019年11月4日—8日，《蒙特利尔议定书》第三十一次缔约方大会在意大利罗马召开，来自169个国家以及相关国际组织的700余名代表与会，会议就四氯化碳排放、《蒙特利尔议定书》多边基金增资研究工作大纲、三氯一氟甲烷（CFC-11）排放意外增长等议题进行讨论并形成相关决议。《蒙特利尔议定书》被国际社会公认为最成功的多边环境条约。三十多年来，在各缔约方的不懈努力下，全球淘汰了超过99%的消耗臭氧层物质，臭氧层损耗得到有效遏制，并产生了巨大的环境、健康和气候效益，为其他全球性环境问题的解决树立了榜样。

我国于1989年9月11日正式加入《保护臭氧层维也纳公约》，并于1989年12月10日生效；于1991年6月13日正式加入《蒙特利尔议定书》，并于1992年8月20日生效。截至2023年9月，我国累计淘汰消耗臭氧层物质约62.8万吨，占发展中国家淘汰量一半以上，为议定书的履行作出了重要贡献。党的十八大以来，我国圆满完成《蒙特利尔议定书》各阶段规定的履约任务，并推动议定书于2016年达成了限控温室气体氢氟碳化物的具有里程碑意义的《基加利修正案》，得到了国际社会的高度肯定，获得《蒙特利尔议定书》"优秀实施奖""政策奖"等多个国际奖项，该修正案于2021年9月15日对我国生效。

三、酸雨

pH小于5.6的雨、雪或其他形式的大气降水称为**酸雨**（acid rain）。化石燃料燃烧和汽车排放的二氧化硫（SO_2）和氮氧化物（NO_x）等酸性气体，在大气中形成硫酸和硝酸后，又以雨、雪、雾等形式返回地面，形成酸雨，见图1-7。

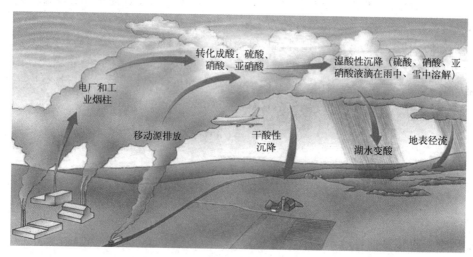

图1-7 酸雨产生示意图

在受酸雨危害的地区，出现了土壤和湖泊酸化，植被和生态系统遭受破坏，建筑材料、金属结构和文物被腐蚀等一系列严重的环境问题，见图1-8。酸雨可对人体呼吸系统和皮肤等造成损害。全球受酸雨危害严重的有欧洲、北美及东南亚三大地区。我国西南、华南和东南地区的酸雨危害也相当严重，我国的酸雨主要因大量燃烧含硫量高的煤而形成，多为硫酸雨，少为硝酸雨。此外，各种机动车排放的尾气也是形成酸雨的重要原因。

据《2023中国生态环境状况公报》，2023年我国酸雨区面积约44.3万平方千米，占国土面积的4.6%，比2022年下降0.4个百分点；其中较重酸雨区（pH＜5.0）面积占0.04%，无重酸雨

图1-8 酸雨对森林和文物的危害

区（pH＜4.5）。酸雨主要分布在长江以南至云贵高原以东地区，主要包括浙江大部分地区、福建北部、江西中部、湖南中东部、广西东北部和南部，以及重庆、广东、上海、江苏部分区域。

四、生物多样性锐减

1. 生物多样性的概念

1968年，美国生物学家雷蒙德在《一个不同类型的国度》中最早用"biology+diversity=biological diversity"提出生物多样性概念。1980年，托马斯·洛夫乔伊创造biodiversity这个缩写形式来表述生物多样性概念。《生物多样性公约》中指出，生物多样性是指所有来源的活的生物体中的变异性，这些来源包括陆地、海洋和其他水生生态系统及其所构成的生态综合体；这包括物种内、物种之间和生态系统的多样性。2021年10月8日，我国政府发布《中国的生物多样性保护》白皮书，提出生物多样性是生物（动物、植物、微生物）与环境形成的生态复合体以及与此相关的各种生态过程的总和。

2. 生物多样性的特点

从整个地球范围来看，生物多样性分布明显与纬度有关，南北两极是生物多样性最少的区域。相反，在热带地区则集中了大部分的生物种类。处于这两个典型地带的中间区的温带，其生物多样性少于热带而多于寒带。例如，在国土面积大致相等的委内瑞拉和法国，其哺乳动物的种数相差2倍以上，前者有350种，而后者只有113种。

中国幅员辽阔，气候和地形等自然条件多样，具有适合众多生物种类生存和繁衍的各种生境条件，使中国生物资源的种类、数量在世界上占据重要地位，成为世界上少数几个生物多样性特别丰富的国家之一。中国生物多样性的特点有：物种高度丰富；物种起源古老，特有属、种繁多，中国生物区系起源古老，成分复杂，拥有大量的特有的物种和子遗物种；驯化物种种类资源丰富，中国有七千年以上的农业开垦历史，很早就开发利用、培育繁殖自然环境中的遗传资源，因此中国的栽培植物和家养动物的丰富程度是世界最高的；生态系统类型多样，中国拥有生态系统38个大类，600多个类型，由于不同的气候、土壤条件，又分各种亚类型约600种。

3. 生物多样性的组成

生物多样性通常可划分为三个层次，即遗传多样性、物种多样性与生态系统多样性，见图1-9。遗传多样性是指地球上所有生物携带的遗传信息的总和，是生物多样性的重要组成部分，也是生物多样性的重要基础。物种多样性是指地球上所有生物有机体的多样化程度，其在分布上具有明显的时间格局和空间格局,物种多样性也是生物多样性保护的核心问题。生态系统多样性是指生物圈内生境、生物群落和生态过程的多样性以及生态系统内生境、生物群落和生态过程变化的多样性,是一个高度综合的概念,既包含生态系统组成成分的多样性,又强调生态过程及其动态变化的复杂性。

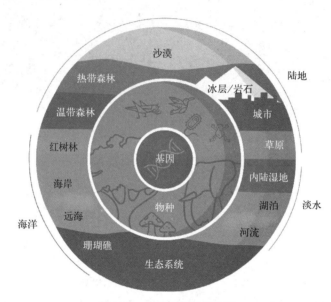

图1-9 生物多样性的层次

随着遥感、地理信息系统等现代技术的广泛应用,景观的概念逐渐渗入生态学领域,景观多样性作为生物多样性的第四个层次被广为研究。景观多样性是指不同类型的景观在空间结构、功能机制和时间动态方面的多样性和变异性。景观多样性的特征对于物质迁移、能量流动、信息交换、生产力水平、物种分布等有重要的影响。

4. 生物多样性保护

1992年6月,全世界一百多个国家的首脑在巴西里约热内卢举行的联合国环境与发展大会上签署了全球《生物多样性公约》,于1993年12月29日正式生效。该公约的主要目标是保护生物多样性、可持续利用生物多样性组成成分、以公平合理的方式共享遗传资源的商业利益和其他形式的利用。2021年10月11—15日,《生物多样性公约》缔约方大会第十五次会议(COP15)在中国昆明召开。大会旨在倡导推进全球生态文明建设,强调人与自然是生命共同体,强调尊重自然、顺应自然和保护自然,努力达成公约提出的到2050年实现生物多样性可持续利用和惠益分享,实现"人与自然和谐共生"的美好愿景。

五、土地沙漠化

土地沙漠化又称"荒漠化"(desertification),1992年联合国环境与发展大会对荒漠化的定义是由于气候变化和人类不合理的经济活动等因素,使干旱、半干旱和亚湿润干旱地区的土地发生了退化(包括盐渍化、草场退化、水土流失、土壤沙化、植被荒漠化、沙丘前移入侵等)。

1. 土地荒漠化的成因

① 自然因素。自然地理条件和气候变化为荒漠化形成、发展创造了条件。异常的气候条

件，特别是严重的干旱条件，容易造成植被退化、风蚀加快，引起荒漠化。干旱的气候条件在很大程度上决定了当地生态环境的脆弱性，因而干旱本身就包含着荒漠化的潜在威胁；气候异常可以使脆弱的生态环境失衡，是导致荒漠化的主要自然因素。全球变暖、北半球日益严重的干旱和半干旱化趋势等都造成了荒漠化加剧。

② 气候因素。赤道地区的上升气流在高空向两极方向流动，由于地球旋转偏向力的影响，在南北纬30°附近，大部分空气不再前进，而在高空积聚，并辐射冷却下沉，近地面气层常年保持高气压，气象学上称之为"副热带高压带"。这一地带除亚欧大陆东岸季风气候区外，其他地区气候干燥，云雨少见，成为主要的沙漠分布区。

③ 人类活动。自然因素引起的荒漠化过程缓慢，人类活动则激发和加速了荒漠化的进程，成为荒漠化的主要原因。人口增长和经济发展使土地承受的压力过重，过度开垦、过度放牧、乱砍滥伐和水资源不合理利用等使土地严重退化，森林被毁，气候逐渐干燥，最终形成沙漠。

2. 土地荒漠化的现状及防护行动

据联合国环境规划署统计，全球已经受到和预计会受到荒漠化影响的地区占全球土地面积的35%。我国是世界上荒漠化面积最大、受影响人口最多、风沙危害最重的国家之一，荒漠化土地主要分布在三北地区，而且荒漠化地区与经济欠发达区、少数民族聚居区等高度耦合。第六次全国荒漠化和沙化调查结果显示，全国荒漠化土地面积为257.37万平方千米，沙化土地面积为168.78万平方千米。岩溶地区第四次石漠化调查结果显示，截至2021年，岩溶地区现有石漠化土地面积722.3万公顷。

1994年6月17日，《联合国关于在发生严重干旱和/或沙漠化的国家特别是在非洲防治沙漠化的公约》（简称《联合国防治荒漠化公约》），在法国巴黎外交大会通过，1996年12月26日生效。该公约是联合国环境与发展大会框架下的三大环境公约之一，其核心目标是由各国政府共同制定国家级、次区域级和区域级行动方案，并与捐助方、地方社区和非政府组织合作，以应对荒漠化的挑战。我国于1996年正式加入《联合国防治荒漠化公约》。二十多年来，我国认真履行《联合国防治荒漠化公约》义务，把促进《联合国防治荒漠化公约》发展、捍卫国家利益并为发展中国家争取权益作为一项重要任务，积极参与《联合国防治荒漠化公约》框架下的国际法谈判、磋商、斡旋等一系列工作，提出多项建设性方案并被采纳付诸实施；积极支持国际防治荒漠化知识管理中心建设，通过开展防治荒漠化国际培训及项目示范等举措，向发展中国家输出经验和技术，为全球荒漠化治理作出积极贡献。联合国大会确定每年6月17日为"世界防治荒漠化与干旱日"。

长期以来，我国荒漠化、石漠化防治工作坚持依法防治、科学防治，不断健全法律法规，优化顶层设计，持续深化改革，加强监督考核，实施重点工程治理，强化荒漠植被保护。始终坚持治山、治水、治沙相配套，封山、育林、育草相结合，禁牧、休牧、轮牧相统一，统筹实施植树造林、草原保护、小流域综合治理、水源节水工程等各项措施，以点带面，带动沙化重点地区集中治理、规模推进，形成了工程带动、多措并举的治理格局，取得了良好的综合效益。截至2021年6月，我国已成功遏制荒漠化扩展态势，荒漠化、沙化、石漠化土地面积以年均2424平方千米、1980平方千米、3860平方千米的速度持续缩减，沙区和岩溶地区生态状况整体好转，实现了从"沙进人退"到"绿进沙退"的历史性转变。党中央高度重视荒漠化防治工作，把防沙治沙作为荒漠化防治的主要任务，相继实施了"三北"防护林体系工程建设、退耕还林还草、京津风沙源治理等一批重点生态工程，我国防沙治沙工作取得举世瞩目的巨大成就。"十三五"期间,我国累计完成防沙治沙任务1097.8万公顷,完成石漠化治理面积160万公顷,建成沙化土地封禁保护区46个,新增封禁面积50万公顷,国家沙漠(石漠)公园50个,落实禁牧和草畜平衡面积分别达0.8亿公顷、1.73亿公顷,荒漠生态系统保护成效显著。

 案例分析

八步沙"六老汉"三代人治沙造林让荒漠变绿洲

甘肃省武威市古浪县八步沙是河西走廊东端、腾格里沙漠南缘一个危害严重的风沙口,风沙每年以7.5米的速度向南推移,风沙肆虐,沙逼人退,给周边10多个村庄、2万多亩农田和3万多群众的生产生活以及公路、铁路造成极大危害。1981年,时任漪泉村党支部书记的贺发林和生产队长石满,台子村的郭朝明、张润元,和乐村的程海,土门村的罗元奎6位年过半百的老汉,义无反顾挺进八步沙,开始了艰辛的治沙路。四十年来,八步沙林场"六老汉"三代人持续发扬勇挑重担、护卫家园的担当精神,不畏艰难、实干苦干的拼搏精神,勇于探索、唯实创新的进取精神,矢志坚守、接续奋斗的愚公精神,完成治沙造林25.2万亩(1亩=666.67m^2)、封沙育林草37.6万亩、栽植各类沙生植物3040多万株,使周边10万亩农田得到保护,确保了过境公路铁路和西气东输、西油东送、西电东送等国家能源建设大动脉安全畅通,为生态建设做出了突出贡献。八步沙林场"六老汉"三代人扎根荒漠治沙造林的先进事迹,多次受到各级党委、政府的肯定和表彰。八步沙林场"六老汉"三代人治沙造林先进群体于2019年被中宣部授予"时代楷模"称号,荣获环保领域最高奖项"2018—2019绿色中国年度人物",郭万刚荣获"全国绿化奖章""全国劳动模范"称号,八步沙林场被生态环境部命名为甘肃首个全国"绿水青山就是金山银山"实践创新基地。

"十四五"期间,荒漠化石漠化防治工作将按照"全面保护、重点修复与治理"的原则,坚持因地制宜、适地适绿,充分考虑水资源承载能力,宜林则林、宜灌则灌、宜草则草、宜荒则荒,全面保护原生荒漠生态系统和沙区现有林草植被,加大对干旱绿洲区、重要沙尘源区、严重沙化草原区、严重水土流失区的生态修复和沙化土地治理力度,将科学绿化要求贯穿防治、监管全过程,统筹推进山水林田湖草沙一体化保护和修复。

六、新污染物

1. 新污染物的概念及分类

目前,国际国内尚无新污染物的权威定义,从保障国家生态环境安全和人民群众身体健康安全的角度出发,可以认为**新污染物**(Emerging Contaminants)是指排放到环境中的具有生物毒性、环境持久性、生物累积性等特征,对生态环境或者人体健康存在较大风险,但尚未纳入管理或现有管理措施不足的有毒有害化学物质。

新污染物种类繁多,目前全球关注的新污染物超过二十大类,每一类又包含数十或上百种化学物质。随着对化学物质环境和健康危害认识的不断深入以及环境监测技术的不断发展,新污染物的类型和数量也会不断发生变化。目前,新污染物主要包括以下四大类。

(1) 持久性有机污染物(POPs) 指人类合成的能持久存在于环境中、通过生物食物链(网)累积,并对人类健康造成有害影响的化学物质,具有高毒性、持久性、生物积累性、远距离迁移性等特性。《关于持久性有机污染物的斯德哥尔摩公约》首批持久性有机污染物分为有机氯杀虫剂、工业化学品和非故意生产的副产物三类,包括艾氏剂、氯丹、滴滴涕(DDT)、狄氏剂、异狄氏剂、七氯、灭蚁灵、毒杀酚、多氯联苯(PCBs)、六氯苯(HCB)、二噁英和呋喃等。

(2) 内分泌干扰物(EDCs) 是一种外源性干扰内分泌系统的化学物质,通过摄入、积累等各种途径,并不直接作为有毒物质给生物体带来异常影响,而是类似雌激素对生物体起作用。会导致动物体和人体生殖障碍、行为异常、生殖能力下降、幼体死亡,甚至灭绝。

(3) 抗生素 指由微生物(包括细菌、真菌、放线菌属)或高等动植物在生活过程中所产生的具有抗病原体或其他活性的一类次级代谢产物,能干扰其他生活细胞的发育功能。

(4) 微塑料 是一种直径小于5mm的塑料颗粒,被称为"水中$PM_{2.5}$",其颗粒直径微小,对环境危害程度更深。不管是在海水中,还是在海底和海底沉积物当中,都发现有微塑料的存在。2022年4月,英国科学家首次在活人肺部深处发现微塑料。

2. 新污染物的特征

① 危害严重。新污染物往往与人们生活息息相关,身体长期暴露其中,很容易致癌、致畸和致突变。尤其抗生素长期滥用导致的抗性基因污染,将会使一些病无药可医;一些内分泌干扰物通过影响生殖和发育甚至能导致种群的灭绝。例如,在河水和土壤等环境介质中长期存在的低浓度抗生素会导致一些微生物产生耐药性,这些微生物可能通过呼吸、食用、饮水、排泄、农业灌溉等途径在环境中进行传播,进而威胁人类健康,见图1-10。再如,全氟化合物(全氟辛烷磺酸和全氟辛酸)大量应用于纺织、涂料、皮革、合成洗涤剂、炊具制造、纸制食品包装材料等产业,其主要导致神经行为缺陷、生殖发育障碍、器官损伤、代谢紊乱以及各种激素分泌失调等。

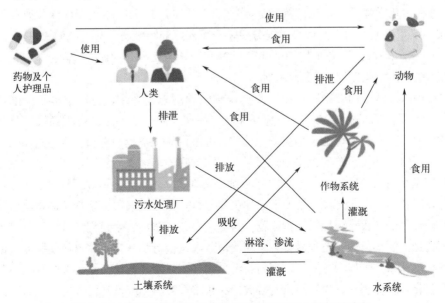

图1-10 环境中的药物及个人护理品在环境中的传输路径

② 风险隐蔽。这类污染物往往在环境中存在或者已经大量使用多年，人们并未将其视为有害物质，而一旦发现其有害性时，它们已经以各种途径进入环境介质中。

③ 环境持久。新污染物具有很高的稳定性，在环境中难以降解并在生态系统中易于富集，可长期蓄积在环境中和生物体内，能够随着空气、水流长距离迁移或顺着食物链扩散。例如，纳米材料、微塑料、汽油添加剂等其他新污染物，在海洋、淡水水体、土壤、地下水、室内外空气、沉积物中广泛分布，在蔬菜、鱼类、野生动物等生物介质和人体血液、乳汁、尿液等人体介质中也被大量检出，严重威胁着生态环境和人体健康。

④ 来源广泛。有毒有害化学物质的生产和使用是新污染物的主要来源。我国是化工生产大国，具有持久性、生物累积性、致癌、致突变、生殖毒性的高产量有毒有害化学物质600余种。这些有毒有害化学物质在生产、加工使用和消费等各环节都可能进入环境，带来潜在的环境与健康风险，危害生态环境安全、人民群众健康和生活质量，以及中华民族的繁衍生息和永续发展。

⑤ 治理复杂。部分新污染物是人类新合成的物质，具有优良的产品特性，其替代品和替代技术不易研发。有些新污染物被人类广泛使用，环境存量较高，涉及行业广、产业链长，需多部门跨界协同才能治理；还有些在环境中含量低、分布分散，生产使用和污染底数不易摸清；有的危害、转化、迁移机理研究难度大等，都导致不易治理。

3. 新污染物的防治行动

为了推动POPs的淘汰和削减、保护人类健康和环境免受POPs的危害，在联合国环境规划署主持下，2001年5月23日包括中国政府在内的92个国家和区域经济一体化组织签署了《斯德哥尔摩公约》，其全称是《关于持久性有机污染物的斯德哥尔摩公约》，又称POPs公约，它是继《联合国气候变化框架公约》和《保护臭氧层维也纳公约》之后第三个具有强制性减排要求的国际公约。

随着我国污染防治攻坚战的深入，曾经的"雾霾""黑臭"等感官指标治理取得瞩目的成效，开展新污染物治理既是污染防治攻坚战向纵深推进的必然结果，也是生态环境质量持续改善进程中的内在要求。2021年3月11日，第十三届全国人大四次会议通过了关于国民经济和社会发展第十四个五年规划和2035年远景目标纲要的决议，提出"重视新污染物治理"，明确"健全有毒有害化学物质环境风险管理体制"。2021年8月30日，中央全面深化改革委员会第二十一次会议审议通过《中共中央 国务院关于深入打好污染防治攻坚战的意见》，会议强调"加强固体废物和新污染物治理"。2022年5月24日，国务院办公厅印发《新污染物治理行动方案》，对新污染物治理工作进行全面部署。

《新污染物治理行动方案》提出了新污染物治理的总体要求、行动举措和保障措施，见图1-11。①主要目标。到2025年，完成高关注、高产（用）量的化学物质环境风险筛查，完成一批化学物质环境风险评估；动态发布重点管控新污染物清单；对重点管控新污染物实施禁止、限制、限排等环境风险管控措施。有毒有害化学物质环境风险管理法规制度体系和管理机制逐步建立健全，新污染物治理能力明显增强。②总体思路。突出精准、科学、依法治污，采取"筛、评、控"和"禁、减、治"的总体工作思路，即通过开展化学物质环境风险筛查和评估，精准筛评出需要重点管控的新污染物，科学制定并依法实施全过程环境风险管控措施，包括对生产使用的源头禁限、过程减排、末端治理。③主要行动举措。完善法规制度，建立健全新污染物治理体系；开展调查监测，评估新污染物环境风险状况；严格源头管控，防范新污染物产生；强化过程控制，减少新污染物排放；深化末端治理，降低新污染物环境风险；加强能力建设，夯实新污染物治理基础。

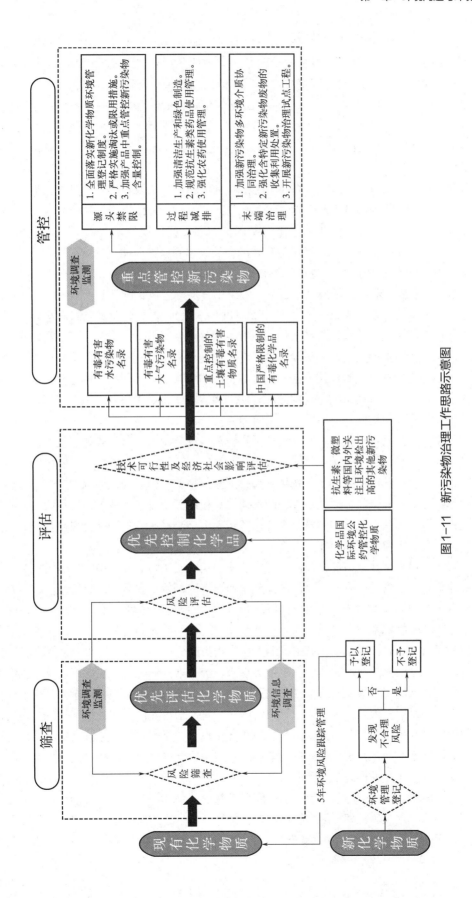

图1-11 新污染物治理工作思路示意图

关于新污染物的筛查，专家研究出一种成组毒理学分析系统，这种分析系统可以确定鉴定样品中包括不在目前管控名录内的新污染物在内的各种有害物质。同时还要进行新污染物的广泛性调查采样，判断其是否具有广泛区域范围内的污染风险，进而将其纳入优先管控范围。这种成组毒理学分析系统的缺点是测试成本高、测试样品量有限，推广应用还有很长一段路要走。另一种新污染物筛查识别的方法是非靶标污染物筛查技术。通过这种筛查技术将样品中数千种化合物全部检测出来，然后通过定性、定量分析及毒性识别，确定需要重点关注的新污染物。

2022年12月29日，生态环境部、工业和信息化部、农业农村部、商务部、海关总署、国家市场监督管理总局令第28号《重点管控新污染物清单（2023年版）》（简称《清单》）公布，自2023年3月1日起施行。《清单》主要包括四类14种新污染物。

编号一至九是《关于持久性有机污染物的斯德哥尔摩公约》明确的持久性有机污染物，分别是全氟辛基磺酸及其盐类和全氟辛基磺酰氟（PFOS类）、全氟辛酸及其盐类和相关化合物（PFOA类）、十溴二苯醚、短链氯化石蜡、六氯丁二烯、五氯苯酚及其盐类和酯类、三氯杀螨醇、全氟己基磺酸及其盐类和其相关化合物（PFHxS类）、得克隆及其顺式异构体和反式异构体。持久性有机污染物具有环境持久性和生物累积性等特征，一旦进入环境不易降解，即使是极低浓度也可能造成较大的环境风险。综合考虑履约要求，对这类新污染物主要采取以源头禁止或者限制为主的环境风险管控措施，并经综合评估替代品和替代技术的基本情况，分析对生产企业及其下游产业链的影响，对部分现有使用用途的禁止或者限制措施保留了过渡期，给企业完全替代和管理部门提升监管能力留出时间。

编号十至十一是已列入有毒有害大气污染物名录或有毒有害水污染物名录、需实施重点管控的新污染物——二氯甲烷和三氯甲烷。这两类新污染物在我国产量和用量均较大，用途广泛。尽管相关管理部门已采取了一些用途和排放管控措施，但环境风险依然存在，主要聚焦在生产使用企业的点源排放，以及相关产品在消费过程的环境排放引发的环境风险。针对主要环境风险点，采取包括用途限制、产品中含量限制、污染物排放管控和环境风险预警等环境风险管控措施，涵盖主要环境风险环节，突出全生命周期环境风险防控。

编号十二是近期社会高度关注的环境内分泌干扰物壬基酚。在我国，壬基酚主要用于生产表面活性剂——壬基酚聚氧乙烯醚，少部分用作农药助剂等。主要环境风险聚焦在生产使用企业的点源排放，以及相关产品在使用过程的环境排放引发的环境风险。结合我国现行管理规定，采取三项管控措施：一是禁止使用壬基酚作为助剂生产农药产品；二是禁止使用壬基酚生产壬基酚聚氧乙烯醚；三是禁止将壬基酚用作化妆品组分。

编号十三是国内外高度关注的抗生素类物质。抗生素的环境危害主要表现在产生的耐药基因通过环境在菌群间转移所引发的细菌耐药问题。主要环境风险聚焦在过量和不规范使用导致的环境排放。采取三项主要环境风险管控措施：一是严格落实国家有关抗菌药物销售使用的相关管理规定，减少过量和不规范使用产生的环境排放；二是根据国家危险废物名录或危废鉴别标准，对抗生素生产过程中产生的抗生素菌渣实施环境管理；三是严格落实《发酵类制药工业水污染物排放标准》等相关排放管控要求。

编号十四是我国已淘汰的持久性有机污染物——六溴环十二烷、氯丹、灭蚁灵、六氯苯、滴滴涕、α-六氯环己烷、β-六氯环己烷、林丹、硫丹原药及其相关异构体、多氯联苯，采取的主要环境风险管控措施是继续严格落实现行的源头禁止、固废环境管理和土壤污染风险管控要求。

七、海洋污染

海洋污染（marine pollution）通常是指人类改变了海洋原来的状态，使海洋生态系统遭到破坏。《中华人民共和国海洋环境保护法》中将海洋污染定义为：海洋环境污染损害，是指直接或者间接地把物质或者能量引入海洋环境，产生损害海洋生物资源、危害人体健康、妨害渔业和海上其他合法活动、损害海水使用素质和减损环境质量等有害影响。有害物质进入海洋环境而造成的污染，会损害生物资源，危害人类健康，妨碍捕鱼和人类在海上的其他活动，降低海水质量和环境质量等。

1. 海洋污染的现状

海洋污染主要发生在靠近大陆的海湾。由于人口和工业密集，大量的废水和固体废物倾入海水，加上海岸曲折造成水流交换不畅，使得海水的温度、pH、含盐量、透明度、生物种类和数量等性状发生改变，对海洋的生态平衡构成危害。海洋污染突出表现为石油污染、赤潮、有毒物质累积、塑料污染和核污染等几个方面。污染最严重的海域有波罗的海、地中海、纽约湾、墨西哥湾等。就国家来说，沿海污染严重的是日本、美国、西欧诸国等国。

据《2023中国生态环境状况公报》，2023年，我国近岸海域水质总体保持改善趋势，优良水质海域面积比例为85.0%，比2022年上升3.1个百分点；劣四类为7.9%，比2022年下降1.0个百分点，见图1-12。主要超标指标为无机氮和活性磷酸盐。2023年10月24日，中华人民共和国第十四届全国人民代表大会常务委员会第六次会议修订通过《中华人民共和国海洋环境保护法》，并于2024年1月1日起施行。新修订的海洋环境保护法聚焦海洋生态环境保护的突出问题，坚持陆海统筹、区域联动，加强海洋生态环境保护和污染防治，系统强化海洋监督管理。

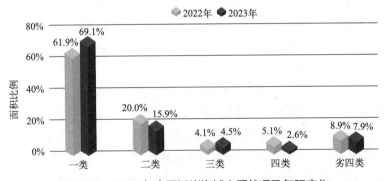

图1-12　2023年全国近岸海域水质状况及年际变化

2. 海洋污染物的分类

根据海洋污染物的性质和毒性，以及对海洋环境造成危害的方式，大致可以把污染物的种类分为以下几类。

（1）石油及其产品　排入海洋的石油污染物主要是由海上油井管道泄漏、油轮事故、船舶排污等造成的，特别是一些突发性的事故，易使大片海水被油膜覆盖，促使海洋生物大量死亡，严重影响海产品的价值。

（2）重金属和酸碱　包括铬、锰、铁、铜、锌、银、镉、锑、汞、铅等金属，磷、砷等非金属，以及酸和碱等。

（3）农药　包括农业上大量使用含有汞、铜以及有机氯等成分的除草剂、灭虫剂等，其通过径流等进入海洋。

（4）有机物质和营养盐类　包括工业排出的纤维素、呋喃甲醛、油脂，生活污水中的粪便、洗涤剂和食物残渣等。这些物质进入海洋，造成海水的富营养化，形成赤潮，引起大批鱼虾贝类死亡。

（5）放射性核素　是由核武器试验、核工业和核动力设施释放出来的人工放射性物质，主要是 ^{90}Sr、^{137}Cs 等半衰期为30年左右的同位素。

（6）固体废物和废热　主要包括工业冷却水和工程残土、垃圾及疏浚泥等。前者入海后能提高局部海区的水温，使溶解氧的含量降低，影响生物的新陈代谢，甚至使生物群落发生改变；后者可破坏海滨环境和海洋生物的栖息环境。

八、危险废物越境转移

根据《中华人民共和国固体废物污染环境防治法》的规定，危险废物是指列入国家危险废物名录或者根据国家规定的危险废物鉴别标准和鉴别方法认定的具有危险特性的固体废物。2020年，我国公布《国家危险废物名录（2021年版）》，其对危险废物的定义为：具有毒性、腐蚀性、易燃性、反应性或者感染性一种或者几种危险特性的；不排除具有危险特性，可能对生态环境或者人体健康造成有害影响，需要按照危险废物进行管理的。

危险废物的越境转移已成为严重的全球环境问题之一，对全球环境造成不可忽视的危害。首先，由于废物的输入国基本上都缺乏处理和处置危险废物的技术手段和经济能力，危险废物的输入必然会对当地生态环境和人群健康造成损害。其次，危险废物向不发达地区的扩散实际上是逃避本国规定的处置责任，使危险废物没有得到应有的处理和处置而扩散到环境之中，长期积累必然会对全球环境产生危害。危险废物越境转移的危害还在于，这些废物是在贸易的名义掩盖下进入的，进口者是为了捞取经济利益，根本不顾其对环境和人体健康可能产生的影响，所以得不到应有的处理和处置。

1989年3月，在联合国环境规划署主持下，在瑞士的巴塞尔通过了《控制危险废物越境转移及其处置的巴塞尔公约》，简称《巴塞尔公约》，并于1992年5月生效。该公约是全球首部规范危险废物越境转移和环境无害化管理的综合性国际法律文书，公约的三大主要目标为：第一，减少危险废物的产生，并推广对危险废物的环保处理方法；第二，限制危险废物的越境转移，除了其符合环保安全管理的基本要求；第三，为允许越境废物转移的情形提供一个监管体系。

1990年3月22日，我国在《巴塞尔公约》上签字。2004年，国务院发布了《危险废物经营许可证管理办法》（以下简称《办法》），并于2013年和2016年修订，《办法》规定在境内从事危险废物收集、贮存、处置经营活动的单位，应当依照《办法》的规定，领取危险废物经营许可证。2020年公布的《国家危险废物名录（2021年版）》将危险废物调整为467种，对加强危险废物污染防治具有重要意义。除此之外，《中华人民共和国环境保护法》《中华人民共和国固体废物污染环境防治法》《中华人民共和国循环经济促进法》等组成了我国危险废物处理处置行业的法律体系，形成了包括污染防治责任制度、标识制度、管理计划制度、申报登记制度、源头分类制度、转移联单制度、经营许可证制度、应急预案备案制度、人员业务培训制度以及贮存设施管理制度在内的一套完整的管理体系。

第四节　环境保护发展历程

一、人类环境保护史上的四个阶段

1. 污染物排放限制阶段

环境污染早在19世纪就已发生，如英国泰晤士河的污染、日本足尾铜矿的污染事件等。20世纪50年代前后，相继发生了比利时马斯河谷烟雾、美国洛杉矶光化学烟雾、美国多诺拉烟雾、英国伦敦烟雾、日本水俣病和骨痛病、日本四日市大气污染和米糠油污染事件，即所谓的八大公害事件。由于当时尚未搞清这些公害事件产生的原因和机理，所以一般只是采取限制措施。如伦敦发生烟雾事件后，英国制定了法律，限制燃料使用量和污染物排放时间。

2. "三废"治理阶段

20世纪50年代末至60年代初，发达国家环境污染问题日益突出，1962年出版的《寂静的春天》虽然唤醒了世人的环境意识，各发达国家也相继成立了环境保护专门机构，但因当时的环境问题还只是被看成工业污染问题，所以环境保护工作主要就是治理污染源、减少排污量。因此，在法律措施上，颁布了一系列环境保护的法规和标准，加强了法制；在经济措施上，给工厂企业提供补助资金，帮助工厂企业建设净化设施，并通过征收排污费或实行"谁污染、谁治理"的原则，解决环境污染的治理费用问题。在这个阶段，各国投入了大量资金，尽管环境污染有所控制，环境质量有所改善，但所采取的"末端治理"措施，从根本上来说是被动的，因而收效并不显著。

3. 综合防治阶段

1972年6月5日，在瑞典首都斯德哥尔摩召开联合国人类环境会议，共有113个国家和一些国际机构的1300多名代表参加了会议。会议的目的是寻求人类未来的发展道路，提出了"只有一个地球"的口号，提出将每年的6月5日定为"世界环境日"。此次会议是在高速的经济增长加剧了通货膨胀、失业等固有社会矛盾和南北差距、能源危机、环境污染及生态破坏等严重问题的背景下召开的一次世界性会议，标志着全人类对环境问题的觉醒，是世界环境保护史上的一个路标。

会议提供了一份非正式报告《只有一个地球》，该报告是受联合国人类环境会议秘书长M.斯特朗委托，由英国经济学家B.沃德和美国微生物学家R.杜博斯在58个国家和152名专家组成的通信顾问委员会协助下完成的。该报告从整个地球的发展前景出发，从社会、经济和政治的不同角度，评述经济发展和环境污染对不同国家产生的影响，呼吁各国人民重视维护人类赖以生存的地球，提出环境问题不仅是工程技术问题，更主要的是社会经济问题；不是局部问题，而是全球性问题。

会议通过了《人类环境宣言》，阐明了与会国和国际组织所取得的七点共同看法和二十六项原则，以鼓舞和指导世界各国人民保护和改善人类环境；呼吁各国政府和人民为维护和改善人类环境，造福全体人民，造福后代而共同努力；指出环境问题不仅仅是环境污染问题，还应该包括生态破坏问题。另外，这次会议冲破了以环境论环境的狭隘观点，把环境与人口、资源和发展联系在一起，从整体上来解决环境问题。环境污染的治理也从"末端治理"向"全过程控制"和"综合治理"发展。1973年1月，联合国大会决定成立联合国环境规划署，负责处理联合国在环境方面的日常事务工作。

4. 可持续发展阶段

20世纪80年代以来，人们开始重新审视传统思维和价值观念，认识到人类再也不能为所欲为地成为大自然的主人，人类必须与大自然和谐相处，成为大自然的朋友。1987年挪威首相布伦特兰夫人在《我们共同的未来》中提出了可持续发展（sustainable development）的思想。随后召开的具有重大影响力的联合国环境与发展大会提出了可持续发展战略，深化了可持续发展思想，达成了人类社会要生存下去必须走经济效益、社会效益和环境效益融洽和谐的可持续发展道路的共识。

（1）里约热内卢联合国环境与发展大会　1992年6月5日，在巴西里约热内卢召开联合国环境与发展大会，183个国家的代表团和联合国及其下属机构等70多个国际组织的代表出席了会议。大会的入场大厅中有一堵高大的木制"地球宣言"签字墙，整个墙面为白底绿字，白色象征洁净的天空，绿色象征优美的自然环境。墙面上用英文、中文等七种文字写着同样的誓言："我保证竭尽全力为今世后代把地球建成一个安全舒适的家园而奋斗。"大会确立了要为子孙后代造福、走人与大自然协调发展的道路，并提出了可持续发展战略，确立了国际社会关于环境与发展的多项原则，其中"共同但有区别的责任"成为指导国际环发合作的重要原则。

会议通过并签署了五个重要文件：《里约环境与发展宣言》（又称《地球宪章》）、《21世纪议程》、《关于森林问题的原则声明》、《气候变化框架公约》和《生物多样性公约》。其中《里约环境与发展宣言》和《21世纪议程》提出建立"新的全球伙伴关系"，为今后在环境与发展领域开展国际合作确定了指导原则和行动纲领，也是对建立新的国际关系的一次积极探索。该会议的历史功绩在于，让世界各国接受了可持续发展战略方针，并在发展中开始付诸实施，这是人类发展方式的大转变，是人类历史的新纪元，标志着环境保护事业在全世界范围发生了历史性转变。会议倡导在可持续发展这个共识的基础上，以新型的全球合作伙伴关系开展世界范围内的合作，为最终实现可持续发展的远大目标而共同努力。

（2）约翰内斯堡可持续发展世界首脑会议　2002年8月26日—9月4日，联合国在南非约翰内斯堡桑顿会议中心召开21世纪迄今级别最高、规模最大的一次国际盛会——约翰内斯堡可持续发展世界首脑会议。会议涉及政治、经济、环境与社会等广泛的问题，全面审议了1992年联合国环境与发展大会通过的《里约环境与发展宣言》《21世纪议程》等重要文件和其他一些主要环境公约的执行情况，并在此基础上就今后工作提出具体的行动战略与措施，积极推进全球的可持续发展。

（3）"里约+20"联合国可持续发展大会　2012年6月20日至22日，联合国可持续发展大会（又称"里约+20"峰会）在巴西里约热内卢召开。会议有三个目标和两个主题，第一个目标是达成新的可持续发展政治承诺；第二个目标是对现有的承诺评估进展情况和实施方面的差距；第三个目标是应对新的挑战。两个主题分别是：①绿色经济在可持续发展和消除贫困方面的作用；②可持续发展的体制框架。"里约+20"峰会是自1992年联合国环境与发展大会和2002年可持续发展世界首脑会议后，在可持续发展领域举行的又一次大规模、高级别的国际会议，对国际可持续发展议程产生了重要而深远的影响。

（4）巴黎气候变化大会　2015年12月12日，在第21届联合国气候变化大会（巴黎气候变化大会）上通过《巴黎协定》，并于2016年11月4日起正式实施。《巴黎协定》是由全世界近200个缔约方共同签署的气候变化协定，旨在形成2020年后的全球气候治理格局。《巴黎协定》共29条，主要包括目标、减缓、适应、损失损害、资金、技术、能力建设、透明度、全球盘点等内容。《巴黎协定》的重大意义包括：从环境保护与治理上来看，其明确了全球共同追求的"硬指标"；从人类发展的角度看，其将世界所有国家都纳入了呵护地球生态确保人类发展的命运共同体当中；从经济视角审视，其主导推动各方以"自主贡献"的方式参与全球应对气候变化行动，积极向绿色可持续的增长方式转型，促进发达国家继续带头减排并加强对发展中国家提供财力支持，通过适宜的减缓、顺应、融资、技术转让和能力建设等方式，推动所有缔约方共同履行减排贡献。

（5）第五届联合国环境大会　联合国环境大会是全球环境问题的最高决策机制，其前身是联合国环境规划署理事会。2013年联合国大会通过决议，将环境规划署理事会升格为各成员国代表参加的联合国环境大会。第五届联合国环境大会的总主题是"加强保护自然行动，实现可持续发展目标"，重点关注塑料污染、绿色回收和化学废弃物管理等问题。大会分两个阶段举办，第一阶段于2021年2月22—23日以线上形式召开，与会代表呼吁各国政府采纳专家建议，以防止全球失去更多野生动物、损失更多自然资源；第二阶段续会于2022年2月28日—3月2日在肯尼亚内罗毕以线下和线上方式举行，会议通过了具有历史性意义的《终止塑料污染决议（草案）》。

> **科普小知识**
>
> 　　然而，当前塑料污染已成为仅次于气候变化的全球性环境污染焦点问题，给全球可持续发展带来极大挑战。据联合国环境规划署2021年发布的报告，1950年至2017年期间，全球累计生产约92亿吨塑料，其中塑料回收利用率不足10%，约有70亿吨成为塑料垃圾。预计到2040年，全球每年将有约7.1亿吨塑料垃圾被遗弃到自然环境中。美国《科学进展》杂志警告，2050年，地球上将有超过130亿吨塑料垃圾，蓝色地球可能变成"塑料星球"。海洋和其他环境中的塑料污染具有跨区域转移特征，任何国家和地区都不可能独善其身，需要各国秉承"人类命运共同体"理念，广泛采取积极行动，共同应对。

（6）"斯德哥尔摩+50"国际环境会议　2022年6月2日，"斯德哥尔摩+50"国际环境会议在瑞典首都斯德哥尔摩拉开帷幕，会议呼吁各方为健康的地球和共同繁荣采取紧急行动，会议的主题是"斯德哥尔摩+50：一个健康的地球有利于各方实现兴旺发达——我们的责任和机遇"。会议基于对多边主义在应对气候、自然和污染三大全球性环境危机方面重要性的认识，旨在加速推动实施联合国"行动十年"计划，以实现2030年议程、应对气候变化的《巴黎协定》以及"2020年后全球生物多样性框架"等可持续发展目标，并鼓励采纳绿色的新冠疫情后复苏计划。

> **科普小知识**
>
> 　　世界环境日历届主题见表1-5。

表1-5 世界环境日历届主题

年份	主题	年份	主题
1974年	只有一个地球	2000年	环境千年，行动起来
1975年	人类居住	2001年	世间万物，生命之网
1976年	水，生命的重要源泉	2002年	让地球充满生机
1977年	关注臭氧层破坏、水土流失、土壤退化和滥伐森林	2003年	水——二十亿人生于它
1978年	没有破坏的发展	2004年	海洋存亡，匹夫有责
1979年	为了儿童的未来——没有破坏的发展	2005年	营造绿色城市，呵护地球家园
1980年	新的十年，新的挑战——没有破坏的发展	2006年	莫使旱地变为沙漠
1981年	保护地下水和人类食物链，防治有毒化学品污染	2007年	冰川消融，后果堪忧
1982年	纪念斯德哥尔摩人类环境会议10周年——提高环保境识	2008年	促进低碳经济
1983年	管理和处置有害废弃物，防治酸雨破坏和提高能源利用率	2009年	地球需要你：团结起来应对气候变化
1984年	沙漠化	2010年	多样的物种，唯一的地球，共同的未来
1985年	青年、人口、环境	2011年	森林：大自然为您效劳
1986年	环境与和平	2012年	绿色经济：你参与了吗
1987年	环境与居住	2013年	思前，食后，厉行节约
1988年	保护环境、持续发展、公众参与	2014年	提高你的呼声，而不是海平面
1989年	警惕全球变暖	2015年	七十亿个梦，一个地球，关爱型消费
1990年	儿童与环境	2016年	对野生动物交易零容忍
1991年	气候变化——需要全球合作	2017年	人与自然，相联相生
1992年	只有一个地球——关心与共享	2018年	塑战速决
1993年	贫穷与环境——摆脱恶性循环	2019年	蓝天保卫战，我是行动者
1994年	一个地球，一个家庭	2020年	关爱自然，刻不容缓
1995年	各国人民联合起来，创造更加美好的世界	2021年	生态系统恢复
1996年	我们的地球、居住地、家园	2022年	只有一个地球
1997年	为了地球上的生命	2023年	减塑捡塑
1998年	为了地球的生命，拯救我们的海洋	2024年	土地修复、荒漠化和干旱韧性
1999年	拯救地球就是拯救未来		

二、我国古代环境保护思想

"万物各得其和以生，各得其养以成。"中华文明历来崇尚天人合一、道法自然，追求人与自然和谐共生，强调对自然怀有敬畏之心、感恩之心、仁爱之心。《论语·述而》里有"子钓而不纲，弋不射宿"的记载，意思是不用大网打鱼，不射夜宿之鸟。到现在，民间还有"劝君莫打三春鸟，儿在巢中盼母归"的谚语。而在传统诗词书画中，无论是"竹外桃花三两枝，春江水暖鸭先知""接天莲叶无穷碧，映日荷花别样红""采菊东篱下，悠然见南山""小桥流水人家"等名篇佳句，还是《千里江山图》《富春山居图》等着墨于绿水青山间的传世名画，文人墨客常用笔下诗情画意的美，来描绘人与自然间的美好情谊。

尊重自然、顺应自然、保护自然，既是一种思想境界、道德追求，也是一种生存智慧。悠长岁月中，中华民族形成了朴素而深厚的农耕文化，为自然保护意识的形成奠定了基础。汉刘安《淮南子·主术训》中提到"故先王之法，畋不掩群，不取麛夭，不涸泽而渔，不焚林而猎"，否则便会"竭泽而渔，岂不获得？而明年无鱼；焚薮而田，岂不获得？而明年无兽"。西周时期，人们认识到保护山野薮泽是国富民强的保证，《管子·立政》篇中讲到富国立法有五条，其中第一条就是"山泽救于火，草木植成，国之富也"。"地力之生物有大数，人力之成物有大限。取之有度，用之有节，则常足。"人们发现，要想使自然资源源源不断，就必须对其珍惜爱护，做到取之以时、取之有度。随着社会发展，人们不断加深对保护环境、节约资源重要性的认识，将其纳入国家治理之中，认为执政者须重视维系自然生态平衡，合理利用自然资源，才能实现国富民安。

历朝历代在鸟兽捕猎、山林砍伐等方面，立下了不少严格的规定。《逸周书·大聚解》中讲述了夏代的"禹之禁"要求："春三月，山林不登斧，以成草木之长；夏三月，川泽不入网罟，以成鱼鳖之长。"春季实行"山禁"，夏季实行"休渔"，既保护了自然生态，又保证了民生富足。《管子·八观》中提出："山林虽广，草木虽美，禁发必有时……江海虽广，池泽虽博，鱼鳖虽多，罔罟必有正。"一国只有尊重自然，保护耕地，做到"顺天之时，约地之宜，忠人之和"，才能达到"五谷实，草木美多，六畜蕃息，国富兵强，民材而令行，内无烦扰之政，外无强敌之患"的理想状态。五千多年的中华文明在人与自然和谐共生中发育成长，其中顺天量地、应时取宜的智慧和取之有度、节用御欲的意识，至今仍给人以深刻警示和启迪。

三、我国环境保护发展历程

1949年新中国成立以来，我国国民经济与社会发展取得了举世瞩目的成就，生态环境保护也取得了前所未有的进步。特别是国家环境战略政策发生了巨大变化，经历了一个从无到有、从"三废"治理到流域区域治理、从实施主要污染物总量控制到环境质量改善为主线、从环境保护基本国策到全面推进生态文明建设这一主线上来的发展轨迹，基本建立了适应生态文明和"美丽中国"建设的环境战略政策体系。我国推进环境保护的鲜明做法，是统筹国内国际两个大局，既参与国际环发领域的合作与治理，又根据国内新形势新任务及时出台加强环境保护的战略举措。1972年联合国首次人类环境会议、1992年联合国环境与发展大会、2002年可持续发展世界首脑会议和2012年联合国可持续发展大会，为我国加强环境保护提供了重要借鉴和外部条件。我国环境保护大致可以分为五个阶段。

1. 第一阶段（从20世纪70年代初到党的十一届三中全会）

20世纪70年代初，我国发生了大连湾污染事件、蓟运河污染事件、北京官厅水库污染事件，以及松花江出现类似日本水俣病的征兆，表明我国的环境问题已经到了危急关头。1972年6月5日，联合国第一次人类环境会议在瑞典斯德哥尔摩召开，在周恩来总理的关心推动下，我国派代表团参加了会议，自此政府开始认识到我国也存在严重的环境问题，并且环境问题会对经济社会发展产生重大影响。1973年8月，国务院召开第一次全国环境保护会议，提出了"全面规划、合理布局、综合利用、化害为利、依靠群众、大家动手、保护环境、造福人民"的32字环保工作方针。审议通过了我国第一个全国性环境保护文件《关于保护和改善环境的若干规定（试行草案）》，后经国务院以"国发〔1973〕158号"文批转全国，文中规定要努力改革工艺，开展综合利用，并明确规定：一切新建、扩建和改建企业，防治污染项目，必须和主体工程同时设计、同时施工、同时投产（"三同时"）。

1974年10月，国务院环境保护领导小组正式成立。之后，各省、自治区、直辖市和国务院有关部门也陆续建立起环境管理机构和环保科研、监测机构，在全国逐步开展了以"三废"治理和综合利用为主要内容的污染防治工作。在此阶段我国颁布了第一个环境标准《工业"三废"排放试行标准》，标志着我国以治理"三废"和综合利用为特色的污染防治进入新的阶段，并开始实行"三同时"、污染源限期治理等管理制度。

1978年2月，第五届人大一次会议通过的《中华人民共和国宪法》规定："国家保护环境和自然资源，防治污染和其他公害。"这是我国历史上第一次在宪法中对环境保护做出明确规定，为我国环境法制建设和环境保护事业的开展奠定了坚实的基础。同年12月，党的十一届三中全会胜利召开，强调指出：我们绝不能走先建设、后治理的弯路，我们要在建设的同时就解决环境污染的问题。这也是第一次以党中央的名义对环境保护工作做出指示。

2. 第二阶段（从党的十一届三中全会到1992年）

党的十一届三中全会以后，党和国家对环境保护工作给予了高度重视，明确提出保护环境是社会主义现代化建设的重要组成部分。1979年9月，通过了我国的第一部环境保护基本法《中华人民共和国环境保护法（试行）》，我国的环境保护工作开始走上法制化轨道。

1983年，第二次全国环境保护会议把保护环境确立为基本国策，制定了我国环境保护事业的战略方针——"经济建设、城乡建设、环境建设同步规划、同步实施、同步发展"（"三同步"），实现"经济效益、环境效益、社会效益的统一"（"三统一"）。这次会议在我国环境保护发展史上具有重大意义，标志着我国环境保护工作进入发展阶段。1984年5月，国务院作出《关于环境保护工作的决定》，环境保护开始纳入国民经济和社会发展计划。1988年设立国家环境保护局，成为国务院直属机构。地方政府也陆续成立环境保护机构。

1989年国务院召开第三次全国环境保护会议，推出了"三大政策"和"八项制度"。三大政策分别是"预防为主、防治结合、综合治理"，这是环境保护的基本指导方针；"谁污染谁治理"，明确环境治理的责任和原则；"强化环境管理"，强调法规和政府的监督作用。八项环境管理制度分别是环境保护目标责任制、城市环境综合整治定量考核制度、排污许可证制度、污染集中控制制度、限期治理制度、环境影响评价制度、"三同时"制度、排污收费制度等八项制度。同时，以1979年颁布试行、1989年正式实施的《中华人民共和国环境保护法》为代表的环境法规体系初步建立，为开展环境治理奠定了法治基础。这三大政策和八项制度，把实施基本国策和同步发展方针具体化，使我国的环境管理由一般号召和靠行政推动的阶段，进入法制化、制度化的新阶段，是环境保护特别是环境管理一个重大的、具有根本意义的转变。

3. 第三阶段（从1992年到2002年）

1992年联合国环境与发展大会之后，我国在世界上率先提出了《中国环境与发展十大对策》，第一次明确提出转变传统发展模式，走可持续发展道路。1994年我国又制定了《中国21世纪议程》和《中国环境保护行动计划》等纲领性文件，可持续发展战略成为我国经济和社会发展的基本指导思想。这一时期，我国的环保政策主要是由污染防治为主转向污染防治和生态保护并重；由末端治理转向源头和全过程控制，实行清洁生产，推动循环经济；由分散的点源治理转向区域流域环境综合整治和依靠产业结构调整；由浓度控制转向浓度与总量控制相结合，开始集中治理流域性、区域性环境污染。

1996年，国务院召开第四次全国环境保护会议，发布《国务院关于环境保护若干问题的决定》，大力推进"一控双达标"（控制主要污染物排放总量、工业污染源达标和重点城市的环境质量按功能区达标）工作，全面开展"三河"（淮河、海河、辽河）和"三湖"（太湖、滇池、巢湖）水污染防治、"两控区"（酸雨污染控制区和二氧化硫污染控制区）大气污染防治、"一市"（北京市）、"一海"（渤海）的污染防治（简称"33211"工程），启动了退耕还林、退耕还草、保护天然林等一系列生态保护重大工程。

4. 第四阶段（从2002年到2012年）

党的十六大以来，党中央、国务院提出树立和落实科学发展观、构建社会主义和谐社会、建设资源节约型与环境友好型社会、让江河湖泊休养生息、推进环境保护历史性转变、环境保护是重大民生问题、探索环境保护新道路等新思想新举措。2002年、2006年和2011年国务院先后召开第五次全国环境保护会议、第六次全国环境保护大会、第七次全国环境保护大会，作出一系列新的重大决策部署：把主要污染物减排作为经济社会发展的约束性指标，完善环境法制和经济政策，强化重点流域区域污染防治，提高环境执法监管能力，积极开展国际环境交流与合作。

5. 第五阶段（党的十八大以来）

党的十八届三中全会召开以来，党中央把生态文明建设摆在治国理政的突出位置。党的十八大通过了《中国共产党章程（修正案）》，把"中国共产党领导人民建设社会主义生态文明"写入党章，这是国际上第一次将生态文明建设纳入一个政党特别是执政党的行动纲领中。党中央把生态环境保护放在政治文明、经济文明、社会文明、文化文明、生态文明"五位一体"的总体布局中统筹考虑，生态环境保护工作成为生态文明建设的主阵地和主战场，环境质量改善逐渐成为环境保护的核心目标和主线任务，环境战略政策改革进入加速期。2015年4月，《中共中央 国务院关于加快推进生态文明建设的意见》对生态文明建设进行全面部署；2015年9月，中共中央、国务院印发《生态文明体制改革总体方案》，提出到2020年构建系统完整的生态文明制度体系。

2018年3月，第十三届全国人大一次会议通过了《中华人民共和国宪法修正案》，将生态文明写入宪法，这为生态文明建设提供了国家根本大法遵循。特别是在2018年5月召开的全国生态环境保护大会上，正式确立了习近平生态文明思想，这是在我国生态环境保护历史上具有里程碑意义的重大理论成果，为环境战略政策改革与创新提供了思想指引和实践指南。习近平生态文明思想已经成为指导全国生态文明、绿色发展和"美丽中国"建设的指导思想，在国际层面也提升了世界可持续发展战略思想。

这一阶段围绕全面建成小康社会目标建设，改善环境质量成为环境保护工作的核心，也是响应社会的迫切需求，环境政策改革呈现了前所未有的巨大进展。

① 环境法治体系向系统化和纵深化发展。2014年4月我国修订完成了《中华人民共和国环境保护法》，这是对1989年版本25年后的新修，被称为"史上最严"的环保法；随后，《中华人民共和国大气污染防治法》《中华人民共和国水污染防治法》等相继完成修订；新出台的《中华人民共和国环境保护税法》《中华人民共和国土壤污染防治法》等也开始实施。

② 环境监管体制改革取得重大突破。2015年10月召开的中共十八届五中全会明确提出实行省以下环保机构监测监察执法垂直管理制度，大幅度提升我国生态环境监管能力。2018年3

月17日，第十三届全国人大一次会议批准《国务院机构改革方案》，组建生态环境部，统一实行生态环境保护执法。

③ 推进建立最严格的环境保护制度。随着污染治理进入攻坚阶段，中央深入实施大气、水、土壤三大污染防治行动计划，部署污染防治攻坚战，建立并实施中央生态环境保护督察制度，以中央名义对地方党委政府进行督察，如此高规格、高强度的环境执法史无前例。

④ 环境经济政策改革加速推进。明确了建立市场化、多元化生态保护补偿机制改革方向，补偿范围由单领域补偿延伸至综合补偿；全国共有28个省（自治区、直辖市）开展排污权有偿使用和交易试点；出台了国际上第一个专门以环境保护为主要政策目标的环境保护税法，也意味着在我国实施了近四十年的排污收费制度退出历史舞台。

党的十八大以来，我国坚持绿水青山就是金山银山的理念，坚持山水林田湖草沙一体化保护和系统治理，全方位、全地域、全过程加强生态环境保护，生态文明制度体系更加健全，污染防治攻坚向纵深推进，绿色、循环、低碳发展迈出坚实步伐，生态环境保护发生历史性、转折性、全局性变化，我们的祖国天更蓝、山更绿、水更清。

  课外阅读

塞罕坝生态修复建设

塞罕坝，蒙古语中意为"美丽的山岭水源之地"，位于河北省最北部的坝上地区。历史上，这里水草丰美、森林茂密、鸟兽繁多，曾是清朝木兰围场的一部分。从19世纪60年代起，这里开围放垦，树木被大肆砍伐，加之战争和山火等原因，到20世纪50年代初期，原始森林荡然无存，退变为气候恶劣、沙化严重、偏远闭塞的茫茫荒原。

新中国成立后，国家十分重视国土绿化。20世纪50年代中期，毛泽东同志发出"绿化祖国"的伟大号召。1961年，林业部决定在河北北部建立大型机械林场，并选址塞罕坝。1962年，塞罕坝机械林场正式组建。来自全国18个省市的127名大中专毕业生，与当地干部职工一起组成了一支369人的创业队伍，拉开了塞罕坝造林绿化的历史帷幕。

经过半个多世纪的接力奋斗，三代塞罕坝人在这片风大寒冷、人迹罕至的塞外高原上，成功营造出总面积112万亩、森林覆盖率达到80%的世界上最大的人工林海，有效地阻滞了内蒙古浑善达克沙地南侵。为处理好经济发展与环境保护的关系，林场通过严格管护、科学营林，确保森林资源安全，并释放其最大生态红利；追加自筹资金，采用先进技术在荒山沙地、贫瘠山地开展攻坚造林，增加资源储备；优化产业结构，大幅压缩木材采伐限额，依靠资源优势有序有节地发展森林旅游观光业、绿化苗木产业及森林碳汇项目，使这片林海逐步成为林场生产发展、职工生活改善、周边群众脱贫致富的"绿色银行"。

塞罕坝林场建设史是一部可歌可泣的艰苦奋斗史。塞罕坝人用实际行动铸就了牢记使命、艰苦创业、绿色发展的塞罕坝精神，这对全国生态文明建设具有重要示范意义。

塞罕坝成功营造起百万亩人工林海，创造了世界生态文明建设史上的典型，林场建设者获得联合国环保最高荣誉——地球卫士奖，机械林场荣获全国脱贫攻坚楷模称号。

塞罕坝林场的实践证明，对于生态脆弱、生态退化地区，只要科学定位、久久为功，自然生态系统就可以得到修复重建，让沙地荒山变成绿水青山；只要坚持绿色发展，就可以将生态优势转化为经济优势，让绿水青山成为金山银山。

练习题

一、名词解释

1. 生态平衡　　2. 环境问题　　3. 环境容量　　4. 环境要素　　5. 环境自净

6. 可持续发展　　7. 酸雨　　8. 生物多样性　　9. 新污染物　　10. POPs

二、填空题

1. 按环境的属性，可将环境分为_____、_____和_____。

2. 自然环境按环境要素可分为_____、_____、_____、_____和_____等。

3. 环境的功能有_____、_____、_____和_____。

4. 由自然演变和自然灾害引起的环境问题为_____，也称_____，如_____、火山爆发、滑坡、泥石流、_____、洪涝、干旱等。

5. 次生环境问题一般又分为_____和_____两大类。

6. 导致全球变暖的主要原因是人类活动和自然界排放的_____，如CO_2、_____、_____、_____和_____等。

7. 生物多样性通常可划分为三个层次：_____、_____和_____。

8. 持久性有机污染物具有_____、_____、_____等特征。

9. 微塑料是指直径小于_____的塑料颗粒，是一种造成污染的主要载体。

10. 危险废物具有_____、_____、_____、反应性或者感染性等一种或者几种危险特性。

三、简答题

1. 环境是怎样分类的？

2. 何为全球性环境问题？它包括哪几个方面的内容？

3. 臭氧层空洞的原因和危害有哪些？

4. 简要说明土地荒漠化的成因。

5. 新污染物的特征有哪些？

6. 简要阐述人类环境保护史上的四个阶段。

第二章
大气污染及其防治技术

Study Guide
学习指南

内容提要　　本章从思想理念、政策法规、科学技术、实践成效四个方面介绍了我国大气污染问题、大气污染防治的重点任务、大气污染控制的基本技术、我国大气污染治理历程及取得的成效。重点介绍了大气的组成和结构、大气污染源及其污染物、大气污染的防治原则、气态污染物的治理技术等。

重点要求　　了解大气污染的概念及空气质量标准；掌握大气的组成和结构，大气中的主要污染物、来源及危害，大气污染防治的有关政策法规，大气污染的防治原则，常用的除尘装置、排烟脱硫和排烟脱氮技术；了解$PM_{2.5}$和臭氧的协同治理。

第一节 大气污染问题

大气是人类赖以生存的自然资源。大气质量的好坏，直接影响着整个生态系统和人类的健康。大气成分与能量在不断变化，人类活动的加剧，对大气环境产生了深刻的影响，大气污染已经成为当前人们所面临的重要环境问题之一。

一、大气圈结构与大气的组成

（一）大气圈的结构

在地理学上，通常把由于地心引力而随地球旋转的气层称为大气圈（atmosphere），大气圈的厚度为1200～1400km。根据大气圈在垂直方向上的温度变化、运动状态和组成的不同，可将其分为五层，依次为对流层、平流层、中间层、暖层（电离层）和散逸层，如图2-1所示。

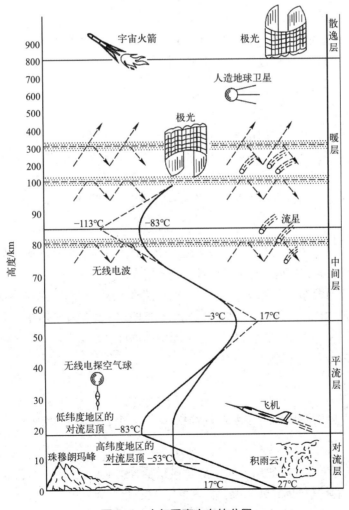

图2-1　大气垂直方向的分层

1. 对流层

对流层位于大气圈的最下端,是距离地面最近的一层。对流层的厚度随纬度的不同而不同,在赤道处为 16～18km,在中纬度地区为 10～12km,而在极地仅为 6～10km,其平均厚度约为 12km,空气质量大约占大气层质量的 3/4。对流层具有四个特点:一是该层气温随高度的增加而递减,大约每上升 100m,气温下降 0.65℃;二是由于该层气温下部高上部低,较易产生强烈的对流运动;三是由于大气环流等因素的影响,该层经常出现复杂的天气现象;四是由于距离地面最近,人类活动排放的污染物主要是在对流层中聚集,大气污染也主要发生在该层。所以,对流层与人类的活动最密切。

2. 平流层

平流层紧邻着对流层,距地面 12～55km,下部为等温层,气温随高度的变化几乎不变,上部气温随高度的上升而升高。这主要是由于平流层受地面辐射影响小,而且该层存在着一个厚度为 10～15km 的臭氧层,臭氧层可以直接吸收太阳的紫外线辐射,造成了气温的增加。该层大气透明度好,气流比较稳定,平流运动占优势。因此,进入该层的污染物扩散速度很慢,最长的能停留几十年,且易造成大范围以至全球性的污染。

3. 中间层

中间层位于平流层的上部,高度离地面 55～80km。由于该层没有臭氧层这类可直接吸收太阳辐射能量的组分,气温随高度的增加而迅速下降,温度可降至 -113～-83℃。空气稀薄,有强烈的垂直对流运动。

4. 暖层

暖层又称热成层,位于中间层的上部,暖层的上界距离地球表面有 800 多千米。该层的下部基本上是由氮分子组成,上部由氧原子组成。氧原子可吸收太阳辐射出的紫外线,因而暖层中气体的温度随高度增加而迅速上升,最高可升高至 1200℃。由于太阳光和宇宙射线的作用,暖层中的大量气体分子被电离,所以暖层又称电离层。

5. 散逸层

暖层以上的大气层统称散逸层,这是大气圈的最外层,气温很高,空气极为稀薄,空气粒子的运动速度很快,可以摆脱地球引力而散逸到太空中。

大气成分的垂直分布,主要取决于分子扩散和湍流扩散的强弱。在 80～85km 以下的大气层中,以湍流扩散为主,大气的主要成分氮气和氧气的组成比例几乎不变,称为均质层。在均质层以上的大气层中,以分子扩散为主,气体组成随高度变化而变化,称为非均质层。在散逸层中较轻的气体成分有明显增加。

(二)大气的组成

大气是多种气体的混合物,其组成包括恒定组分、可变组分和不定组分。

1. 恒定组分

恒定组分指大气中含有的 N_2、O_2、Ar 及微量的 Ne、He、Kr、Xe 等稀有气体。其中 N_2、O_2、Ar 三种组分占大气总量的 99.96%,见表 2-1。在近地层大气中,这些气体组分的含量可认为是几乎不变的。

表2-1 洁净大气的组成

气体类别	含量(体积分数)/%	气体类别	含量(体积分数)/%
氮(N_2)	78.08	氪(Kr)	$1.0×10^{-4}$
氧(O_2)	20.95	氢(H_2)	$0.5×10^{-4}$
氩(Ar)	0.93	氙(Xe)	$0.08×10^{-4}$
二氧化碳(CO_2)	0.0375	臭氧(O_3)	$0.01×10^{-4}$
氖(Ne)	$15×10^{-4}$	甲烷(CH_4)	$2.2×10^{-4}$
氦(He)	$5.24×10^{-4}$		

2. 可变组分

可变组分主要是指大气中的CO_2、水蒸气等，这些气体的含量由于受地区、季节、气象以及人们生产和生活活动等因素的影响而有所变化。在正常状态下，水蒸气的含量为0%~4%，2020年全球平均大气CO_2浓度为$413.2×10^{-6}$，较2019年增长$2.4×10^{-6}$。由恒定组分及正常状态下的可变组分所组成的大气，称为洁净大气。

3. 不定组分

不定组分指尘埃、硫、H_2S、SO_x、NO_x、盐类及恶臭气体等。一般来说，这些不定组分进入大气中，可造成局部和暂时性的大气污染。当大气中的不定组分达到一定浓度时，就会对人、动植物造成危害，这是环境保护工作者应当研究的主要对象。

二、大气污染及其分类

（一）大气污染的概念

大气污染是指由于人类活动或自然过程（火山、山林火灾、海啸、岩石风化），某些物质进入大气中，呈现出足够的浓度，并持续足够的时间，因而危害人类的健康和福利，甚至危害生态环境的现象。所谓人类活动，不仅包括生产活动，也包括生活活动，如做饭、取暖、交通等。一般来说，由于自然环境所具有的物理、化学和自净作用，会使自然过程造成的大气污染经过一段时间后自动消除。因此，大气污染主要是人类活动造成的。

（二）大气污染的分类

1. 根据污染范围分类

大气污染通常分为局域性大气污染、区域性大气污染、广域性大气污染以及全球性大气污染。其中，局域性大气污染是局限于小范围的大气污染，如烟囱排气；区域性大气污染则是涉及一个地区的大气污染，如工业区及其附近地区受到污染或整个城市受到污染；广域性大气污染是涉及比一个地区或大城市更广泛地区的大气污染；全球性大气污染主要表现在温室效应、酸雨和臭氧层破坏三个方面。

2. 根据能源性质分类

大气污染可分为煤烟型污染、石油型污染和复合型污染。煤烟型污染是由煤炭燃烧排放出的烟尘、SO_2等一次污染物以及由这些污染物发生化学反应生成的二次污染物所构成的污染。我国的大气污染以煤烟型污染为主，主要的污染物是烟尘和二氧化硫，此外，还有氮氧化物和一氧化碳等。石油型污染的污染物来自石油化工产品，如汽车尾气、油田及石油化工厂的排放物等。它们在阳光照射下发生光化学反应，并形成光化学烟雾。复合型污染的污染物以煤炭为主，还包括以石油为燃料的污染源排放出的污染物体系，此种污染类型是由煤烟型向石油型过渡的阶段，它取决于一个国家的能源发展结构和经济发展速度。

3. 根据污染物的化学性质分类

大气污染可分为还原型大气污染和氧化型大气污染等。还原型大气污染，又称伦敦型，主要污染物为SO_2、CO和颗粒物，在低温、高湿度的阴天、风速小并伴有逆温的情况下，一次污染物在低空集聚生成还原型烟雾。氧化型大气污染，又称洛杉矶型，污染物来源于汽车尾气、燃油锅炉和石化工业，主要一次污染物是CO、氮氧化物和碳氢化合物，这些污染物在阳光照射下能引起光化学反应，生成二次污染物——臭氧、醛、酮、过氧乙酰硝酸酯等具有强氧化性的物质，对人体眼睛等黏膜能引起强烈刺激。

专家认为，18世纪工业革命带来的煤烟型污染为第一空气污染时期，19世纪石油和汽车工业带来的光化学烟雾污染为第二空气污染时期，20世纪以来大量使用能源和特殊建筑材料带来的室内空气污染为第三空气污染时期。室内空气污染虽然浓度低，但由于人体接触时间长，累积接触量高，室内空气污染已成为重要环境问题之一。

三、大气污染源

1. 按照污染物产生的类型划分

大气污染源可分为自然污染源和人为污染源两类。自然污染源是指由于自然原因向环境释放污染物形成的污染源，如火山喷发、森林火灾、飓风、海啸、土壤和岩石风化以及生物腐烂等。人为污染源是指人类活动和生产活动形成的污染源，由于人为污染源普遍存在，所以相比自然污染源更为人们所密切关注。

人为污染源又可分为工业污染源、生活污染源、交通运输污染源和农业污染源。工业污染源是大气污染的一个重要来源，工业生产排放到大气中的污染物种类繁多，有烟尘、SO_x、NO_x、有机化合物、卤化物等。生活污染源主要由民用生活炉灶和采暖锅炉产生，产生的污染物有灰尘、SO_2、CO等有害物质。交通运输污染源来自汽车、火车、飞机、轮船等运输工具，特别是城市中的汽车，量大而集中，对城市空气的污染很严重，成为大城市空气的主要污染源之一，汽车排放的废气主要有CO、SO_2、NO_x和碳氢化合物等。农业污染源主要来源于农药及化肥的使用。田间施用农药时，一部分农药会以粉尘等颗粒物形式散逸到大气中，残留在作物上或黏附在作物表面的仍可挥发到大气中，进入大气的农药可以被悬浮颗粒物吸收并随气流向各地输送，造成大气农药污染。

2. 按照污染源性状特点划分

按照污染源性状特点可将大气污染源分为固定式污染源和移动式污染源。固定式污染源是指污染物从固定地点排出，如各种工业生产及家庭炉灶排放源排出的污染物，其位置是固定不变的。移动式污染源是指各种交通工具，如汽车、轮船、飞机等在运行中排放废气，向周围大气环境散发出各种有害物质。

3. 按照预测模式的模拟形式划分

按预测模式的模拟形式可分为点源、面源、线源、体源四种类别。点源是通过某种装置集中排放的固定点状源，如烟囱、集气筒等。面源是指在一定区域范围内，以低矮密集的方式自地面或近地面的高度排放污染物的源，如工艺过程中的无组织排放、储存堆、渣场等排放源。线源则是污染物呈线状排放或者由移动源构成线状排放的源，如城市道路的机动车排放源等。体源是由源本身或附近建筑物的空气动力学作用使污染物呈一定体积向大气排放的源，如焦炉炉体、屋顶天窗等。

四、大气污染物

大气污染物是指由于人类活动或自然过程排入大气并对人和环境产生有害影响的物质。按照其存在状态，可分为颗粒污染物和气态污染物。

(一) 颗粒污染物

颗粒污染物是指大气中的液体、固体状物质。按照来源和物理性质，颗粒污染物可分为粉尘、烟、飞灰、黑烟和雾，在泛指小固体颗粒时，通称粉尘。

我国环境空气质量标准中，根据粉尘颗粒的大小，将其分为以下几种。

（1）总悬浮颗粒物（total suspended particulates, TSP） 指环境空气中空气动力学直径小于等于100μm的颗粒物。

（2）PM_{10} 指环境空气中空气动力学直径小于等于10μm的颗粒物（particulate matter），也称可吸入颗粒物。

（3）$PM_{2.5}$ 指环境空气中空气动力学直径小于等于2.5μm的颗粒物，也称细颗粒物或可入肺颗粒物。

$PM_{2.5}$和PM_{10}也是很多城市大气的首要污染物和引发雾霾的重要原因。此外，PM_{10}在环境空气中持续的时间很长，被人吸入后，会累积在呼吸系统中，引发许多疾病，对于老人、儿童和已患心肺病者等敏感人群有较大风险。

(二) 气态污染物

气体状态污染物是指在常态、常压下以分子状态存在的污染物，简称气态污染物。气态污染物主要包括以SO_2为主的含硫化合物、以NO与NO_2为主的含氮化合物、以CO和CO_2为主的碳氧化物、有机化合物和卤素化合物等。气态污染物可分为一次污染物和二次污染物。一次污染物是指直接从污染源排放到大气中的原始污染物；二次污染物是指由于一次污染物与大气中已有组分或几种一次污染物之间经过一系列化学或光化学反应而生成的与一次污染物性质不同的新污染物。受到普遍重视的一次污染物主要有硫氧化物、氮氧化物、碳氧化物及挥发性有机物等；二次污染物主要有硫酸烟雾和光化学烟雾。

1. 硫氧化物（SO_x）

硫氧化物是硫的氧化物的总称，包括SO_2、SO_3、S_2O_3、SO等。其中SO_2是目前大气污染物中数量较大、影响范围也较广的一类气态污染物，几乎所有工业企业都可能产生，它主要来源于化石燃料的燃烧过程以及硫化物矿石的焙烧、冶炼等热过程。硫氧化物和氮氧化物是形成酸雨或酸沉降的主要前体物。

2. 氮氧化物（NO_x）

氮氧化物是氮的氧化物的总称，包括N_2O、NO、NO_2、N_2O_3等，其中污染大气的主要是NO和NO_2。NO毒性不大，但进入大气后会缓慢氧化成NO_2，NO_2的毒性约为NO的5倍，当NO_2参与大气中的光化学反应，形成光化学烟雾后，其毒性更强。人类活动产生的NO_x主要来自各种炉窑、机动车和柴油机排气，其次是硝酸生产、硝化过程、炸药生产及金属表面处理等。其中由燃料燃烧产生的NO_x约占83%。

3. 碳氧化物（CO_x）

碳氧化物主要是CO和CO_2。大气中的碳氧化物主要来自煤炭和石油的燃烧。在空气不充足的情况下燃烧，就会产生CO。CO是一种窒息性气体，1t锅炉工业用煤燃烧约产生1.4kg的CO；1t居民取暖用煤燃烧会产生20kg以上的CO；一辆行驶中的汽车，每小时会产生1~1.5kg的CO。CO_2虽然不是有毒物质，但大气中含量过高就会造成温室效应，甚至可能导致全球性灾难。

4. 挥发性有机物（VOCs）

根据世界卫生组织的定义，挥发性有机物（volatile organic compounds，VOCs）是指熔点低于室温而沸点在50～260℃的各种有机化合物。根据《挥发性有机物无组织排放控制标准》（GB 37822—2019），VOCs是指参与大气光化学反应的有机化合物，或者根据有关规定确定的有机化合物。在表征VOCs总体排放情况时，根据行业特征和环境管理要求，可采用总挥发性有机物（以TVOC表示）、非甲烷总烃（以NMHC表示）作为污染物控制项目。按挥发性有机物的化学结构，可将其进一步分为八类：烷烃类、芳香烃类、烯烃类、卤代烃类、酯类、醛类、酮类和其他化合物。常见的VOCs有苯、甲苯、二甲苯、苯乙烯、三氯乙烯、三氯甲烷、三氯乙烷、甲苯二异氰酸酯（TDI）等。VOCs是形成$PM_{2.5}$、O_3等的重要前体物，进而引发灰霾、光化学烟雾等大气环境问题。

5. 硫酸烟雾

硫酸烟雾是指大气中的SO_2等硫氧化物，在相对湿度比较高、气温比较低并有颗粒气溶胶存在时发生一系列化学或光化学反应而生成的硫酸雾或硫酸盐气溶胶。硫酸烟雾引起的刺激作用和生理反应等危害要比SO_2气体大得多。

6. 光化学烟雾

大气中的氮氧化物和非甲烷碳氢化合物（NMHC）等大气一次污染物，在强烈阳光的照射下，会发生一系列光化学反应，从而生成臭氧、过氧乙酰硝酸酯（PAN）、过氧化氢（H_2O_2）、醛（RCHO）、高活性自由基、有机酸和无机酸（如HNO_3）等氧化性很强的二次污染物，这种由参与光化学反应过程的一次污染物和二次污染物的混合物（气体混合物或气溶胶）所形成的烟雾污染现象，称为光化学烟雾，见图2-2。

光化学烟雾的形成机制可分为四个步骤：第一步，汽车等交通工具向大气排出大量的烃类化合物和氮氧化物；第二步，在光照条件下，碳氢化合物、氮氧化物和空气的混合物，通过链引发、链歧化、自由基传递、链终止等一系列反应，产生O_3、H_2O_2、PAN等光化学氧化剂；第三步，光化学物质形成具有特殊气味的笼罩在城市上空的白色烟雾（有时带紫色或黄色），即光化学烟雾；第四步，随着自由基的逐渐消失，产生更多的稳定产物，光化学物质消失。

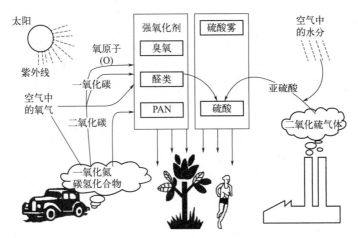

图2-2 光化学烟雾的形成示意图

五、大气污染的危害

大气污染对人体健康、动植物、器物和材料、大气能见度及气候都有重要影响。

1. 对人体健康的危害

大气污染物侵入人体主要有三条途径：表面接触、摄入含污染物的食物和水、吸入被污染的空气，见图2-3。大气污染对人体健康的危害主要表现为引起呼吸道疾病。在突发高浓度污染物的作用下，可造成急性中毒，甚至在短时间内死亡。长期接触低浓度污染物，会引起支气管炎、支气管哮喘、肺气肿和肺癌等病症。

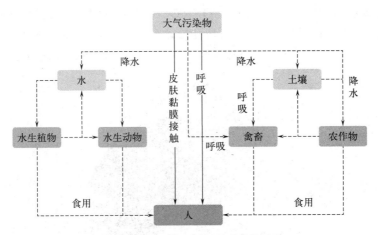

图2-3 大气污染物侵入人体的途径

2. 对动植物的危害

大气污染物会使土壤酸化，水体水质变酸，水生生物灭绝，植物产量下降、品质变坏。当大气污染物浓度超过植物的忍耐限度时，会使植物的细胞和组织器官受到伤害、生理功能和生长发育受阻、产量下降、产品品质变坏、群落组成发生变化，甚至造成植物个体死亡、种群消失。大气污染对植物的伤害通常发生在叶子上，最常遇到的毒害植物的气体是二氧化硫、臭氧、过氧乙酰硝酸酯等。

3. 对器物和材料的危害

大气污染物对金属制品、涂料、皮革制品、纺织品、橡胶制品和建筑物等的损害也是非常严重的。这种损害包括玷污性损害和化学性损害两个方面。玷污性损害主要是粉尘、烟等颗粒物落在器物上面造成的；化学性损害是由于污染物的化学作用，使器物和材料被腐蚀或损害。

4. 对大气能见度的影响

能见度是指在指定方向上仅能用肉眼看见和辨认的最大距离。一般来说，对大气能见度或清晰度有影响的污染物是气溶胶粒子、能通过大气反应生成气溶胶粒子的气体或有色气体。因此，对能见度有潜在影响的污染物有总悬浮颗粒物、二氧化硫和其他气态含硫污染物、一氧化氮和二氧化氮、光化学烟雾。

5. 对气候的影响

大气污染对气候会产生大规模影响，其后果是极为严重的。已被证实的全球性影响有由CO_2等温室气体引起的温室效应以及SO_2、NO_x排放产生的酸雨等。

六、我国大气污染现状

根据2024年5月发布的《2023中国生态环境状况公报》，2023年，国务院印发《空气质量持续改善行动计划》，全国扎实推进蓝天保卫战，持续开展重点区域秋冬季大气污染综合治理攻坚行动，城市空气质量稳中向好。

1. 全国空气质量

2023年，全国339个地级及以上城市❶平均空气质量优良天数比例为85.5%，同比下降1.0个百分点，见图2-4。2023年，$PM_{2.5}$、PM_{10}、O_3、SO_2、NO_2和CO浓度分别为29μg/m³、51μg/m³、145μg/m³、9μg/m³、21μg/m³和1.1mg/m³，与2022年相比，$PM_{2.5}$、PM_{10}、NO_2平均浓度分别上升3.4%、3.9%、4.8%，O_3、CO平均浓度下降0.7%和9.1%，SO_2平均浓度持平，见图2-5。

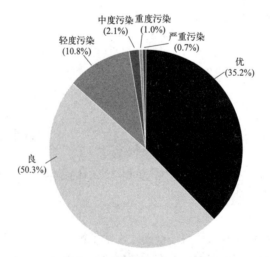

图2-4 2023年339个城市环境空气质量各级别天数比例

---

❶ "十四五"期间，全国空气质量监测范围为339个地级及以上城市（含直辖市、地级市、地区、自治州和盟）共计1734个国家城市环境空气质量监测点位。

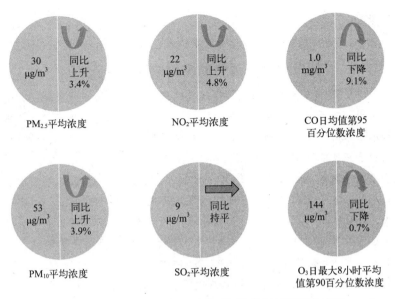

图2-5　2023年339个城市六项污染物浓度及同比变化

2. 重点区域

2022年全国及重点区域空气质量比较见图2-6。

（1）京津冀及周边地区　2023年，京津冀及周边地区"2+26"城市平均优良天数比例为63.1%，比2022年下降3.6个百分点；$PM_{2.5}$平均浓度为43μg/m³，比2022年下降2.3%；O_3平均浓度为181μg/m³，比2022年上升1.1%。

（2）长三角地区　2023年，长三角41个城市优良天数比例为83.7%，比2022年上升0.7个百分点；$PM_{2.5}$平均浓度为32μg/m³，比2022年上升3.2%；O_3平均浓度为158μg/m³，比2022年下降2.5%。

（3）汾渭平原　2023年，汾渭平原11个城市平均优良天数比例为67.4%，比2022年上升2.2个百分点；$PM_{2.5}$平均浓度为43μg/m³，比2022年下降6.5%；O_3平均浓度为167μg/m³，与2022年持平。

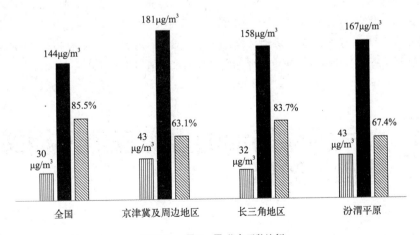

图2-6　2023年全国及重点区域空气质量比较

> **科普小知识**
>
> ### 秋冬季大气污染的主要成因是什么?
>
> 为了全面搞清楚区域重污染成因,通过建立国内最大的区域空天地一体的综合立体观测网,实时跟踪重污染过程发生、发展、传输和消散,动态掌握污染大气当中的组分变化情况和污染来源,从污染物排放情况、化学转化、气象条件变化、污染传输四个方面,全面阐明了京津冀及周边地区秋冬季重污染的成因。
>
> 一是污染物排放量超出环境容量的50%以上,是重污染频发的根本原因。京津冀及周边地区,高度聚集重化工产业,区域内以煤炭为主的能源利用方式、以公路运输为主的货运方式,导致区域内主要大气污染物排放量居高不下,单位国土面积主要污染物的排放量是全国平均水平的2~5倍。除了SO_2以外,区域内主要污染物排放量均超出环境容量的50%以上,部分城市甚至超出80%~150%。
>
> 二是大气中NO_x和挥发性有机物的浓度高,大气氧化性增强,是重污染期间二次$PM_{2.5}$快速增长的关键因素。SO_2、NO_x等通过二次转化,在空气中形成的细颗粒物称为二次转化的$PM_{2.5}$。2013年以来,随着大气污染治理的不断深入,二次组分占比逐渐上升的趋势比较明显,从40%上升到50%左右,在重污染期间,颗粒物组分以二次污染物为主,比例达60%。
>
> 三是不利气象条件导致了区域环境容量大幅降低,这是重污染天气形成的必要条件。京津冀及周边地区位于太行山东侧和燕山南侧的半封闭地形中,客观上存在着一个"弱风区",大气扩散条件"先天不足",因此导致环境容量较小。受气候变化的影响,2000年以来,区域环境容量整体呈现下降态势。一旦近地面的风速小于2m/s,逆温导致的边界层高度降到500m以下,相对湿度高于60%,大气环境容量就会进一步减少50%~70%,极易诱发重污染天气。
>
> 四是区域传输对$PM_{2.5}$影响显著,各城市平均贡献率为20%~30%,重污染期间增加到35%~50%。随着污染治理的深入,本地排放占比逐步减少,外来输入逐步增加。对2013年以来近百次的重污染天气过程进行分析,结果表明,重污染期间,区域传输对北京市$PM_{2.5}$的平均贡献率大概是45%,个别过程可达70%,污染物在区域主要有三个传输通道:①西南通道,即河南北部—邯郸—石家庄—保定—北京一线,这个通道传输频率最高,输送强度最大,重污染过程平均贡献率约20%,个别重污染过程可达40%;②东南通道,即山东中部—沧州—廊坊—天津中南部沿线;③偏东的通道,即唐山—天津北部—北京。

第二节 大气污染防治的重点任务及相关法律、政策

蓝天白云是人们对美丽中国最朴素的理解。党的十八大以来,我国大气污染治理取得显著成效,空气质量显著改善,对全球环境治理作出突出贡献。与2013年相比,2022年全国重点城市$PM_{2.5}$平均

浓度下降57%，重度及以上污染天数减少93%。北京市 $PM_{2.5}$ 浓度由 $89.5\mu g/m^3$ 下降为 $30\mu g/m^3$，重度及以上污染天数从58天下降至3天，创造了世界特大城市大气污染治理的奇迹。然而，囿于区域性产业结构、能源结构、运输结构转变滞后等因素，我国空气质量改善成果尚未完全稳固，以可吸入颗粒物（PM_{10}）、细颗粒物（$PM_{2.5}$）为特征污染物的区域性大气环境问题仍然突出。

一、大气污染防治的重点任务

1. 着力打好重污染天气消除攻坚战

聚焦秋冬季细颗粒物污染，加大重点区域、重点行业结构调整和污染治理力度。京津冀及周边地区、汾渭平原持续开展秋冬季大气污染综合治理专项行动。东北地区加强秸秆禁烧管控和采暖燃煤污染治理。天山北坡城市群加强兵地协作，钢铁、有色金属、化工等行业参照重点区域执行重污染天气应急减排措施。科学调整大气污染防治重点区域范围，构建省市县三级重污染天气应急预案体系，实施重点行业企业绩效分级管理，依法严厉打击不落实应急减排措施行为。到2025年，全国重度及以上污染天数比率控制在1%以内。

2. 着力打好臭氧污染防治攻坚战

聚焦夏秋季臭氧污染，大力推进挥发性有机物和氮氧化物协同减排。以石化、化工、涂装、医药、包装印刷、油品储运销等行业领域为重点，安全高效推进挥发性有机物综合治理，实施原辅材料和产品源头替代工程。完善挥发性有机物产品标准体系，建立低挥发性有机物含量产品标识制度。完善挥发性有机物监测技术和排放量计算方法，在相关条件成熟后，研究适时将挥发性有机物纳入环境保护税征收范围。推进钢铁、水泥、焦化行业企业超低排放改造，重点区域钢铁、燃煤机组、燃煤锅炉实现超低排放。开展涉气产业集群排查及分类治理，推进企业升级改造和区域环境综合整治。到2025年，挥发性有机物、氮氧化物排放总量比2020年分别下降10%以上，臭氧浓度增长趋势得到有效遏制，实现细颗粒物和臭氧协同控制。

3. 持续打好柴油货车污染治理攻坚战

深入实施清洁柴油车（机）行动，全国基本淘汰国三及以下排放标准汽车，推动氢燃料电池汽车示范应用，有序推广清洁能源汽车。进一步推进大中城市公共交通、公务用车电动化进程。不断提高船舶靠港岸电使用率。实施更加严格的车用汽油质量标准。加快大宗货物和中长途货物运输"公转铁""公转水"，大力发展公铁、铁水等多式联运。"十四五"时期，铁路货运量占比提高0.5个百分点，水路货运量年均增速超过2%。

4. 加强大气面源和噪声污染治理

强化施工、道路、堆场、裸露地面等扬尘管控，加强城市保洁和清扫。加大餐饮油烟污染、恶臭异味治理力度。强化秸秆综合利用和禁烧管控。到2025年，京津冀及周边地区大型规模化养殖场氨排放总量比2020年下降5%。深化消耗臭氧层物质和氢氟碳化物环境管理。实施噪声污染防治行动，加快解决群众关心的突出噪声问题。到2025年，地级及以上城市全面实现功能区声环境质量自动监测，全国声环境功能区夜间达标率达到85%。

二、大气污染防治的法律保障

大气污染防治法是指国家为防治大气环境的污染而制定的各项法律法规及有关法律规范的

总称。《中华人民共和国大气污染防治法》由中华人民共和国第九届全国人民代表大会常务委员会第十五次会议于2000年4月29日修订通过，自2000年9月1日起施行。现行版本为2015年8月29日第十二届全国人民代表大会常务委员会第十六次会议修订，自2016年1月1日起施行。2018年10月26日第十三届全国人民代表大会常务委员会第六次会议进行了第二次修正。新修正的《中华人民共和国大气污染防治法》（以下简称"新法"）共八章129条，系统规定了大气污染防治标准和限期达标规划、大气污染防治的监督管理、大气污染防治措施、重点区域大气污染联合防治、重污染天气应对和法律责任等。一是总量控制，强化责任。新法将排放总量控制和排污许可由"两控区"即酸雨控制区和二氧化硫控制区扩展到全国，明确分配总量指标，对超总量和未完成达标任务的地区实行区域限批，并约谈主要负责人。二是优化布局，源头管控。新法坚持源头治理，推动转变经济发展方式，优化产业结构和布局，调整能源结构，提高相关产品质量标准。三是重点污染，联合防治。新法加强重点区域大气污染联合防治，完善重污染天气应对措施，着力解决燃煤、机动车船等大气污染问题。实现从单一污染物控制向多污染物协同控制，从末端治理向全过程控制、精细化管理的转变。四是重典处罚，不设上限。新法加大了行政处罚力度，新法中涉及法律责任的条款有30条，具体处罚行为和种类接近90种，包括责令改正、限制生产、停产整治、责令停业、关闭，提高了法律的操作性和针对性。取消了原有法律中对造成大气污染事故企业事业单位罚款"最高不超过50万元"的封顶限额，同时增加了"按日计罚"的规定。

 案例分析

某公司违反《中华人民共和国大气污染防治法》案

【简介】2021年2月16日凌晨4点，某市生态环境局分局接群众举报"某公司散发浓烈刺鼻气味"的问题后，立即安排执法人员连夜进厂检查。经现场检查，该公司甲醇锅炉故障停运，导致焦炉煤气必须点火放散处理。但该公司在放散煤气过程中未按要求进行点火放散，而是直接将煤气排入大气环境。

【查处】上述行为违反了《中华人民共和国大气污染防治法》第四十八条："钢铁、建材、有色金属、石油、化工、制药、矿产开采等企业，应当加强精细化管理，采取集中收集处理等措施，严格控制粉尘和气态污染物的排放。"依据《中华人民共和国大气污染防治法》第一百零八条之规定，结合《××省环境行政处罚自由裁量权基准》相关规定，该市生态环境局下达了处罚决定书，对该公司处以罚款人民币壹拾玖万元整的行政处罚。

【整改】2021年2月16日早上8点该公司将煤气排放站进行了关闭，违法问题得到了整改。2021年4月29日该公司向所在省非税收入待解缴科目账号缴纳了壹拾玖万元的罚款。

【启示】

① 充分发挥群众投诉举报的力量。执法人员要加大环保法律法规宣传力度，要依托群众的力量来第一时间发现问题、投诉举报问题，促进第一时间将违法问题查处到位、整改到位。同时，要进一步加大"有奖举报"的宣传力度，积极鼓励公众参与，严惩生态违法行为。

② 紧盯特殊时段重点区域环境问题不放松。不断加大重要节假日和夜间的执法监督力度。要充分利用无人机、在线监控系统等非现场检查方式发现问题，将重大节日等特殊时间段执法检查作为重中之重来抓，严厉打击偷排污染物的违法行为，提高企业的守法自觉性。

三、大气污染防治的相关政策

党的十八大以来，生态环境保护工作立足长远、系统谋划，顶层设计持续完善，生态环境法律法规制定修订节奏加快、覆盖面拓宽、针对性更强。确立了生态文明的宪法地位，完善了环境保护基本制度和污染防治法律制度，配合立法机关制定了重要流域、特殊区域的生态保护法律，健全了生态环境领域法规清理和规范性文件合法性审核机制等，同时制定、修订了多项国家污染物排放标准，大幅削减水泥、化工等重点行业污染物排放，倒逼行业技术进步、产业结构优化升级，促进环境质量改善，有力支撑打赢打好污染防治攻坚战。其中，与大气污染控制有关的部分政策见表2-2。

表2-2 中国大气污染相关政策一览表

发布时间	出台单位	政策名称	主要内容
2013年9月	国务院	《大气污染防治行动计划》（简称"大气十条"）	采取十项具体措施开展大气污染防治，目标是到2017年，全国地级及以上城市可吸入颗粒物浓度比2012年下降10%以上，优良天数逐年提高；明确了重点区域具体控制指标
2018年6月	中共中央 国务院	《中共中央 国务院关于全面加强生态环境保护坚决打好污染防治攻坚战的意见》	编制实施打赢蓝天保卫战三年作战计划，以重点区域为主战场，调整优化产业结构、能源结构、运输结构、用地结构，强化区域联防联控和重污染天气应对
2018年6月	国务院	《打赢蓝天保卫战三年行动计划》	旨在明确2018—2020年大气污染防治工作的总体思路、基本目标、主要任务和保障措施，提出了打赢蓝天保卫战的时间表和路线图
2019年6月	生态环境部	《重点行业挥发性有机物综合治理方案》	建立健全VOCs污染防治管理体系，完成"十三五"规划确定的VOCs排放量下降10%的目标任务，协同控制温室气体排放，推动环境空气质量持续改善
2020年3月	中共中央办公厅、国务院办公厅	《关于构建现代环境治理体系的指导意见》	严格执行环境保护税法，促进企业降低大气污染物、水污染物排放浓度，提高固体废物综合利用率
2021年10月	国家发展改革委等	《"十四五"全国清洁生产推行方案》	旨在加快推行清洁生产，促进经济社会发展全面绿色转型。规定了到2025年，NO_x和VOCs排放总量比2020年分别下降10%与10%以上等主要目标
2021年11月	中共中央 国务院	《中共中央 国务院关于深入打好污染防治攻坚战的意见》	打好重污染天气消除攻坚战、臭氧污染防治攻坚战、柴油货车污染治理攻坚战，加强大气面源和噪声污染治理

续表

发布时间	出台单位	政策名称	主要内容
2021年12月	国务院	《"十四五"节能减排综合工作方案》	推进大气污染防治重点区域秋冬季攻坚行动,加大重点行业结构调整和污染治理力度。推进VOCs和NO_x协同减排,加强细颗粒物和臭氧协同控制
2021年12月	生态环境部	《"十四五"生态环境监测规划》	加快推进生态环境监测现代化。提出2025年和2035年发展目标,提出多项措施,包括巩固城市空气质量监测、加强$PM_{2.5}$和O_3协同控制监测、拓展大气污染监控监测等内容
2022年1月	工业和信息化部等	《环保装备制造业高质量发展行动计划(2022—2025年)》	研发大气污染治理用低温脱硝催化剂、VOCs高效吸附催化材料、功能滤料及滤筒,拓展应用范围
2022年5月	国务院办公厅	《新污染物治理行动方案》	旨在加强新污染物治理,从六个方面提出18项行动举措
2022年6月	生态环境部等	《减污降碳协同增效实施方案》	基于实现生态环境根本好转和碳达峰碳中和两大战略任务,优化环境治理,推进大气、水、土壤、固体废物污染防治与温室气体协同控制
2022年7月	生态环境部	《室内空气质量标准》(GB/T 18883—2022)	增加了$PM_{2.5}$等3项化学性指标及要求,调整了NO_2等5项化学性指标等,规定了室内空气质量的指标、要求及指标监测方法等。于2023年2月实施
2022年11月	生态环境部等	《深入打好重污染天气消除、臭氧污染防治和柴油货车污染治理攻坚战行动方案》	包括1个总体文件,明确开展攻坚战的重要性以及攻坚总体要求、重点工作、保障措施;3个行动方案,即《重污染天气消除攻坚行动方案》《臭氧污染防治攻坚行动方案》《柴油货车污染治理攻坚行动方案》,明确了各自攻坚目标、思路和具体任务措施
2023年11月	国务院	《空气质量持续改善行动计划》	明确了总体思路、改善目标、重点任务和责任落实

第三节 大气污染控制的基本技术

持续深入打好蓝天保卫战,关键是落实精准治污、科学治污、依法治污,加强污染物协同控制。科学治污是精准治污、依法治污的基础、前提和关键。目前,大气污染防治形势严峻复杂,必须立足当前、着眼长远、科学应对大气污染治理的短板和关键环节,要坚定科学打赢蓝天保卫战的信念,用现代化的大气污染治理方案、经济高效的节能减排技术武装自己,熟悉空气质量标准和规范,掌握大气污染控制的基本技术,推进大气污染治理的精细化。

一、空气质量标准及规范

(一)环境空气质量标准

为贯彻《中华人民共和国环境保护法》和《中华人民共和国大气污染防治法》,保护和改善生活环境、生态环境,保障人体健康,我国发布实施了《环境空气质量标准》(GB 3095—

2012)。规定了环境空气功能区分类、标准分级、污染物项目、平均时间及浓度限值、监测方法、数据统计的有效性规定以及实施与监督等内容。近年来，我国以煤炭为主的能源消耗大幅攀升，机动车保有量急剧增加，经济发达地区NO_x和VOCs排放量显著增长，O_3和$PM_{2.5}$污染加剧。GB 3095—2012增设$PM_{2.5}$平均浓度限值和O_3 8小时平均浓度限值，严格了PM_{10}等污染物的浓度限值，将监测数据有效性由原来的50%～75%提高至75%～90%；更新了SO_2、NO_2、O_3、颗粒物等污染物项目的分析方法，增加了自动监测分析方法；明确了标准分期实施的规定，以便客观地反映我国环境空气质量状况，推动大气污染防治。《环境空气质量标准》将环境空气功能区分为两类：一类区为自然保护区、风景名胜区和其他需要特殊保护的区域；二类区为城镇规划中确定的居民区、商业交通居民混合区、文化区、工业区和农村地区。一类区适用一级浓度限值，二类区适用二级浓度限值。一、二类环境空气功能区质量要求见表2-3和表2-4。

表2-3 环境空气污染物基本项目浓度限值

序号	污染物项目	平均时间	浓度限值 一级	浓度限值 二级	单位
1	二氧化硫（SO_2）	年平均	20	60	$\mu g/m^3$
		24小时平均	50	150	
		1小时平均	150	500	
2	二氧化氮（NO_2）	年平均	40	40	
		24小时平均	80	80	
		1小时平均	200	200	
3	一氧化碳（CO）	24小时平均	4	4	mg/m^3
		1小时平均	10	10	
4	臭氧（O_3）	日最大8小时平均	100	160	$\mu g/m^3$
		1小时平均	160	200	
5	颗粒物（粒径小于等于10μm）	年平均	40	70	
		24小时平均	50	150	
6	颗粒物（粒径小于等于2.5μm）	年平均	15	35	
		24小时平均	35	75	

表2-4 环境空气污染物其他项目浓度限值

序号	污染物项目	平均时间	浓度限值 一级	浓度限值 二级	单位
1	总悬浮颗粒物（TSP）	年平均	80	200	$\mu g/m^3$
		24小时平均	120	300	
2	氮氧化物（NO_x）	年平均	50	50	
		24小时平均	100	100	
		1小时平均	250	250	
3	铅（Pb）	年平均	0.5	0.5	
		季平均	1	1	
4	苯并[a]芘（BaP）	年平均	0.001	0.001	
		24平均	0.0025	0.0025	

（二）环境空气质量指数

空气质量指数（air quality index，AQI）是定量描述空气质量状况的无量纲指数，其数值越大、级别和类别越高、表征颜色越深，说明空气污染状况越严重，对人体的健康危害也就越大。针对单项污染物还规定了空气质量分指数。空气质量评价的主要污染物为$PM_{2.5}$、PM_{10}、SO_2、NO_2、O_3、CO六项。新版的AQI是在空气污染指数（air pollution index，API）评价的3种污染物（SO_2、NO_2、PM_{10}）的基础上增加了3种污染物指标（$PM_{2.5}$、O_3、CO），发布频次也从每天一次变成每小时一次。因此，AQI采用的分级限制标准更严、污染物指标更多、发布频次更高，其评价结果也将更加接近公众的真实感受，全国空气质量预报信息发布系统见图2-7。2016年1月1日实施的《环境空气质量指数（AQI）技术规定（试行）》（HJ 633—2012）对空气质量分指数级别及对应的污染物项目浓度限值做了相关规定，如表2-5和表2-6所示。

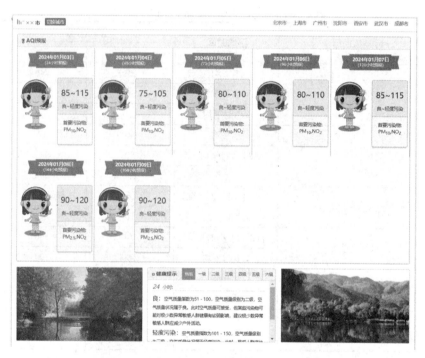

图2-7 全国空气质量预报信息发布系统

表2-5 空气质量分指数及对应的污染物项目浓度限值

空气质量分指数 (IAQI)	污染物项目浓度限值									
	二氧化硫24小时平均 /($\mu g/m^3$)	二氧化硫1小时平均 /($\mu g/m^3$)①	二氧化氮24小时平均 /($\mu g/m^3$)	二氧化氮1小时平均 /($\mu g/m^3$)①	PM_{10} 24小时平均 /($\mu g/m^3$)	一氧化碳24小时平均 /(mg/m^3)	一氧化碳1小时平均 /(mg/m^3)①	臭氧1小时平均 /($\mu g/m^3$)	臭氧8小时滑动平均 /($\mu g/m^3$)	$PM_{2.5}$ 24小时平均 /($\mu g/m^3$)
0	0	0	0	0	0	0	0	0	0	0
50	50	150	40	100	50	2	5	160	100	35
100	150	500	80	200	150	4	10	200	160	75
150	475	650	180	700	250	14	35	300	215	115

续表

空气质量分指数(IAQI)	污染物项目浓度限值									
	二氧化硫24小时平均/($\mu g/m^3$)	二氧化硫1小时平均/($\mu g/m^3$)①	二氧化氮24小时平均/($\mu g/m^3$)	二氧化氮1小时平均/($\mu g/m^3$)①	PM_{10}24小时平均/($\mu g/m^3$)	一氧化碳24小时平均/(mg/m^3)	一氧化碳1小时平均/(mg/m^3)①	臭氧1小时平均/($\mu g/m^3$)	臭氧8小时滑动平均/($\mu g/m^3$)	$PM_{2.5}$24小时平均/($\mu g/m^3$)
200	800	800	280	1200	350	24	60	400	265	150
300	1600	②	565	2340	420	36	90	800	800	250
400	2100	②	750	3090	500	48	120	1000	③	350
500	2620	②	940	3840	600	60	150	1200	③	500

① 二氧化硫（SO_2）、二氧化氮（NO_2）和一氧化碳（CO）的1小时平均浓度限值仅用于实时报，在日报中需使用相应污染物的24小时平均浓度限值。
② 二氧化硫（SO_2）1小时平均浓度值高于800 $\mu g/m^3$的，不再进行其空气质量分指数计算，二氧化硫（SO_2）空气质量分指数按24小时平均浓度计算的分指数报告。
③ 臭氧（O_3）8小时平均浓度值高于800 $\mu g/m^3$的，不再进行其空气质量分指数计算，臭氧（O_3）空气质量分指数按1小时平均浓度计算的分指数报告。

表2-6 空气质量指数及相关信息

空气质量指数	空气质量指数级别	空气质量指数类别及表示颜色		对健康影响情况	建议采取的措施
0~50	一级	优	绿色	空气质量令人满意，基本无空气污染	各类人群可正常活动
51~100	二级	良	黄色	空气质量可接受，但某些污染物可能对极少数异常敏感人群健康有较弱影响	极少数异常敏感人群应减少户外活动
101~150	三级	轻度污染	橙色	易感人群症状有轻度加剧，健康人群出现刺激症状	儿童、老年人及心脏病、呼吸系统疾病患者应减少长时间、高强度的户外锻炼
151~200	四级	中度污染	红色	进一步加剧易感人群症状，可能对健康人群心脏、呼吸系统有影响	儿童、老年人及心脏病、呼吸系统疾病患者避免长时间、高强度的户外锻炼，一般人群适量减少户外运动
201~300	五级	重度污染	紫色	心脏病和肺病患者症状显著加剧，运动耐受力降低，健康人群普遍出现症状	儿童、老年人和心脏病、肺病患者应停留在室内，停止户外运动，一般人群减少户外运动
>300	六级	严重污染	褐红色	健康人群运动耐受力降低，有明显强烈症状，提前出现某些疾病	儿童、老年人和病人应当留在室内，避免体力消耗，一般人群应避免户外活动

（三）室内空气质量标准

我国于2022年7月发布了《室内空气质量标准》（GB/T 18883—2022），并于2023年2月1日起实施，这是GB/T 18883—2002施行20年以来的第一次修订。新版GB/T 18883—2022新增了细颗粒物、三氯乙烯、四氯乙烯三项化学性参数及其限值规定；调整了5项化学性指标（二氧化氮、二氧化碳、甲醛、苯、可吸入颗粒物）、1项生物性指标（细菌总数）和1项放射性指标（氡）要求；二氧化碳限值虽未调整，但要求由"日平均值"修订为"1小时平均"，对比GB/T 18883—2002甲醛标准要求提高了20%，苯标准要求提高了73%。室内空气质量指标及要求见表2-7。

表2-7 室内空气质量指标及要求

序号	指标分类	指标	计量单位	要求	备注
1	物理性	温度	℃	22～28	夏季
				16～24	冬季
2		相对湿度	%	40～80	夏季
				30～60	冬季
3		风速	m/s	≤0.3	夏季
				≤0.2	冬季
4		新风量	$m^3/(h \cdot 人)$	≥30	—
5	化学性	臭氧(O_3)	mg/m^3	≤0.16	1小时平均
6		二氧化氮(NO_2)	mg/m^3	≤0.20	1小时平均
7		二氧化硫(SO_2)	mg/m^3	≤0.50	1小时平均
8		二氧化碳(CO_2)	%[①]	≤0.10	1小时平均
9		一氧化碳(CO)	mg/m^3	≤10	1小时平均
10		氨(NH_3)	mg/m^3	≤0.20	1小时平均
11		甲醛(HCHO)	mg/m^3	≤0.08	1小时平均
12		苯(C_6H_6)	mg/m^3	≤0.03	1小时平均
13		甲苯(C_7H_8)	mg/m^3	≤0.20	1小时平均
14		二甲苯(C_8H_{10})	mg/m^3	≤0.20	1小时平均
15		总挥发性有机化合物(TVOC)	mg/m^3	≤0.60	8小时平均
16		三氯乙烯(C_2HCl_3)	mg/m^3	≤0.006	8小时平均
17		四氯乙烯(C_2Cl_4)	mg/m^3	≤0.12	8小时平均
18		苯并[a]芘(BaP)[②]	ng/m^3	≤1.0	24小时平均
19		可吸入颗粒物(PM_{10})	mg/m^3	≤0.10	24小时平均
20		细颗粒物($PM_{2.5}$)	mg/m^3	≤0.05	24小时平均
21	生物性	细菌总数	CFU/m^3	≤1500	—
22	放射性	氡(^{222}Rn)	Bq/m^3	≤300	年平均[③]（参考水平[④]）

① 体积分数。
② 指可吸入颗粒物中的苯并[a]芘。
③ 至少采样3个月(包括冬季)。
④ 表示室内可接受的最大年平均浓度，并非安全与危险的严格界限。当室内氡浓度超过该参考水平时，宜采取行动降低室内氡浓度。当室内氡浓度低于该参考水平时，也可以采取防护措施降低室内氡浓度，体现辐射防护最优化原则。

（四）大气污染物排放标准

大气污染物排放标准是为了使空气质量达到环境质量标准，对排入大气中的污染物数量或浓度所规定的限制标准。目前，大气污染综合排放标准为1996年发布的《大气污染物综合排放标准》(GB 16297—1996)，其中规定了33种大气污染物的排放限值，其指标体系为最高允许排放浓度、最高允许排放速率和无组织排放监控浓度限值。部分地区结合当地情况发布了地方的大气污染物综合排放标准，例如，北京市发布的《大气污染物综合排放标准》(DB11/501—2017)、江苏省发布的《大气污染物综合排放标准》(DB32/4041—2021)等。另外，为贯彻《中华人民共和国环境保护法》《中华人民共和国大气污染防治法》，防治环境污染，改善生态环境质量，我国发布了《石灰、电石工业大气污染物排放标准》(GB 41618—2022)、《矿物棉工业大气污染物排放标准》(GB 41617—2022)、《玻璃工业大气污染物排放标准》(GB 26453—2022)等标准。

二、大气污染控制技术

根据污染物来源及污染类型，目前主要的大气污染控制技术如下。

(一) 颗粒污染物控制技术

颗粒污染物是大气的主要污染物之一。从废气中将固体颗粒物分离出来并加以捕集、回收的技术称为除尘技术，又称颗粒污染物净化技术。实现除尘过程的设备称为除尘装置。常见的除尘装置主要有重力除尘器、惯性除尘器、过滤式除尘器、静电除尘器和湿式除尘器等，其性能、适用对象及优缺点比较，见表2-8。

表2-8 常见的除尘装置比较

除尘器	原理	适用粒径 $d/\mu m$	除尘效率 $\eta/\%$	适用对象	优点	缺点
重力除尘器	重力	100～50	40～60	烟气除尘，硝酸盐、石膏、氧化铝加工，石油精制催化剂回收	①造价低；②结构简单；③压力损失小；④磨损小；⑤维修方便；⑥节省运转费	①不能除去小颗粒粉尘；②效率较低
挡板式除尘器	惯性力	100～10	50～70		①造价低；②结构简单；③可处理高温气体；④几乎不用运转费	①不能除去小颗粒粉尘；②效率较低
旋风式分离器	离心力	5以下	50～80		①设备较便宜；②占地少；③可处理高温气体；④效率较高；⑤适用于高浓度烟气	①压力损失大；②不适于黏、湿气体；③不适于腐蚀性气体
		3以上	10～40			
湿式除尘器	湿式	1左右	80～99	硫铁矿焙烧，硫酸、磷酸、硝酸生产等	①除尘效率高；②设备便宜；③不受温度、湿度影响	①压力损失大，运转费用高；②用水量大，有污水需要处理；③容易堵塞
过滤式除尘器	过滤	20～1	90～99	喷雾干燥、炭黑生产、二氧化钛加工等	①效率高；②可处理高温气体；③低浓度气体适用	①容易堵塞，滤布需替换；②操作费用高
静电除尘器	静电	20～0.05	80～99	除烟雾、石油裂化催化剂回收、氧化铝加工等	①效率高；②可处理高温气体；③压力损失小；④低浓度气体适用	①设备费用高；②粉尘黏附在电极上，导致效率降低；③需要维修费用

1. 重力除尘器

重力除尘器是借助粉尘的重力沉降，将粉尘从气体中分离出来的设备。粉尘靠重力沉降的过程，是烟气从水平方向进入重力沉降设备，在重力的作用下，粉尘粒子逐渐沉降下来，而气体沿水平方向继续前进，从而达到除尘的目的，如图2-8所示。气流进入重力沉降室后，流动截面积扩大，流速降低，较重颗粒在重力作用下缓慢向灰斗沉降。一般重力除尘装置可捕集50μm以上的粒子。提高重力除尘装置效率的主要途径有：①降低沉降室内气流速度（0.3～2.0m/s）；②增加沉降室长度；③降低沉降室高度。

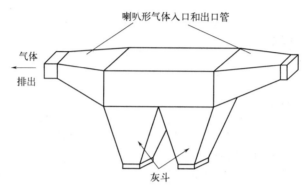

图2-8 重力除尘器过程示意图

2. 惯性除尘器

惯性除尘器是利用颗粒物的惯性将颗粒物从气体中分离并捕集的除尘装置，又称惰性除尘器。它包括挡板式除尘器（图2-9）和旋风除尘器（图2-10）等，其特点是结构简单、成本低廉、运行维修方便，但净化效率不高，属于低效除尘器，在多级除尘系统中作为初级除尘。

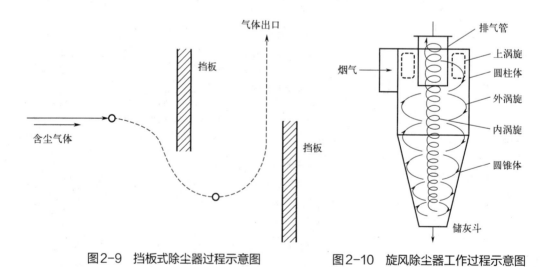

图2-9 挡板式除尘器过程示意图　　图2-10 旋风除尘器工作过程示意图

3. 过滤式除尘器

利用多孔介质的过滤作用捕集含尘气体中颗粒物的除尘设备称为过滤式除尘器。过滤式除尘器主要有三种类型：一类是以织物为滤材的表面过滤器，如袋式除尘器，用纤维滤料制作的袋状过滤元件捕集含尘气体中颗粒物，见图2-11；另一类是以硅石、矿石、焦炭等颗粒物作滤材的过滤器，如颗粒层除尘器；还有一类是采用滤纸或玻璃纤维等填充层作滤料的过滤器，如空气过滤器。

4. 静电除尘器

静电除尘器是在高压直流电场的作用下，通过电晕放电使含尘气流中的颗粒物带电，利用电场中库仑力使颗粒物从气流中分离出来并沉积在电极上，见图2-12。常用于以煤为燃料的工厂、电站中收集烟气中的煤灰和粉尘；冶金中用于收集锡、锌、铅、铝等的氧化物。

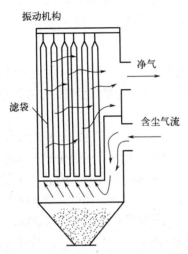

图2-11 袋式除尘器工作过程示意图

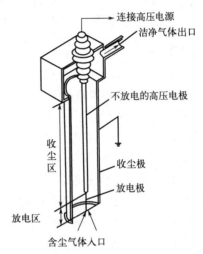

图2-12 静电除尘器工作过程示意图

5. 湿式除尘器

湿式除尘器是利用液体的洗涤作用，使颗粒物从气流中分离出来的除尘器，也叫洗涤式除尘器，见图2-13。湿式除尘器既能净化废气中的颗粒污染物，也能脱除气态污染物（气体吸收），同时还能起到气体降温的作用。湿式除尘器具有设备投资少、构造简单、净化效率高的特点，适合捕集粒径1μm以上的颗粒物，除尘效率达90%以上，适用于净化非纤维性、不与水发生化学反应和不发生黏结现象的各类含尘气体，尤其适宜净化高温、易燃、易爆及有害气体。

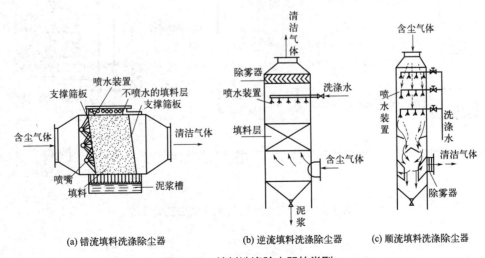

图2-13 填料洗涤除尘器的类型

(二) 气态污染物控制技术

用于气态污染物处理的技术有吸收法、吸附法、冷凝法、催化转化法、直接燃烧法、膜分离法以及生物法等。其中,吸收法和吸附法是应用最多的两种气态污染物的去除方法。吸收是利用不同气体在液体中溶解度不同的这一现象,以分离和净化气体混合物的一种技术。例如,常使用吸收技术从工业废气中去除SO_2、NO_x、H_2S及HF等有害气体。吸附是一种固体表面现象,它是利用多孔性固体吸附剂处理气态污染物,使其中的一种或几种组分,在分子引力或化学键力的作用下,被吸附在固体表面,从而达到分离的目的。常用的固体吸附剂有骨炭、硅胶、矾土、沸石、焦炭和活性炭等,其中应用最为广泛的是活性炭。

1. 脱硫技术

脱硫技术又称排烟脱硫。目前主流的脱硫技术包括湿法、干法和半干法;按照烟气脱硫后的生成物是否回收,将脱硫技术分为抛弃法和回收法;根据净化原理将烟气脱硫分为吸收法、吸附法和催化转化法等。

以石灰石(石灰)/石膏法为代表的湿法技术应用最广。石灰石(石灰)/石膏湿法脱硫工艺采用石灰石或石灰作脱硫吸收剂,石灰石经破碎磨细成粉状后与水混合搅拌成吸收浆液。在吸收塔内,吸收浆液与烟气接触混合,烟气中的SO_2与浆液中的$CaCO_3$以及鼓入的氧化空气进行化学反应生成$CaSO_4$,达到一定饱和度后,结晶形成二水石膏。石膏浆液经浓缩、脱水后送至石膏贮仓,脱硫后的烟气经过除雾器除去雾滴,再经过吸收氧化系统后达到超低排放要求,由烟囱排放,见图2-14。湿法烟气脱硫工艺成熟,适用于不同容量的机组,应用范围广,脱硫效率可达99%以上,SO_2浓度(在标准状态下,余同)小于$35mg/m^3$,颗粒物浓度小于$10mg/m^3$。石膏法的脱硫剂来源丰富,价格较低,副产品石膏利用前景较好。主要过程包括吸收过程和氧化过程。

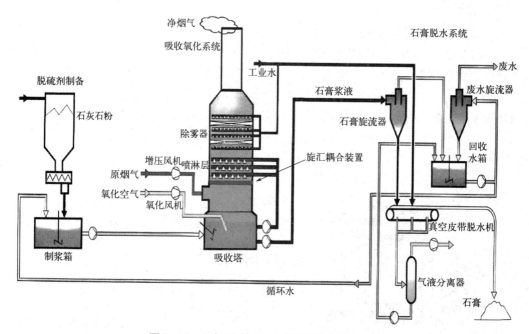

图2-14 石灰石(石灰)/石膏湿法脱硫工艺

(1) 吸收过程 在吸收塔内进行,主要反应见式(2-1)至式(2-4)。
石灰浆液作吸收剂:

$$Ca(OH)_2 + SO_2 \longrightarrow CaSO_3 \cdot \frac{1}{2}H_2O + \frac{1}{2}H_2O \qquad (2\text{-}1)$$

石灰石浆液作吸收剂：

$$CaCO_3 + SO_2 + \frac{1}{2}H_2O \longrightarrow CaSO_3 \cdot \frac{1}{2}H_2O + CO_2 \qquad (2\text{-}2)$$

$$CaSO_3 \cdot \frac{1}{2}H_2O + SO_2 + \frac{1}{2}H_2O \longrightarrow Ca(HSO_3)_2 \qquad (2\text{-}3)$$

由于烟道气中含有氧，还会发生如下副反应。

$$2CaSO_3 \cdot \frac{1}{2}H_2O + O_2 + 3H_2O \longrightarrow 2CaSO_4 \cdot 2H_2O \qquad (2\text{-}4)$$

（2）氧化过程　在氧化塔内进行，主要反应见式（2-5）至式（2-6）。

$$2CaSO_3 \cdot \frac{1}{2}H_2O + O_2 + 3H_2O \longrightarrow 2CaSO_4 \cdot 2H_2O \qquad (2\text{-}5)$$

$$Ca(HSO_3)_2 + \frac{1}{2}O_2 + H_2O \longrightarrow CaSO_4 \cdot 2H_2O + SO_2 \qquad (2\text{-}6)$$

2. 脱硝技术

脱硝技术又称排烟脱硝或排烟脱氮。脱硝技术包括选择性催化还原（selective catalytic reduction, SCR）和选择性非催化还原（selective non-catalytic reduction, SNCR）工艺。

（1）SCR脱硝技术　即在催化剂（铂、铬、铁、钒、钼、钴、镍等）的作用和氧气存在的条件下，以NH_3、H_2S、CO等作为还原剂，有选择性地与烟气中的NO_x反应并生成无毒无污染的N_2和H_2O的方法。如氨选择性催化还原法，是以NH_3为还原剂，选用贵金属铂为催化剂，反应温度控制在150～250℃，NH_3优先和NO_x发生还原脱除反应生成N_2和水，而不和烟气中的氧进行氧化反应，其工艺流程见图2-15。

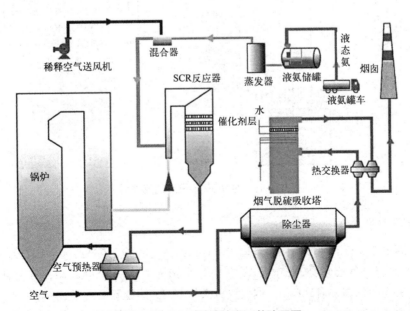

图2-15　SCR脱硝技术工艺流程图

反应方程式见式（2-7）和式（2-8）。

$$4NH_3+6NO \xrightarrow{Pt为催化剂} 5N_2+6H_2O \tag{2-7}$$

$$8NH_3+6NO_2 \xrightarrow{Pt为催化剂} 7N_2+12H_2O \tag{2-8}$$

选择合适的催化剂，可以降低副反应 $4NH_3+3O_2 \longrightarrow 2N_2+6H_2O$ 的速率。在一般的选择性催化还原工艺中，反应温度常控制在300℃以下，因为温度超过350℃，会发生下列副反应，见式（2-9）和式（2-10）。

$$2NH_3 \longrightarrow N_2+3H_2 \tag{2-9}$$

$$4NH_3+5O_2 \longrightarrow 4NO+6H_2O \tag{2-10}$$

（2）SNCR脱硝技术　是一种不用催化剂，通过含氨基的还原剂（如氨水、尿素溶液等）在一定反应温度（900~1150℃）下将烟气中的NO_x还原脱除，生成N_2和水的清洁脱硝技术。由于锅炉燃烧的烟气中氮氧化物包含了NO和NO_2，而NO占烟气中NO_x的90%以上，所以脱硝过程以去除NO为主。其工艺流程如图2-16所示，化学反应方程式为

$$4NO + 2CO(NH_2)_2 + O_2 \longrightarrow 4N_2+2CO_2+4H_2O$$

但由于 $4NH_3+5O_2 \longrightarrow 4NO+ 6H_2O$，在温度过高的情况下尿素本身也会被氧化成$NO_x$，反而会增加$NO_x$的排放，因此在SNCR的技术中，温度是至关重要的参数。

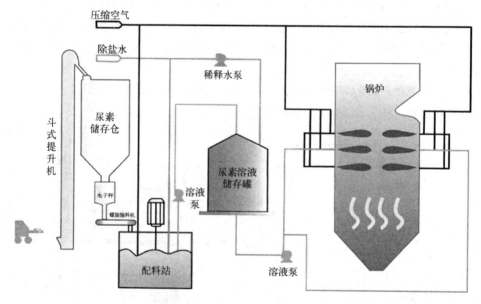

图2-16　SNCR系统工艺流程图

3. 脱汞技术

烟气中的汞主要有三种形态：气态单质汞$Hg^0(g)$、气态二价汞$Hg^{2+}(g)$、固态颗粒汞$Hg(p)$。仅就气态汞而言，气态单质汞$Hg^0(g)$占主要存在形式。有关研究表明，在锅炉烟气出口（970℃）处86%的气态汞为$Hg^0(g)$。烟气脱汞关键是Hg^0的脱除，由于Hg^0难溶于水，所以一般的化学脱汞技术都需要把Hg^0催化氧化为能溶于水的Hg^{2+}，然后再做进一步处理。而吸附剂

法脱汞技术通常为物理、化学混合吸附，不仅能吸附Hg^{2+}，也能吸附Hg^0。固态颗粒汞$Hg(p)$易被除尘装置去除。气态二价汞$Hg^{2+}(g)$易溶于水，湿法脱硫时可去除。

4. 多污染物协同脱除技术

随着社会对环境质量的重视和单项污染物治理工艺的日趋成熟，多污染物协同治理已成为主流趋势，见图2-17。协同治理技术可分为湿法洗涤、半干法洗涤、干法吸附、气相氧化和液相氧化等。例如，气相氧化法利用高压放电产生具有强氧化性的自由基、臭氧（O_3）等，将烟气中的SO_2、NO和Hg分别氧化为SO_3、NO_2和HgO，然后结合下游的洗涤、除尘、脱硫技术将其脱除。

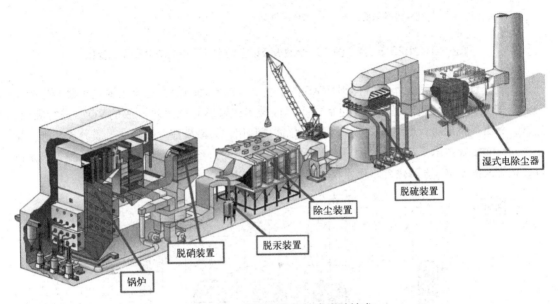

图2-17 气态污染物综合脱除技术

（三）挥发性有机物（VOCs）控制技术

挥发性有机物（VOCs）是$PM_{2.5}$和O_3污染的重要前体物。2023年1月，全国O_3浓度平均为90μg/m³，同比上升了9.8%，是常规监测的6项污染物中不降反升的污染物之一，而且受长时间的高温、干旱等不利条件的影响，多个省市的臭氧浓度创出了历史新高，见图2-18。主要原因是：我国VOCs治理的工作基础依然薄弱，已经成为大气环境治理领域最明显的短板，还存在源头控制不到位、污染治理不到位、规范管理不到位、监管能力不到位等问题。尤其是污染治理方面，我国VOCs治理市场起步时间晚、准入门槛低、监管能力差，导致治污设施质量良莠不齐，应付和无效治理等现象突出，VOCs治理领域充斥着大量低温等离子、光催化、光氧化等简易低效设施，减排效果约等于零，部分地区使用率甚至达80%以上。

针对上述问题，我国将进一步提高VOCs治理的科学性、针对性和有效性，突出分类管理、分业施策，深入推进石化、化工、工业涂装、包装印刷、油品储运销等重点行业VOCs综合治理，推动京津冀及周边地区、长三角地区等重点区域率先取得突破。主要措施包括五个方面：一是全面加强源头替代，二是全面加强排放控制，三是全面加强监测监控，四是全面加强监督执法，五是全面加强技术创新。源头和过程控制主要是通过改变原材料、使用先进设备、

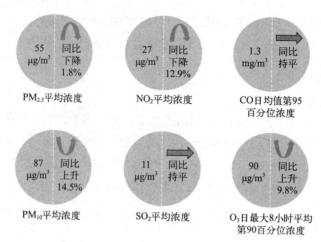

图2-18　2023年1月全国339个地级及以上城市六项指标浓度及同比变化

改进工艺流程、控制工艺条件等抑制VOCs的产生。末端治理与综合利用主要是对已产生的无法避免的VOCs进行后处理，主要包括：①回收技术，基本思路是对排放的VOCs进行吸收、过滤、分离，然后进行提纯等处理，再资源化循环利用，如冷凝法、吸附法、膜分离法等，见图2-19；②销毁技术，基本思路是通过化学反应，如燃烧、光催化、臭氧氧化、低温等离子体等，把排放的VOCs分解化合转化为其他无毒无害的物质。

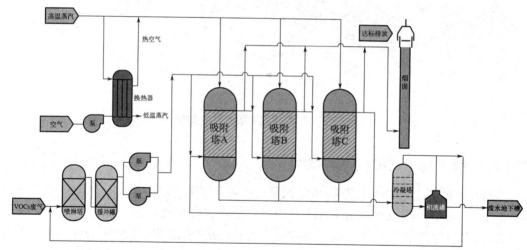

图2-19　典型的化工、焦化等行业微晶材料VOCs治理技术工艺流程图

1. 吸附技术

利用多孔吸附材料，通过物理吸附或化学吸附作用，将VOCs气体分子从废气中分离的技术。由于具有分离效率高、能回收有效组分、设备简单、操作方便、易于实现自动控制等优点，已成为治理环境污染物的主要方法之一。在大气污染控制中，吸附法可用于低浓度废气净化。常用的吸附材料主要包括颗粒活性炭、活性碳纤维、蜂窝状活性炭、蜂窝状分子筛和吸附树脂等。

2. 吸收技术

利用气体混合物中不同组分在吸收剂中溶解度的不同，或者与吸收剂发生选择性化学反应,从而将有害组分从气流中分离出来的技术。吸收法治理气体污染物的优点是技术上比较成熟,适用性强,几乎可以处理各种有害气体,适用范围很广,并可回收有价值的产品。缺点是工艺比较复杂,吸收效率有时不高,吸收液需要再次处理,否则会造成污染。

3. 燃烧法

通过热氧化作用将废气中的可燃有害成分转化为无害物质或易于进一步处理和回收的物质的方法。如石油工业碳氢化合物废气及其他有害气体、溶剂工业废气、城市废弃物焚烧处理产生的有机废气,以及几乎所有恶臭物质(硫醇、H_2S)等都可用燃烧法处理。目前,常用的燃烧法废气治理工艺有蓄热式热力焚烧法(RTO)、蓄热式催化燃烧法(RCO)、催化燃烧法(CO)、沸石转轮分子筛吸附+RTO/RCO/CO组合法、活性炭吸附/沸石吸附+催化燃烧组合法等,见图2-20。

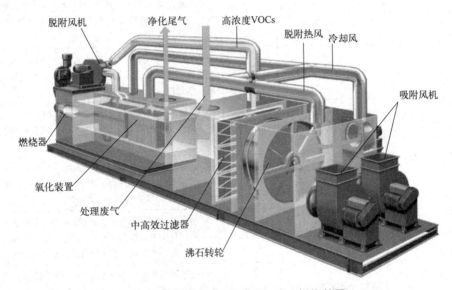

图2-20 沸石转轮吸附浓缩+催化燃烧装置

VOCs的末端控制技术还有生物技术、光催化氧化技术、冷凝技术和膜分离技术等。生物技术是利用微生物的代谢活动过程把废气中的气体污染物转化为低害甚至无害的物质。光催化氧化技术是利用UV(紫外线)光活化氧分子生成游离氧,进一步生成O_3,以降解有机物。冷凝技术是利用物质在不同温度下具有不同饱和蒸气压的性质,降低系统温度或提高系统压力,使处于气态的污染物冷凝,从废气中分离出来的一种技术。膜分离技术则是根据混合气体在压力梯度作用下,透过特定薄膜时,由于不同气体有不同的透过速度,使不同组分达到分离的效果。

三、机动车船尾气治理

为防治机动车辆污染物排放对环境的污染,改善空气质量,2016年12月23日,环境保护部(现生态环境部)、国家质量监督检验检疫总局(现国家市场监督管理总局)发布《轻型汽车污染物排放限值及测量方法(中国第六阶段)》,自2020年7月1日起实施。2018年6月22日,生态环境部、国家市场监督管理总局发布《重型柴油车污染物排放限值及测量方法(中国第六阶段)》,自2019年7月1日起实施。与国五标准相比,重型车国六标准氮氧化物和颗粒物限值分别降低77%和67%。

1. 发动机排放的污染物

发动机排放的污染物分为气态和固态，气态主要包括 CO、NO_x、碳氢化合物（HC）、NMHC、CH_4 等；固态污染物即 PM（颗粒物质量）和 PN（粒子数量），主要是碳、冷凝的 HC、硫酸盐水合物。

2. 发动机污染物排放控制技术

目前，汽车主要通过机内净化技术+机外后处理技术来降低污染物排放，主流控制技术见表2-9。

表2-9 汽车发动机污染物排放主流控制技术

车型	控制阶段	技术名称	英文缩写	技术要点或作用
汽油车	机外后处理	三元催化转化器	TWC	利用装置中贵金属催化剂将汽车尾气排出的污染物 CO、碳氢化合物和 NO_x 通过氧化还原作用转变为 CO_2、H_2O 和 N_2
汽油车	机外后处理	汽油机颗粒捕集器	GPF	在陶瓷载体上涂覆一定比例的贵金属催化剂。当排气流通过交错封堵载体结构时，排气中的颗粒物被捕集过滤，达到减少颗粒物数量的作用
汽油车	机内净化技术	废气再循环技术	EGR	将少部分发动机燃烧后产生的废气和新鲜空气混合后进入燃烧室进行再次燃烧的技术，EGR 有效抑制缸内温度，从而降低 NO_x 排放
柴油车	机外后处理	氧化催化转化器	DOC	降低 HC 排放；将 NO 氧化为 NO_2，NO_2 将 DPF 里面的碳颗粒氧化为气态的 CO_2；氧化柴油放热使 DPF 温度升高，DPF 内碳与氧气反应生成 CO_2
柴油车	机外后处理	柴油机颗粒捕集器	DPF	配合 EGR 废气再循环装置，安装在柴油机的接气管上游，对排气中的大微粒（5μm）通过碰撞、拦截的方式进行捕集，对小于 100nm 的小微粒通过扩散方式进行捕集
柴油车	机外后处理	选择性催化还原技术	SCR	通过尿素喷射系统将尿素喷射到排气管中，在催化剂的作用下，使氮氧化物与尿素发生还原反应，从而达到去除 NO_x 的目的
柴油车	机外后处理	稀燃 NO_x 捕集技术	LNT	利用发动机混合气浓度变化而进行的 NO_x 吸附催化还原的净化技术。当发动机处于稀燃状态(空燃比 >1)时，尾气处于氧化气氛中，在铂的催化作用下，发动机中的 NO 与 O_2 反应产生 NO_2，并以硝酸盐的形式吸附在催化器表面；当在浓燃条件(空燃比<1)下工作时，发动机排气中的烃类化合物和 CO 的含量增加，硝酸盐分解释放出 NO_x，在催化剂铑的作用下与 CO、烃类化合物和 H_2 反应生成 N_2、CO_2 和 H_2O，并使碱金属再生

四、$PM_{2.5}$ 和臭氧的协同治理

虽然我国大气环境呈现持续快速改善态势，但与人民群众对蓝天白云、繁星闪烁的期盼，与美丽中国建设目标相比还有一定差距。《中华人民共和国国民经济和社会发展第十四个五年规划和2035年远景目标纲要》指出，加强城市大气质量达标管理，推进细颗粒物（$PM_{2.5}$）和臭氧（O_3）协同控制，地级及以上城市 $PM_{2.5}$ 浓度下降10%，有效遏制 O_3 浓度增长趋势，基本消除重污染天气。

1. $PM_{2.5}$与O_3的协同形成机制及复合污染特征

由于$PM_{2.5}$与O_3有共同的前体物(NO_x和VOCs)且均受气象因素的影响,并且$PM_{2.5}$中二次组分的生成过程受大气氧化性的影响,因此$PM_{2.5}$与O_3在大气转化过程中联系紧密。$PM_{2.5}$中SO_4^{2-}、NO_3^-、二次有机气溶胶(SOA)的生成过程主要受大气氧化过程的影响,白天与夜晚的主要氧化剂分别为·OH和NO_3自由基。污染地区大气·OH的主要来源包括HONO(气态亚硝酸)、甲醛(HCHO)和O_3的光解以及O_3与烯烃的反应;夜间NO_3自由基主要来源于NO_2与O_3的反应;$PM_{2.5}$则可与来源复杂的大气微量气体(特别是O_3及其前体物)相互作用,干扰地球的辐射强度或为多相反应提供反应表面,从而影响O_3的生成。除污染成因方面具备关联性之外,$PM_{2.5}$与O_3之间也存在着十分复杂的交互作用,二者的浓度呈高度非线性关系。$PM_{2.5}$二次组分与O_3形成主要围绕NO_x($NO+NO_2$)循环和自由基($RO_x\cdot +HO_x$)循环,如图2-21所示。$PM_{2.5}$与O_3复合污染特征见图2-22。

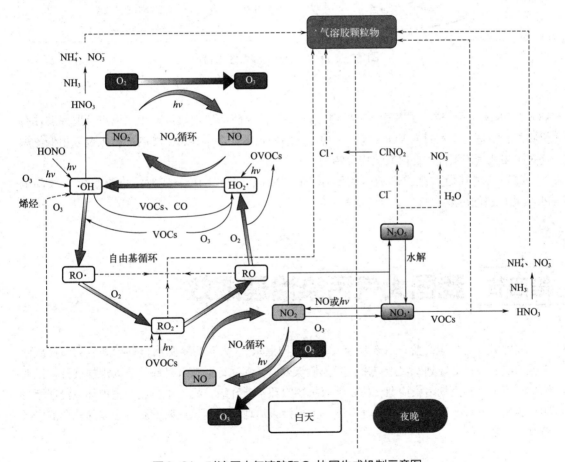

图2-21 对流层中气溶胶和O_3协同生成机制示意图

(资料来源:张涵,2022)

(注:图中虚线表示非一次性反应,需经过多次化学反应进行合成转化)

2. $PM_{2.5}$与O_3的协同控制措施

(1)控制VOCs和NO_x浓度 VOCs和NO_x是O_3与$PM_{2.5}$的直接共同前体物,VOCs和NO_x通过直接参与自由基循环以及NO_x循环,从而直接影响$PM_{2.5}$与O_3复合污染的形成,因此要对

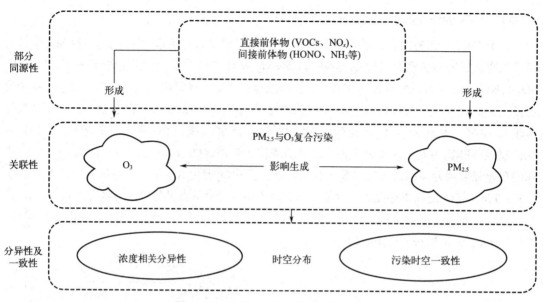

图2-22 PM$_{2.5}$与O$_3$复合污染特征

(资料来源：张涵,2022)

VOCs和NO$_x$进行控制。《挥发性有机物（VOCs）污染防治技术政策》和《重点行业挥发性有机物综合治理方案》针对VOCs提出了相应的治理技术，对于NO$_x$浓度的控制主要采用低氮燃烧技术和烟气脱硝技术，前文已作介绍。

（2）控制其他污染物排放　控制HONO、NH$_3$、Cl$^-$和CH$_4$等其他污染物也能有效降低PM$_{2.5}$和臭氧的污染。

第四节　我国大气污染治理成效

同呼吸、共命运，蓝天白云是全人类的共同追求。《大气污染防治行动计划》和《打赢蓝天保卫战三年行动计划》实施以来，我国燃煤电厂、钢铁行业超低排放改造大规模展开，工业锅炉、各种炉窑大气污染治理和挥发性有机物治理不断升级，机动车排放和室内环境治理取得明显突破，各种治理技术持续快速发展，大气污染治理取得明显成效，获得了国际社会的广泛赞誉。

一、我国大气污染防治历程

自20世纪70年代以来，我国大气污染治理随着社会经济发展和生态环境保护事业发展主要经历了消烟除尘、构建大气环境容量理论（1972—1990年），分区管控、防治酸雨和二氧化硫污染（1991—2000年），总量控制、二氧化硫排放量见顶下降（2001—2010年），攻坚克难、打赢蓝天保卫战（2011—2020年），协同控制、持续深入打好蓝天保卫战（2021年至今）五个阶段，见表2-10。2010—2022年，我国大气污染防治的主要目标见图2-23。

表 2-10 我国大气污染防治的五个阶段

阶段	时间范围	主要任务	主要污染类型	主要污染物	主要控制措施	主要政策法规
第一阶段	1972—1990年	消烟除尘，构建大气环境容量理论	燃煤、工业	SO_2、TSP	消烟除尘、生产工艺废气净化、工业锅炉改造、工业炉窑改造	1973年发布我国第一个环境保护标准《工业"三废"排放试行标准》；1979年颁布了第一部环境保护基本法《中华人民共和国环境保护法（试行）》；1982年发布首个《大气环境质量标准》；1987年，我国颁布了针对工业和燃煤污染防治的《中华人民共和国大气污染防治法》
第二阶段	1991—2000年	分区管控，防治酸雨和二氧化硫污染	燃煤、工业、扬尘	SO_2、NO_x、TSP	消烟除尘、生产工艺废气净化、工业锅炉改造、工业炉窑改造、机动车污染防治	1995年修正、2000年修订《中华人民共和国大气污染防治法》；1996年我国出台《国家环境保护"九五"计划和2010年远景目标》；1996年第一次修订《环境空气质量标准》，将PM_{10}纳入常规污染物；1998年，国务院批复了《酸雨控制区和二氧化硫污染控制区划分方案》，提出控制目标
第三阶段	2001—2010年	总量控制，二氧化硫排放量见顶下降	燃煤、工业、扬尘、机动车	SO_2、PM_{10}、NO_2	脱硫除尘、工业污染治理、机动车污染防治、综合整治	2001年印发《国家环境保护"十五"计划》；2002年印发《两控区酸雨和二氧化硫污染防治"十五"计划》；2006年批复"十一五"期间全国主要污染物排放总量控制计划；2007年印发《国家环境保护"十一五"规划》；2010年印发《关于推进大气污染联防联控工作改善区域空气质量的指导意见》
第四阶段	2011—2020年	攻坚克难，打赢蓝天保卫战	燃煤、工业、机动车船、扬尘、农业大气污染	$PM_{2.5}$、PM_{10}、O_3、SO_2、NO_2、CO	压减燃煤、严格控车、调整产业、强化管理、联防联控、依法治理	2012年修订《环境空气质量标准》；2013年出台《大气污染防治行动计划》；2015年修订《中华人民共和国大气污染防治法》；2018年发布《中共中央 国务院关于全面加强生态环境保护 坚决打好污染防治攻坚战的意见》，印发《打赢蓝天保卫战三年行动计划》；2019年印发《重点行业挥发性有机物综合治理方案》
第五阶段	2021年至今	协同控制，持续深入打好蓝天保卫战	燃煤、工业、机动车船、扬尘、农业大气污染	NO_x、SO_2、PM_{10}、$PM_{2.5}$、VOCs、NH_3、O_3	推进挥发性有机物和氮氧化物协同减排、加强细颗粒物和臭氧协同控制	2021年印发《中共中央 国务院关于深入打好污染防治攻坚战的意见》和《"十四五"节能减排综合工作方案》；2022年印发《新污染物治理行动方案》和《减污降碳协同增效实施方案》；2022年11月印发《深入打好重污染天气消除、臭氧污染防治和柴油货车污染治理攻坚战行动方案》；2023年11月30日，国务院印发《空气质量持续改善行动计划》

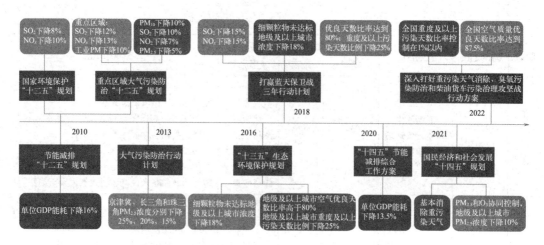

图2-23 2010—2022年我国大气污染防治主要目标

二、我国大气污染防治成效

党的十八大以来，我国大气污染治理取得显著成效，与2013年相比，2022年全国$PM_{2.5}$平均浓度下降57%，重度及以上污染天数下降92%。随着《大气污染防治行动计划》《打赢蓝天保卫战三年行动计划》的实施，我国大气污染防治工作全面进入快车道，以工业、燃煤、机动车、农业农村和扬尘等为主体的污染治理措施全面实施，管控不断加严，成功推动了大气污染减排和协同降碳，梳理筛选的我国大气污染治理进程中8项重要措施以及各项措施2013年至2022年以来的实施进展如图2-24所示。

图2-24 2013—2022年污染治理指标进展

（资料来源：中国碳中和与清洁空气协同路径年度报告工作组，2023）

1. 产业结构绿色转型升级取得实质成效

我国持续推动淘汰落后和化解过剩产能，截至2022年底，全国累计淘汰钢铁产能近3亿吨、水泥近4亿吨、平板玻璃1.5亿重量箱、煤炭超10亿吨；重点区域"散乱污"企业实现动态清零。同时，将大气污染治理作为产业结构调整的重要抓手，促进行业高质量发展。2013—2021年，全国粗钢产量平均规模增加27%，企业数量减少20%，截至2022年，我国已拥有全世界最先进的钢铁全流程超低排放技术体系，约6.8亿吨粗钢产能已完成或正在实施超低排放改造。

2. 能源结构清洁化低碳化水平不断提升

2021年，全国能源消费总量较2013年增长26%，而煤炭消费量基本持平，清洁能源占比上升到25.5%，可再生能源开发利用稳居世界第一。截至2021年底，10.3亿千瓦煤电机组完成超低排放改造，占煤电总装机容量的93%，建成世界最大的清洁煤电体系。全国燃煤锅炉数量由近50万台降至不足10万台，重点区域35蒸吨/时以下燃煤锅炉基本清零。京津冀及周边地区、汾渭平原等区域累计完成农村散煤治理2700万户，减少散煤6000多万吨，平原地区冬季取暖散煤基本清零。

3. 交通运输体系进一步绿色化

大力推进"公转铁"，2021年全国铁路货运量达47.2亿吨，实现"五连增"，推动建成投运多条企业大宗货物铁路专用线。近年来，连续实施重型车国四至国六排放标准，新生产重型车污染物排放水平下降90%以上；淘汰老旧及高排放机动车超过3000万辆，新能源车保有量超过1000万辆，位居世界第一。车用油品标准从国四升级到国六，硫含量下降90%，实现车用柴油、普通柴油和部分船用燃料油"三油并轨"。

4. 区域联防联控取得积极进展

国务院组织专家团队深入"2+26"城市和汾渭平原开展"一市一策"技术帮扶。长三角地区将大气污染防治协作作为区域一体化发展的重要内容和突出抓手，汾渭平原建立大气污染防治协作机制。持续开展重点区域秋冬季大气污染综合治理攻坚行动，组织实施夏季臭氧污染防治攻坚。自2017年起，针对39个重点行业开展重污染天气应急减排措施绩效分级，重点区域27.5万家企业纳入应急减排清单。

三、我国污染物协同控制成效

过去20年间，SO_2、NO_x和一次$PM_{2.5}$排放均呈现先上升后大幅下降的趋势，但VOCs与CO_2排放呈持续上升的趋势，见图2-25。2000—2005年期间，我国各类大气污染物与CO_2排放量均持续增加，与快速增加的煤炭消耗量密切相关。随着SO_2和颗粒物排放总量约束目标相继提出，SO_2与一次$PM_{2.5}$排放总量自2005年开始呈现下降趋势，但NO_x、VOCs与CO_2排放仍保持快速增长的态势。2013年起，随着《大气污染防治行动计划》和《打赢蓝天保卫战三年行动计划》的先后实施，我国在能源、产业、交通、用地四大结构调整和专项治理行动方面实施了一系列重大举措。SO_2、NO_x和一次$PM_{2.5}$排放量开始下降，2020年与2013年相比排放量分别下降了70%、28%和44%。由于VOCs管控措施力度不足，其排放在2017年之前呈持续增长趋势，但随着水性溶剂的推广和重点行业整治工作的开展，2017年之后排放开始出现拐点。由于化石能源消费量持续增加，而能源结构和产业结构转型进展相对缓慢，2013年以来CO_2排放仍呈缓慢增长趋势，但排放涨幅已大幅趋缓。

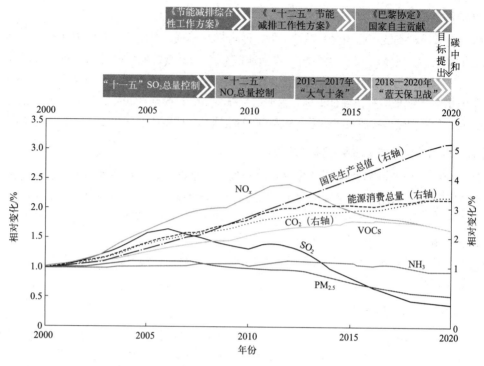

图2-25　中国人为源二氧化碳及主要大气污染物排放趋势（各年与2000年排放比较）

（资料来源：中国碳中和与清洁空气协同路径年度报告工作组，2021）

图2-26从行业角度分析了CO_2与主要大气污染物的协同减排进展。2015—2020年我国工业部门CO_2排放与主要污染物排放协同下降，表明我国近年来产业结构调整方面的一系列重大举措（淘汰落后产能、化解过剩产能、工业锅炉整治、散乱污企业综合整治等）取得了良好成效。但除工业部门外，电力、供热、民用和交通部门在主要大气污染物排放下降的同时CO_2排放量持续增加。其中，电力和供热部门的污染物减排以末端控制措施为主，无法实现CO_2协同减排。民用部门终端能源消费量增长迅速，但民用部门CO_2排放只增加了3%，说明散煤清洁化替代在协同减少CO_2排放方面已初见成效。交通部门污染物减排主要来自老旧车淘汰、排放标准提升等末端治理措施，由于我国城市机动车总量仍处在快速增长阶段，2015—2020年间交通部门CO_2排放增加了14%。总体来看，我国能源、产业和交通结构调整的大气污染物削减潜力还有待进一步释放，下一步应当积极推进源头减排措施，实现减污降碳协同效应。

四、大气污染防治的未来行动

党的二十大报告指出，要深入推进环境污染防治，持续深入打好蓝天保卫战，加强污染物协同控制，基本消除重污染天气。《中共中央　国务院关于深入打好污染防治攻坚战的意见》把着力打好重污染天气消除攻坚战、臭氧污染防治攻坚战、柴油货车污染治理攻坚战作为"十四五"深入打好蓝天保卫战的三个标志性战役予以部署。为深入贯彻党中央、国务院决策部署，2022年11月，生态环境部、国家发展改革委等15个部门联合制定了《深入打好重污染天气消除、臭氧污染防治和柴油货车污染治理攻坚战行动方案》（以下简称《行动方案》），聚焦重点地区、重点时段、重点领域开展集中攻坚，深入打好蓝天保卫战标志性战役，推动全国空气质量持续改善。

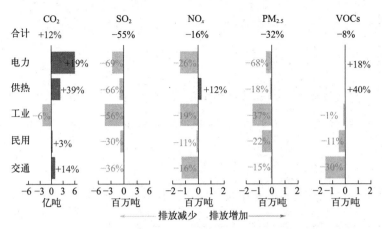

图2-26 2015—2020年二氧化碳与主要污染物协同减排情况
（资料来源：中国碳中和与清洁空气协同路径年度报告工作组，2021）

> **课外阅读**
>
> ## 大气污染防治行动计划
>
> 中共中央、国务院高度重视大气污染防治工作。2013年9月，国务院印发《大气污染防治行动计划》（简称"大气十条"），以保障人民群众身体健康为出发点，按照政府调控与市场调节相结合、全面推进与重点突破相配合、区域协作与属地管理相协调、总量减排与质量改善相同步的总体要求，提出要加快形成"政府统领、企业施治、市场驱动、公众参与"的大气污染防治机制，本着"谁污染、谁负责，多排放、多负担，节能减排得收益、获补偿"的原则，实施分区域、分阶段治理。
>
> 《大气污染防治行动计划》确定了十个方面的措施，即加大综合治理力度，减少多污染物排放；调整优化产业结构，推动产业转型升级；加快企业技术改造，提高科技创新能力；加快调整能源结构，增加清洁能源供应；严格节能环保准入，优化产业空间布局；发挥市场机制作用，完善环境经济政策；健全法律法规体系，严格依法监督管理；建立区域协作机制，统筹区域环境治理；建立监测预警应急体系，妥善应对重污染天气；明确政府企业和社会的责任，动员全民参与环境保护。
>
> 2018年7月，国务院印发《打赢蓝天保卫战三年行动计划》，明确了大气污染防治工作的总体思路、基本目标、主要任务和保障措施，提出了打赢蓝天保卫战的时间表和路线图。到2020年，全国地级及以上城市环境空气质量优良天数比率为87%，全国$PM_{2.5}$平均浓度为33μg/m³，6项主要污染物平均浓度同比均明显下降，超额实现"十三五"提出的总体目标和量化指标，《打赢蓝天保卫战三年行动计划》圆满收官。"十四五"时期，我国将深入开展污染防治行动，加强城市大气质量达标管理，持续改善京津冀及周边地区、汾渭平原、长三角地区空气质量，基本消除重污染天气。

练习题

一、名词解释

1. 洁净大气　2. 大气污染　3. 煤烟型污染　4. 总悬浮颗粒物（TSP）　5. PM_{10}
6. $PM_{2.5}$　7. 一次污染物　8. 二次污染物　9. SCR脱硝技术　10. SNCR脱硝技术

二、填空题

1. 根据大气圈在垂直方向上的温度变化、运动状态和组成的不同，可将其分为五层，依次为_____、_____、_____、_____和_____。

2. 大气中的恒定组分是指_____、_____、_____及微量的Ne、He、Kr、Xe等稀有气体。

3. 根据能源性质，大气污染可分为_____、_____和_____。

4. 根据污染范围，大气污染通常分为_____、_____以及_____。

5. 全球性大气污染主要表现在_____、_____和_____三个方面。

6. 大气污染源中的人为污染源可分为_____、_____、_____和_____。

7. 按照来源和物理性质，颗粒污染物可分为_____、_____、_____和_____，在泛指小固体颗粒时，通称粉尘。

8. 空气质量评价的主要污染物为_____、_____、_____、_____、_____、_____六项。

9. 常见的除尘装置主要有_____、_____、_____和_____。

10. 用于气态污染物处理的技术有_____、_____、_____、直接燃烧法、膜分离法以及生物法等。

三、简答题

1. 按照污染物产生的类型，大气污染源可分为哪些？

2. 什么是光化学烟雾？简要阐述光化学烟雾形成的机制。

3. 大气污染的危害有哪些？

4. 大气污染防治的重点任务是什么？

5. 颗粒污染物控制技术有哪些？

6. 石灰石-石膏法脱硫的机理是什么？

7. 机动车船尾气有哪些？采用的处理装置有哪些？

8. 吸附法净化气态污染物时，吸附剂应具备哪些条件？

第三章 水体污染及其防治技术

Study Guide
学习指南

内容提要 本章从思想理念、政策法规、科学技术、实践成效四个方面介绍了我国水安全问题、水污染控制的重点任务、水污染控制的基本技术和我国水污染治理的历程及成效。重点介绍了水体污染的类型、污水的性质及指标、水质标准、水污染控制的基本技术及黑臭水体的治理方法等。

重点要求 了解我国水资源的特点、水污染控制的重点任务和政策法规；掌握污水的性质及水污染指标，水污染控制的基本技术；熟悉水质标准和黑臭水体的治理方法；了解我国水污染治理的历程及成效。

第一节　我国水安全问题

水是生存之本、文明之源，水安全是生存的基础性问题。自古以来，我国基本水情一直是夏汛冬枯、北缺南丰，水资源时空分布极不均衡。随着经济社会发展，我国还面临着水灾害频发、水资源短缺、水生态损害、水环境污染等水安全问题，部分区域已出现水危机。要大力增强水忧患意识、水危机意识，从实现中华民族永续发展的战略高度，重视解决好水安全问题。

一、我国水资源现状及特点

根据世界气象组织（WMO）和联合国教科文组织（UNESCO）的《International glossary of hydrology》（国际水文学名词术语，第三版）中有关水资源的定义，水资源（water resources）是指可利用或有可能被利用的水源，这个水源应具有足够的数量和合适的质量，并满足某一地方在一段时间内具体利用的需求。天然水资源包括河川径流、地下水、积雪和冰川、湖泊水、沼泽水、海水。按水质划分为淡水和咸水。

地球上的水总储量约为 $1.39×10^{18}m^3$，储量相当丰富，以不同的形式分布于不同的区域。海洋是地球上最大的储水库，其储水量约占全球总储水量的96.5%。地球上的总储水量虽然很多，但大部分是海水，由于海水中含有大量的矿物盐类，不能被直接利用。陆地储水中也有咸水，淡水只占全球水储量的25.3%，其中大部分还分布在两极冰川和雪盖、高山冰川和永久冻土层中，很难加以利用；可利用的只约占其中的30.45%，即 $1.07×10^{17}m^3$。随着科学技术的发展，可被人类利用的水逐渐增多，例如海水淡化、人工催化降水、南极大陆冰的利用等。由于气候条件变化，各种水资源的时空分布不均，天然水资源量不等于可利用水量，往往采用修筑水库和地下水库来调蓄水源，或采用回收和处理的办法利用工业和生活污水，扩大水资源的利用。

2023年6月，水利部发布了2022年《中国水资源公报》。2022年，全国降水量和水资源量比多年平均值偏少，且水资源时空分布不均。部分地区大中型水库蓄水有所减少，湖泊蓄水相对稳定。全国用水总量比2021年有所增加，用水效率进一步提升，用水结构不断优化。2022年，全国水资源总量为27088.1亿立方米，比多年平均值偏少1.9%。其中，地表水资源量为25984.4亿立方米，地下水资源量为7924.4亿立方米，地下水与地表水资源不重复量为1103.7亿立方米。2022年，全国用水总量为5998.2亿立方米，其中，生活用水为905.7亿立方米，工业用水为968.4亿立方米（其中直流火核电冷却水482.7亿立方米），农业用水为3781.3亿立方米，人工生态环境补水量为342.8亿立方米。与2021年相比，用水总量增加78.0亿立方米。2022年，全国人均综合用水量为425立方米，万元国内生产总值（当年价）用水量为49.6立方米，万元工业增加值（当年价）用水量为24.1立方米，与2021年相比，万元国内生产总值用水量和万元工业增加值用水量分别下降1.6%和10.8%（按可比价计算）。

整体上看，我国水资源呈现"三多三少"的特点。

1. 从资源总量看，总量不少，人均不多

从2022年我国水资源总量看，我国仅次于巴西、俄罗斯、加拿大、美国和印度尼西亚，居世界第6位。但人均水资源占有量约1900m³，约占世界平均水平的25%。

2. 从空间分布看，南多北少，东多西少

长江流域及其以南地区，水资源约占全国水资源总量的80%，但耕地面积只为全国的36%左右；黄、淮、海流域，水资源只有全国的8%，而耕地则占全国的40%。

3. 从时间分配看，夏秋季多，冬春季少

中国大部分地区冬春少雨，夏、秋雨量充沛，降水量大都集中在5～9月，占全年雨量的70%以上，且多暴雨。黄河和松花江等河，近70年来还出现连续11～13年的枯水年和7～9年的丰水年。由于长江流域降雨明显偏少，上游来水减少，以及持续高温导致蒸发量增大，2022年长江进入主汛期后水位持续退落，出现了"汛期反枯"的罕见现象。

1993年1月18日，第47届联合国大会决定，自1993年起，每年的3月22日定为"世界水日"，用以宣传教育，提高公众对保护水资源的认识，解决日益严峻的缺水问题。我国水利部确定每年的3月22—28日为"中国水周"。

二、水体污染及其类型

水体污染是指排入天然水体的污染物，在数量上超过了该物质在水体中的本底含量和水体环境容量，从而导致水体的物理特征和化学特征发生不良变化，破坏了水中固有的生态系统，破坏了水体的功能及其在经济发展和人民生活中的作用。为了确保人类生存的可持续发展，人们在利用水的同时，必须有效地防治水体的污染。根据污染物及其形成污染的性质，可以将水污染分为化学性污染、物理性污染和生物性污染三类。

1. 化学性污染

（1）酸碱盐污染　酸碱盐污染物包括酸、碱和一些无机盐等无机化学物质。酸碱盐污染使水体pH发生变化，提高水的硬度，增加水的渗透压，改变生物生长环境，抑制微生物的生长，影响水体的自净作用，破坏生态平衡。此外，还会腐蚀船舶和水中构筑物，影响渔业，使得水体不适合生活及工农业使用。酸污染来源于矿山、钢铁厂及染料工业废水。碱污染主要来源于造纸、炼油、制碱等行业。盐污染主要来源于制药、化工等行业。

（2）重金属污染　指由重金属及其化合物造成的环境污染，其中汞、镉、铅、铬（六价）及类金属砷（三价）危害性较大。排放重金属污染废水的行业有电镀工业、冶金工业、化学工业等。有毒重金属在自然界中可通过食物链积累、富集，以致直接作用于人体而引起严重的疾病或慢性病。日本水俣病就是由汞污染造成的，骨痛病则是由镉污染导致。

（3）有机有毒物质污染　污染水体的有机有毒物质主要是各种酚类化合物、有机农药、多环芳烃（PAHs）、多氯联苯（PCBs）等。其中有的化学性质稳定，难被生物降解，具有生物累积性、可长距离迁移等特性，称为持久性有机污染物（POPs），如DDT、多氯联苯等。其中一部分化合物在十分低的剂量下即具有致癌、致畸、致突变作用，对人类及动物的健康构成极大的威胁，如DDT、苯并[a]芘等。有机毒物主要来自焦化、燃料、农药、塑料合成等工业废水，有机农药主要来自农业排水。

（4）需氧物质污染　废水中含有的糖类、蛋白质、油脂、氨基酸、脂肪酸、酯类等有机物，在微生物作用下氧化分解为简单的无机物，并消耗大量水中溶解氧，称为需氧物质污染。此类有机物过多，会造成水中溶解氧缺乏，影响水中其他生物的生长。水中溶解氧耗尽后，有

机物进行厌氧分解产生大量硫化氢、氨、硫醇等物质，使水质变黑发臭，造成环境质量恶化，称为黑臭水体。同时也造成水中的鱼类和其他水生生物的死亡。生活污水和许多工业废水，如食品工业、石油化学工业、制革工业、焦化工业等废水中都含有这类有机物。

（5）植物营养物质污染　生活污水、农田排水及某些工业废水中含有一定量的氮、磷等植物营养物质，排入水体后，使水体中氮、磷含量升高，在湖泊、水库、海湾等水流缓慢水域累积，使藻类等浮游生物大量繁殖，此为"水体的富营养化"。藻类死亡分解后，增加了水中营养物质含量，使藻类繁殖加剧，水体呈现藻类颜色（红色或绿色），阻断水面气体交换，造成水中溶解氧下降，水质恶化，鱼类死亡，严重时可使水草丛生，湖泊退化。

（6）油类物质污染　油类物质污染是指排入水体的油脂造成水质恶化、生态破坏，危及人体健康。随着石油工业的发展，油类物质对水体的污染日益增多。炼油、石油化学工业、海底石油开采、油轮压舱水的排放都可使水体遭受严重的油类物质污染。海洋采油和油轮事故造成的污染更严重。

2. 物理性污染

（1）悬浮物污染　悬浮物是指悬浮于水中的不溶于水的固体或胶体物质。悬浮物的存在导致水体浑浊度提高，妨碍水生植物的光合作用，不利于水生生物的生长。悬浮物污染主要是由生活污水、垃圾以及采矿、建筑、冶金、化肥、造纸等工业废水引起的。悬浮物影响水体外观，妨碍水生植物的生长。悬浮物颗粒容易吸附营养物质、有机毒物、重金属等，使污染物富集，危害加大。

（2）热污染　由热电厂、工矿企业排放高温废水引起水体的局部温度升高，称为热污染。水温升高，溶解氧含量降低，微生物活动增强，某些有毒物质的毒性作用增加，改变了水生生物的生存条件，破坏了生态平衡条件，不利于鱼类及其他水生生物的生长。

（3）放射性污染　主要来自原子能工业和使用放射性物质的民用部门。放射性物质可通过废水进入食物链，对人体产生辐射，长期作用可导致肿瘤、白血病和遗传障碍等。从长远来看，放射性污染是人类所面临的重大潜在威胁之一。

3. 生物性污染

带有病原微生物的废水（如医疗废水）进入水体后随水流传播，对人类健康造成极大的威胁。主要是消化道传染疾病，如伤寒、霍乱、痢疾、肠炎、病毒性肝炎等。

在实际的水环境中，各类污染物是同时存在的，也是相互作用的。有机物含量较高的废水中，往往同时存在病原微生物，对水体产生共同污染。

三、污水的水污染指标

污水和受纳水体的物理、化学和生物等方面的特征用水污染指标来表示。水污染指标是水体评价、利用和制订污水治理方案的依据，是掌握污水处理设施运行状态的依据。国家对水质的分析和检测制定出许多标准。现就污水的物理性质及指标、化学性质及指标和生物性质及指标分述如下。

（一）物理性指标

污水的物理性指标包括温度、色度、臭味、固体物质含量和浊度，其中色度、臭味和浊度可以直接通过视觉和嗅觉感官来表示。

1. 温度

水温是污水水质的重要物理性指标之一。污水的水温与其物理、化学性质和生物性质密切相关。水中溶解性气体（如氧气、二氧化碳等）的溶解度，水中生物和微生物活动，非离子氨、盐类、pH值以及其他溶质都受水温变化的影响。污水的水温过低（如低于5℃）或过高（如高于40℃）都会影响污水的生物化学处理效果。温度越高，微生物活性越高，进而对有机物的代谢速度越快，氧的消耗也随之增加。水温每上升10℃，微生物代谢的反应速率可加快1倍。过高的温度，会抑制微生物的活性。

2. 色度

水的颜色用色度作为指标，色度是由悬浮固体、胶体或溶解物质形成的。悬浮固体（如泥沙、纸浆、纤维、焦油等）形成的色度称为表色。胶体或溶解物质（如染料、化学药剂、生物色素、无机盐等）形成的色度称为真色。生活污水通常呈灰色，当污水中的溶解氧降低至零，污水中所含的有机物产生腐败现象，则污水呈黑褐色并有臭味。工业废水的色度则视企业的性质而异，例如，电镀废水往往呈绿色、蓝色和橘黄色；印染废水呈红色、黄色和蓝色；乳品生产废水或乳胶废水则呈白色不透明状。

3. 臭味

生活污水的臭味主要由有机物腐败产生的气体造成，工业废水的臭味主要由挥发性化合物造成。当污水中缺乏氧气时，会发生有机物的厌氧分解，进而产生有臭鸡蛋味的H_2S气体。H_2S是好氧生物处理系统运行不稳定而产生的，并且H_2S具有毒性、腐蚀性和爆炸性，高浓度H_2S还会在瞬间麻痹人的嗅觉神经。有机物的厌氧分解不仅会产生H_2S气体，也会产生甲烷气体，其爆炸性比H_2S更强。甲烷和H_2S的产生会消耗氧气，使水中形成缺氧状态，影响污水处理系统的正常运行。因此，在污水处理厂中产生异味的区域，尤其是在密闭空间内，应建立相应的安全防护措施，设置警示牌，严格按照安全规程采取措施。例如，进入狭小空间时应携带空气检测设备，必要时应打开通风设施。

4. 固体物质含量

固体物质按存在形态不同可分为悬浮固体、胶体和溶解固体三种。固体物质含量用总固体量作为指标。把一定量水样在105~110℃干燥箱中烘干至恒重，所得的质量即为总固体量（total solids, TS）；把水样用定量滤纸过滤后，在105~110℃干燥箱中烘干至恒重，所得的质量称为悬浮物或悬浮固体量（suspended solids, SS）；滤液中存在的固体物质即为胶体和溶解固体。

悬浮固体通常由有机物和无机物组成，所以又分为挥发性悬浮固体（volatile suspended solid, VSS）和非挥发性悬浮固体（non-volatile suspended solid, NVSS）。把悬浮固体于600℃马弗炉中灼烧，所失去的质量称为挥发性悬浮固体量；残留的质量为非挥发性悬浮固体量。在生活污水中，前者约占70%，后者约占30%。悬浮固体可影响水体的透明度，降低水中藻类的光合作用强度，限制水生生物的正常活动，减缓水底活性，导致水体底部缺氧，使水体同化能力降低。溶解固体的浓度与成分会对污水处理方法的选择（如生物处理法、物理化学处理法等）及处理效果产生直接的影响。

5. 浊度

浊度是反映水中低浓度总悬浮颗粒和胶体数量的指标，一般用（散射）浊度仪测定，浊度单位为NTU。由于水样的色度会影响浊度测定，因此浊度不能直接反映水中悬浮颗粒的浓度。但对于其具体的污水处理系统，浊度与悬浮物浓度的关系式可以通过经多次定时取样，在一定的浓度范围内测定相应的悬浮物浓度，之后用线性回归确定两者关系得到。通常情况下，在线浊度仪安装在二沉池的出水口，可以快速测出出水的浊度，再结合浊度与悬浮物浓度的关系，可以及时了解出水中悬浮物的浓度，从而进行合理的操作。日常工作中，应做好浊度仪的维护工作，以免悬浮物附着、污染探头，影响浊度仪精度。

（二）化学性指标

污水中的污染物质，按化学性质可分为无机物和有机物，按存在的形态可分为悬浮状态与溶解状态。

1. 无机物

（1）植物营养元素含量　植物营养元素主要来源于人类排泄物及某些工业废水。过多的氮、磷进入天然水体，易导致富营养化，使水生植物尤其是藻类大量繁殖，造成水中溶解氧急剧变化，影响鱼类生存，并可能使某些湖泊由贫营养湖发展为沼泽和干地。

① 氮含量。污水中的含氮化合物有四种：有机氮、氨氮、亚硝酸盐氮和硝酸盐氮。四种含氮化合物的总量称为总氮（TN，以N计）。

有机氮很不稳定，容易在微生物的作用下，分解成其他三种形态。在无氧条件下，分解为氨氮；在有氧条件下，先分解为氨氮，再分解为亚硝酸盐氮与硝酸盐氮。凯氏氮（KN）包括大部分有机氮与氨氮，凯氏氮指标可以作为判断污水在进行生物法处理时氮营养是否充足的依据。若进水中BOD含量较高，而氮的含量较低，则需补充氮源，使系统中的营养平衡，以保证BOD的去除完全。生活污水中凯氏氮含量约40mg/L（其中有机氮约15mg/L，氨氮约25mg/L）。

氨氮在污水中的存在形式有游离氨（NH_3）与离子状态铵盐（NH_4^+）两种，故氨氮等于两者之和。污水进行生物处理时，氨氮不仅向微生物提供营养，而且对污水的pH起缓冲作用。但氨氮过高时，如超过1600mg/L（以N计），会对微生物产生抑制作用。可见总氮与凯氏氮之差值，约等于亚硝酸盐氮与硝酸盐氮；凯氏氮与氨氮之差值，约等于有机氮。

② 磷含量。磷也是微生物生长和繁殖的必需元素之一，在废水中以多种形式存在，包括正磷酸盐、有机磷盐和聚磷酸盐。通常以总磷（TP）表示各种磷的含量。磷的各种形式中，微生物最容易得到的是正磷酸盐。一些聚磷酸盐（水解性物质）在酸性条件下会水解成正磷酸盐。当地表水体中磷含量超标（＞0.2mg/L）时，会引起藻类疯长和水体富营养化。因此，为了减小磷对水体的影响，污水处理厂需对其出水中磷的含量加以控制。

（2）pH和碱度　一般要求处理后污水的pH在6～9之间。当天然水体遭受酸碱污染时，pH发生变化，消灭或抑制水体中生物的生长，妨碍水体自净，还可腐蚀船舶。碱度指水中能与强酸定量作用的物质总量，按离子状态可分为三类：氢氧化物碱度、碳酸盐碱度、重碳酸盐碱度。硝化反应对pH值尤其敏感，未驯化的生化系统在pH＜6时，生物活性基本消失；二级生化反应池中如果发生硝化反应会使系统pH降低，造成低碱度的环境条件，进而抑制微生物的活性。而反硝化反应则可以提高系统pH。

（3）重金属含量　污水中的重金属主要有汞（Hg）、镉（Cd）、铅（Pb）、铬（Cr）、锌（Zn）、铜（Cu）、镍（Ni）、锡（Sn）、铁（Fe）、锰（Mn）等。生活污水中的重金属离子主要来自人类排泄物；冶金、电镀、陶瓷、玻璃、氯碱、电池、制革、造纸、塑料及颜料等工业废水，都含有不同的重金属离子。重金属离子在微量浓度时，有益于微生物、动植物及人类；但当浓度超过一定值后，即会产生毒害作用，特别是汞、镉、铅、铬及其化合物。重金属离子通常通过食物链在动物或人体内富集，产生中毒作用。污水中含有的重金属难以净化去除。污水处理的过程中，重金属离子浓度的60%左右被转移到污泥中，使污泥中的重金属含量超过我国的《农用污泥污染物控制标准》（GB 4284—2018），我国《污水排入城镇下水道水质标准》（GB/T 31962—2015）对工业废水排入城镇排水系统的重金属离子最高允许浓度有明确规定。超过此标准者，必须在工矿企业内进行局部处理。

（4）非重金属无机有毒物质含量

① 氰化物含量。污水中的氰化物主要来自电镀、焦化、高炉煤气、制革、塑料、农药以及化纤等工业废水，含氰浓度在20～80mg/L之间。氰化物是剧毒物质，人体摄入致死量是0.05～0.12g。氰化物在污水中的存在形式是无机氰（如氢氰酸HCN、氰酸盐CN^-）及有机氰化物（称为腈，如丙烯腈C_2H_3CN）。

② 砷化物含量。污水中的砷化物主要来自化工、有色冶金、焦化、火力发电、造纸及皮革等工业废水。砷化物在污水中的存在形式是无机砷化物（如亚砷酸盐AsO_2^-、砷酸盐AsO_4^{3-}）以及砷化物（如三甲基胂）。对人体的毒性排序为有机砷＞亚砷酸盐＞砷酸盐。砷会在人体内积累，属致癌物质（致皮肤癌）之一。

（5）硫酸盐与硫化物含量　污水中的硫酸盐用硫酸根SO_4^{2-}表示。生活污水的硫酸盐主要来源于人类排泄物；工业废水如洗矿、化工、制药、造纸和发酵等工业废水中含有较高的硫酸盐，浓度可达1500～7500mg/L。污水中的SO_4^{2-}，在厌氧的条件下，由于硫酸盐还原菌、反硫化菌的作用，被还原成硫化物，而硫化物又可与氢化合形成硫化氢（H_2S），反应见式（3-1）。

$$SO_4^{2-} \xrightarrow[\text{反硫化菌}]{\text{厌氧}} S^{2-} \quad S^{2-} + H^+ \xrightarrow{pH<6.5} H_2S \uparrow \tag{3-1}$$

在排水管道内，释放出的H_2S与管顶内壁附着的水珠接触，在嗜硫细菌的作用下形成H_2SO_4，反应见式（3-2）。

$$H_2S + 2O_2 \longrightarrow H_2SO_4 \tag{3-2}$$

H_2SO_4浓度可高达7%，对管壁有严重的腐蚀作用，甚至可能造成管壁塌陷。污水生物处理SO_4^{2-}的允许浓度为1500mg/L。

污水中的硫化物主要来源于工业废水（如硫化染料废水、人造纤维废水）和生活污水，硫化物在污水中的存在形式有硫化氢（H_2S）、硫氢化物（HS^-）与硫化物（S^{2-}）。当污水pH较低时（如低于6.5），则以H_2S为主（H_2S约占硫化物总量的98%）；pH较高时（如高于9），则以S^{2-}为主。硫化物属于还原性物质，要消耗污水中的溶解氧，并能与重金属离子反应，生成金属硫化物的黑色沉淀。

（6）电导率　电导率是水的导电性能的反映，生活污水电导率一般在50～1500 μS/cm之间，有的工业废水电导率高达10000 μS/cm。电导率反映了水中溶解性无机离子的数量，废水来源不同，其中含有的溶解性物质含量也不同，废水的电导率也相应有所差异。例如，工业废水混入污水处理厂进水时，会使污水处理厂进水的电导率明显上升。

（7）溶解氧　溶解氧（DO）是指溶解在水中氧的量，用mg/L表示。水中溶解氧含量与水的温度有密切关系，水温愈低，水中溶解氧的含量愈高，但是由于水中含有其他物质，冷水的溶解氧也可能会低于热水。溶解氧是污水处理系统中的重要指标之一，系统中溶解氧含量决定了优势菌种的种类，溶解氧不足时，会使好氧菌的代谢速率变慢。溶解氧过低，有利于丝状菌生长，将引起污泥膨胀。溶解氧过高，污泥结构解体为针尖状小絮体，不易聚结沉淀。溶解氧是污水处理过程中的控制因素，显著影响污水处理效果，应将系统中的溶解氧浓度控制在有利于微生物生长的范围内。

（8）氧化还原电位　污染物质溶解于溶液中时，会释放或吸收电子，得（还原）失（氧化）电子过程中产生的电流强度即氧化还原电位（ORP）。氧化还原电位可以用氧化还原电位计来测定，包括数字记录仪和淹没式ORP探头。处理系统的ORP可以反映系统的操作运行状态，通过测定ORP可以判断目前的运行状态是否有利于系统运行。污水处理厂进水、初沉池出水、活性污泥池内、生物膜反应池内及好氧消化过程中，应监测ORP。《城镇污水处理厂运行监督管理技术规范》（HJ 2038—2014）中，原污水的ORP平均为-200mV，最低可达-400mV，当有雨水、渗流等混入时，会升高至-50mV。

2. 有机物

污水中的有机物按被生物降解的难易程度，可分为两类四种。

第一类是可生物降解有机物，可分为两种，第一种是可生物降解且对微生物无毒害或抑制作用的有机物，如污水中的糖、淀粉、纤维素和木质素等糖类化合物和蛋白质与尿素[$CO(NH_2)_2$]，蛋白质与尿素也是生活污水中氮的主要来源。第二种是可生物降解但对微生物有毒害或抑制作用的有机物，如有机酸工业废水含有短链脂肪酸、甲酸、乙酸和乳酸。人造橡胶、合成树脂等工业废水含有机酸、碱包括吡啶及其同系物质均属此类。

第二类是难生物降解有机物，也可分为两种，第一种是难生物降解但对微生物无毒害或抑制作用的有机物，如生活污水中的脂肪和油类来源于人类排泄物及餐饮业洗涤水（含油浓度达400～600mg/L，甚至1200mg/L），包括动物油和植物油。脂肪酸甘油酯在常温时呈液态，称为油；在低温时呈固态，称为脂肪。脂肪比糖类化合物、蛋白质更稳定，属于难降解有机物，对微生物无毒害或抑制作用。炼油、石油化工、焦化、煤气发生站等工业废水中，含有的矿物油即石油，具有异臭，也属于难降解有机物，对微生物无毒害或抑制作用。第二种是难生物降解，且对微生物有毒害或抑制作用的有机物，如各类有机农药均属于难生物降解有机物，对微生物有毒害与抑制作用。

上述两类有机物的共同特点是都可被氧化成无机物。第一类有机物可被微生物氧化，第二类有机物可被化学氧化或被经驯化、筛选后的微生物氧化。

评价水中有机物的主要指标有生化需氧量、化学需氧量、总有机碳和总需氧量等。

（1）生化需氧量（BOD）　指在规定条件下，微生物氧化分解污水或受污染的天然水样中有机物所需要的氧量（20℃，5d），反映了在有氧的条件下，水中可生物降解的有机物的量（以mg/L为单位）。有机污染物被好氧微生物氧化分解的过程一般可分为两个阶段：第一个阶段主要是有机物被转化成二氧化碳、水和氨；第二阶段主要是氨被转化为亚硝酸盐和硝酸盐，见图3-1。污水的生化需氧量通常只指第一阶段有机物生物氧化所需的氧量，全部生物氧化需要20~100d完成。实际中，常以5d作为测定生化需氧量的标准时间，称为五日生化需氧量（BOD_5），$BOD_5 \approx 0.69 BOD_{20}$。

（2）化学需氧量（COD）　指在酸性条件下，利用强氧化剂将有机物氧化成CO_2和H_2O所消耗的氧量，单位为mg/L。常用的氧化剂主要是重铬酸钾（$K_2Cr_2O_7$）和高锰酸钾（$KMnO_4$），测得的COD分别表示为COD_{Cr}和COD_{Mn}（或OC）。对于一定污水而言，COD＞BOD，两者的差值

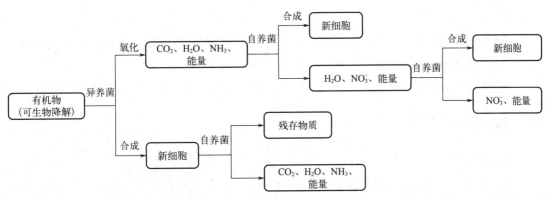

图3-1 可生物降解有机物的降解及微生物新细胞的合成过程示意图

大致等于难生物降解的有机物量。根据BOD_5与COD_{Cr}的比值，可推测污水是否适合生化处理，该比值是污水的可生化指标。生活污水的BOD_5/COD_{Cr}值为0.4~0.65；$BOD_5/COD_{Cr}>0.3$，可生化处理；$BOD_5/COD_{Cr}<0.3$，难于进行生化处理，必须采取提高污水可生化性的措施。

（3）总有机碳（TOC） 测定原理是先将一定数量的水样经过酸化，用压缩空气吹脱其中的无机碳酸盐，排除干扰，然后注入含氧量已知的氧气流中，再通过铂钢为催化剂的燃烧管，在900℃高温下燃烧，把有机物所含的碳氧化成CO_2，用红外气体分析仪记录CO_2的数量并折算成含碳量，即等于总有机碳，测定时间仅需几分钟。

（4）总需氧量（TOD） 有机物中含C、H、N、S等元素，当有机物全都被氧化时，这些元素分别被氧化为CO_2、H_2O、NO_2和SO_2，此时的需氧量称为总需氧量。TOD的测定原理是将一定数量的水样注入含氧量已知的氧气流中，再通过以铂钢为催化剂的燃烧管，在900℃高温下燃烧，使水样中的有机物被燃烧氧化，消耗掉氧气流的氧，剩余的氧量用电极测定并自动记录，氧气流原有含氧量减去剩余含氧量即等于总需氧量值。测定时间仅需几分钟。由于在高温下燃烧，有机物可被彻底氧化，故TOD值较大。

在水质条件基本不变的条件下，BOD与TOC或TOD之间存在一定的相关关系，TOD>COD_{Cr}>BOD_5>TOC。

（三）生物性指标

污水中的微生物以细菌和病毒为主。生活污水、食品工业废水、制革废水、医疗废水等含有肠道病原菌、寄生虫卵、炭疽杆菌和病毒等。因此，了解污水的生物性质具有重要意义。污水生物性质的检测指标一般为总大肠菌群数、细菌总数和病毒等。

1. 总大肠菌群数

总大肠菌群数以在100mL水样中可能存活着大肠菌群的总数表示（MPN）。大肠菌本身虽非致病菌，但由于大肠菌与肠道病原菌都存活于人类的肠道内，在外界环境中生存条件相似，而且大肠菌的数量多，检测比较容易，因此常采用总大肠菌群数作为卫生学指标。水中存在大肠菌，就表明该污水受到粪便污染，并可能存在着病原菌。

2. 细菌总数

细菌总数是以1mL水样中的细菌菌落总数表示，是大肠菌群数、病原菌、病毒及其他腐生细菌的总和。细菌总数越多，表示病原菌和病毒存在的可能性越大。

3. 病毒

污水中已被检出的病毒有100余种。检出大肠菌，可表明肠道病原菌存在，但不能表明是否存在病毒和炭疽杆菌等其他病原菌，因此还需检测病毒指标。

综上所述，用总大肠菌群数、细菌总数和病毒等卫生学指标来评价污水受生物污染的程度。

四、我国水体污染现状

1. 全国地表水

根据2024年5月发布的《2023中国生态环境状况公报》，2023年，全国地表水监测的3632个国控断面中，Ⅰ～Ⅲ类水质断面占89.4%，比2022年上升1.5个百分点，劣Ⅴ类占0.7%，与2022年持平，见图3-2。主要污染指标为化学需氧量、高锰酸盐指数和总磷。

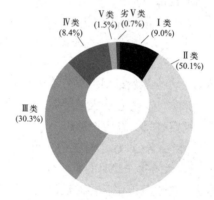

图3-2　2023年全国地表水总体水质状况

（1）河流　2023年，长江、黄河、珠江、松花江、淮河、海河、辽河七大流域和浙闽片河流、西北诸河、西南诸河主要江河监测的3119个国控断面中，Ⅰ～Ⅲ类水质断面占91.7%，比2022年上升1.5个百分点，比2013年上升20.0个百分点；劣Ⅴ类占0.4%，与2022年持平，比2013年下降8.6个百分点，见图3-3。主要污染指标为化学需氧量、高锰酸盐指数和总磷。长江流域、黄河流域、珠江流域、西北诸河、西南诸河和浙闽片河流水质为优，辽河流域、海河流域和淮河流域水质良好，松花江流域为轻度污染。

（2）湖泊（水库）　2023年，开展水质监测的209个重要湖泊（水库）中，Ⅰ～Ⅲ类水质湖泊（水库）占74.6%，比2022年上升0.8个百分点；劣Ⅴ类占4.8%，与2022年持平，主要污染指标为总磷、化学需氧量和高锰酸盐指数。开展营养状态监测的205个重要湖泊（水库）中，贫营养状态湖泊（水库）占8.3%，比2022年下降1.5个百分点；中营养状态湖泊（水库）占64.4%，比2022年上升4.1个百分点；轻度富营养状态湖泊（水库）占23.4%，比2022年下降0.6个百分点；中度富营养状态湖泊（水库）占3.9%，比2022年下降2.0个百分点。其中，太湖和巢湖均为轻度污染、轻度富营养状态，主要污染指标为总磷；滇池为轻度污染、中度富营养状态，主要污染指标为化学需氧量、总磷和高锰酸盐指数；洱海水质良好、中营养状态；丹江口水库水质均为优、中营养状态；白洋淀水质良好、中营养状态。

2. 地下水

2023年，全国监测的1888个国家地下水环境质量考核点位中，Ⅰ～Ⅳ类水质点位占

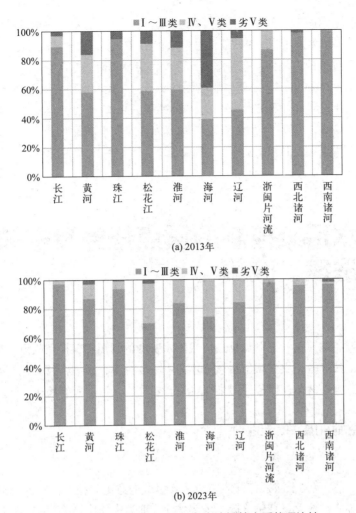

图3-3　2013年和2023年七大流域等水质状况比较

77.8%，Ⅴ类占22.2%，主要超标指标为硫酸盐、氯化物和铁。

3. 饮用水水源

（1）全国地级及以上城市集中式生活饮用水水源　2023年，地级及以上城市在用集中式生活饮用水水源监测的889个断面（点位）中，858个全年均达标，占96.5%。其中地表水水源监测断面（点位）634个，628个全年均达标，占99.1%，主要超标指标为高锰酸盐指数、硫酸盐和铁；地下水水源监测点位255个，230个全年均达标，占90.2%，主要超标指标为锰、铁和氟化物，主要是由于天然背景值较高所致。

（2）农村千吨万人集中式饮用水水源　2023年，农村千吨万人集中式饮用水水源监测的10219个断面（点位）中，8607个全年均达标，占84.2%。其中地表水水源监测断面5629个，5449个断面全年均达标，占96.8%，主要超标指标为总磷、硫酸盐和锰；地下水水源监测点位4590个，3158个点位全年均达标，占68.8%，主要超标指标为氟化物、钠和锰，主要是天然背景值较高所致。

4. 海水水质

（1）管辖海域　2023年夏季，一类海水水质海域面积占管辖海域面积的97.9%，比2022

年上升0.5个百分点。渤海、黄海、东海和南海未达到第一类海水水质标准的海域面积分别为12210平方千米、5700平方千米、39070平方千米和6900平方千米，与2022年相比，东海未达到第一类海水水质标准的海域面积有所增加，渤海、黄海和南海有所减少。

（2）近岸海域　2023年，全国近岸海域优良（一、二类）水质海域面积比例为85.0%，比2022年上升3.1个百分点；劣四类为8.9%，比2021年下降0.7个百分点。主要超标指标为无机氮和活性磷酸盐。2016—2023年，全国近岸海域优良水质面积比例由72.9%升至85.0%，上升12.1个百分点；劣四类水质面积比例由11.3%降至7.9%，下降3.4个百分点。

第二节　水污染控制的重点任务及相关法律、政策

随着经济发展和城镇化、工业化推进，我国水资源的利用和保护面临巨大考验。当前我国水资源保护形势依然严峻，农村饮用水质量还需进一步提高，湖泊富营养化问题依然突出，全国主要流域水体污染依然存在，各种污染物对生态安全和人体健康的潜在风险不容忽视。

一、水污染控制的重点任务

（一）主要目标

《中共中央　国务院关于深入打好污染防治攻坚战的意见》指出，到2025年，生态环境持续改善，主要污染物排放总量持续下降，地表水Ⅰ～Ⅲ类水体比例达到85%，近岸海域水质优良（一、二类）比例达到79%左右，城市黑臭水体基本消除。

（二）重点任务

1. 持续打好城市黑臭水体治理攻坚战

统筹好上下游、左右岸、干支流、城市和乡村，系统推进城市黑臭水体治理。加强农业农村和工业企业污染防治，有效控制入河污染物排放。强化溯源整治，杜绝污水直接排入雨水管网。推进城镇污水管网全覆盖，对进水情况出现明显异常的污水处理厂，开展片区管网系统化整治。因地制宜开展水体内源污染治理和生态修复，增强河湖自净功能。充分发挥河长制、湖长制作用，巩固城市黑臭水体治理成效，建立防止返黑返臭的长效机制。2022年6月底前，县级城市政府完成建成区内黑臭水体排查并制定整治方案，统一公布黑臭水体清单及达标期限。到2025年，县级城市建成区基本消除黑臭水体，京津冀、长三角、珠三角等区域力争提前1年完成。

2. 持续打好长江保护修复攻坚战

推动长江全流域按单元精细化分区管控。狠抓突出生态环境问题整改，扎实推进城镇污水垃圾处理和工业、农业面源、船舶、尾矿库等污染治理工程。加强渝湘黔交界武陵山区"锰三角"污染综合整治。持续开展工业园区污染治理、"三磷"行业整治等专项行动。推进长江岸

线生态修复，巩固小水电清理整改成果。实施好长江流域重点水域十年禁渔，有效恢复长江水生生物多样性。建立健全长江流域水生态环境考核评价制度并抓好组织实施。加强太湖、巢湖、滇池等重要湖泊蓝藻水华防控，开展河湖水生植被恢复、氮磷通量监测等试点。到2025年，长江流域总体水质保持为优，干流水质稳定达到Ⅱ类，重要河湖生态用水得到有效保障，水生态质量明显提升。

3. 着力打好黄河生态保护治理攻坚战

全面落实以水定城、以水定地、以水定人、以水定产要求，实施深度节水控水行动，严控高耗水行业发展。维护上游水源涵养功能，推动以草定畜、定牧。加强中游水土流失治理，开展汾渭平原、河套灌区等农业面源污染治理。实施黄河三角洲湿地保护修复，强化黄河河口综合治理。加强沿黄河城镇污水处理设施及配套管网建设，开展黄河流域"清废行动"，基本完成尾矿库污染治理。到2025年，黄河干流上中游（花园口以上）水质达到Ⅱ类，干流及主要支流生态流量得到有效保障。

4. 巩固提升饮用水安全保障水平

加快推进城市水源地规范化建设，加强农村水源地保护。基本完成乡镇级水源保护区划定、立标并开展环境问题排查整治。保障南水北调等重大输水工程水质安全。到2025年，全国县级及以上城市集中式饮用水水源水质达到或优于Ⅲ类比例总体高于93%。

5. 着力打好重点海域综合治理攻坚战

巩固深化渤海综合治理成果，实施长江口-杭州湾、珠江口邻近海域污染防治行动，"一湾一策"实施重点海湾综合治理。深入推进入海河流断面水质改善、沿岸直排海污染源整治、海水养殖环境治理，加强船舶港口、海洋垃圾等污染防治。推进重点海域生态系统保护修复，加强海洋伏季休渔监管执法。推进海洋环境风险排查整治和应急能力建设。到2025年，重点海域水质优良比例比2020年提升2个百分点左右，省控及以上河流入海断面基本消除劣Ⅴ类，滨海湿地和岸线得到有效保护。

6. 强化陆域海域污染协同治理

持续开展入河入海排污口"查、测、溯、治"，到2025年，基本完成长江、黄河、渤海及赤水河等长江重要支流排污口整治。完善水污染防治流域协同机制，深化海河、辽河、淮河、松花江、珠江等重点流域综合治理，推进重要湖泊污染防治和生态修复。沿海城市加强固定污染源总氮排放控制和面源污染治理，实施入海河流总氮削减工程。建成一批具有全国示范价值的美丽河湖、美丽海湾。

二、水污染控制的法律保障

水污染防治法是指国家为防治水环境的污染而制定的各项法律法规及有关法律规范的总称。狭义的水污染防治法指国家为防止陆地水（不包括海洋）污染而制定的法律法规及有关法律规范的总称。《中华人民共和国水污染防治法》由中华人民共和国第十届全国人民代表大会常务委员会第三十二次会议于2008年2月28日修订通过，自2008年6月1日起施行。现行版本为2017年6月27日第十二届全国人民代表大会常务委员会第二十八次会议修正，自2018年1月1日起施行。《中华人民共和国水污染防治法》共八章一百零三条，系统规定了水污染防治的标准和规划、水污染防治的监督管理、水污染防治措施、饮用水水源和其他特殊水体保护、水污染事故处置及法律责任等。

2017年新修正的《中华人民共和国水污染防治法》(以下简称"新修正的《水污染防治法》"),主要有以下四个亮点。

一是建立河长制。河长制是河湖管理工作的一项制度创新,即由各级党政主要负责人担任"河长",负责组织领导相应河湖的管理和保护工作。施行河长制并考核问责,强化了党政领导对水污染防治和水环境治理的责任,构建了责任明确、保护有力的河湖管理保护机制,在各地施行成效显著。

二是实施总量控制制度和排污许可证制度。新修正的《水污染防治法》完善了总量控制制度和排污许可制度的相关规定,进一步约束了企业排污行为。污染物排放总量控制制度是防治水污染物的有力武器,是实行排污许可证的基础;排污许可证制度是落实水污染物排放总量控制制度、加强环境监管的重要手段。

三是加大处罚力度。"守法成本高、违法成本低"一直是水污染治理的瓶颈,新修正的《水污染防治法》加大了水污染违法的成本,增强了对违法行为的震慑力,尤其加大了对超标超总量、伪造监测数据、私设暗管等逃避监管行为的处罚力度。

四是逐步向水环境综合治理靠拢。从河长制的确立到建立联防联控机制,我国环境治理的大方向正朝着综合防治转变。新修正的《水污染防治法》增加了构建流域水环境保护联合协调机制要求,实行四个"统一"措施,即统一规划、统一标准、统一监测、统一防治。另外,相关部门展开流域环境资源承载能力监测、评价要求,旨在维护流域生态环境功能。同时,为确保城乡居民饮用水安全,新修正的《水污染防治法》在立法宗旨中明确增加了"保障饮用水安全"的规定,并专门增设了"饮用水水源和其他特殊水体保护"一章,进一步完善饮用水水源保护区的管理制度。

 案例分析

某公司利用暗管逃避监管的方式排放水污染物案

一、案情简介

2021年7月11日,某市生态环境局接到群众举报,反映该市某生物科技有限公司偷排生产废水。收到举报线索后,执法人员初步判断该案件可能涉嫌污染环境罪或需移送公安行政拘留,立即请公安机关提前介入,联合公安机关对该公司进行突击检查。现场检查时,该公司某生产车间正在调试,有4名工人正在对污水收集池进行防腐作业。污水处理车间内有2名工人正在安装污水处理设备,新安装的氨氮吹脱塔与两个污水收集罐(旧反应釜)相连接,罐内装有某工序产生的生产废水。两个污水收集罐下方的控制阀门均连接有排水软管,两根排水软管伸向地面上一个直径约25cm的孔洞,孔洞内有铁制管道通向地下井。经现场测量,孔洞下的管道深约10m,周边地面上有明显的排水痕迹。经对污水收集罐和地下井内的存水进行同源性监测,确认地下井内有生产废水。

二、查处情况

该公司的行为违反了《中华人民共和国水污染防治法》第三十九条的规定。该市生态环境局依据《中华人民共和国水污染防治法》第八十三条第三项以及该省生态环境行政处罚自由裁量基准的规定，责令该公司立即改正违法行为，并对其处以三十万元罚款，同时要求其对地下井内的水环境进行修复。该市生态环境局依法将该案件移交公安机关，公安机关依法对该公司负责人行政拘留5日。

三、深入打好长江保护修复攻坚战行动方案

长江是中华民族的母亲河，也是中华民族发展的重要支撑。党中央、国务院高度重视长江生态环境保护修复工作。2018年，经国务院同意，生态环境部会同发展改革委印发实施《长江保护修复攻坚战行动计划》，突出重点、协同联动，着力解决长江大保护面临的突出生态环境问题，大力推进长江保护修复攻坚任务，取得显著成效。经过三年攻坚，长江生态环境发生了转折性变化，阶段性目标任务圆满完成。截至2022年底，长江流域水质优良断面比例为98.1%，较2016年提高15.8个百分点。2020年，长江干流全线达到Ⅱ类水质，明确需消灭的劣Ⅴ类国控断面已实现动态清零，一大批历史遗留问题得以有效遏制或解决，人民群众的幸福感和获得感进一步增强。

尽管长江生态环境质量改善明显，但部分地区环境基础设施欠账较多，黑臭水体整治、工业污染治理等污染物减排成效仍需巩固提升；面源污染在一些地方正在由原来的次要矛盾上升为主要矛盾，城乡面源污染防治亟待加强；一些地方湿地萎缩，水生态系统失衡，重点湖泊蓝藻水华居高不下，水生态保护与修复亟须突破。总体看，长江保护修复面临的形势依然复杂，任务依然艰巨。

2021年11月，《中共中央 国务院关于深入打好污染防治攻坚战的意见》明确把长江保护修复列入八大标志性战役，要求持续打好长江保护修复攻坚战。2022年8月31日，生态环境部、国家发展改革委、最高人民法院、最高人民检察院等17个部门和单位联合印发《深入打好长江保护修复攻坚战行动方案》（简称《行动方案》）。《行动方案》总体要求提出了指导思想、工作原则、主要目标和攻坚范围。提出从生态系统整体性和流域系统性出发，坚持生态优先、绿色发展，坚持综合治理、系统治理、源头治理，坚持精准、科学、依法治污，以高水平保护推动高质量发展。明确提出到2025年年底，长江流域总体水质保持优良，干流水质保持Ⅱ类，饮用水安全保障水平持续提升，重要河湖生态用水得到有效保障，水生态质量明显提升；长江经济带县城生活垃圾无害化处理率达到97%以上，县级城市建成区黑臭水体基本消除，化肥农药利用率提高到43%以上，畜禽粪污综合利用率提高到80%以上，农膜回收率达到85%以上，尾矿库环境风险隐患基本可控；长江干流及主要支流水生生物完整性指数持续提升。

为了加强长江流域生态环境保护和修复，促进资源合理高效利用，保障生态安全，实现人与自然和谐共生、中华民族永续发展，2020年12月26日，十三届全国人大常委会第二十四次会议表决通过《中华人民共和国长江保护法》，2021年3月1日正式施行。作为中国首部流域专门法律，其出台施行将形成保护母亲河的硬约束机制，打破了之前长江"九龙治水"的局面，同时对于长江生物保护、污水治理、防洪救灾、生态修复等提出了新的要求。

四、黄河流域生态环境保护规划

黄河是中华民族的母亲河,发源于青藏高原巴颜喀拉山北麓,呈"几"字形流经青海、四川、甘肃、宁夏、内蒙古、山西、陕西、河南、山东9个省(自治区),全长5464千米,是我国第二长河。黄河流域西接昆仑、北抵阴山、南倚秦岭、东临渤海,横跨东中西部,是我国重要的生态安全屏障,拥有黄河天然生态廊道和三江源、祁连山等多个重要生态功能区,分布黄淮海平原、汾渭平原、河套灌区等农产品主产区,是我国重要的能源、化工、原材料和基础工业基地,在我国经济社会发展和生态安全方面具有十分重要的地位。

2021年3月,《中华人民共和国国民经济和社会发展第十四个五年规划和2035年远景目标纲要》提出要扎实推进黄河流域生态保护和高质量发展。2021年10月,中共中央、国务院印发《黄河流域生态保护和高质量发展规划纲要》,对黄河流域生态保护和高质量发展进行全面部署。2022年6月,生态环境部联合国家发展改革委、自然资源部、水利部印发《黄河流域生态环境保护规划》,成为指导黄河流域当前和今后一个时期生态环境保护工作,制定实施相关规划方案、政策措施和工程项目建设的重要依据。《黄河流域生态环境保护规划》列出了水环境重点工程,见表3-1。

表3-1 《黄河流域生态环境保护规划》水环境治理重点工程

类别	内容
饮用水水源地环境保护工程	以宁夏、陕西为示范,开展79个县级及以上城市集中式饮用水水源地和70个"千吨万人"集中式饮用水水源地规范化建设、水源达标治理、水源保护区污染源整治、水源涵养等综合保护工程
黄河流域干支流水生态环境综合治理示范工程	统筹推进水质净化等生态保护修复工程、黑臭水体和劣Ⅴ类水体治理工程、入河排污口规范化整治工程和生态用水保障工程,以黄河宁夏段、汾河、渭河等干支流为示范,实施25条入黄支流和21条入黄排干沟渠综合治理工程,实施8个重点湖泊生态修复,因地制宜实施一批区域再生水循环利用重大工程试点

生态环境脆弱是黄河流域最大的问题,水资源短缺是黄河流域最大的矛盾,洪水是黄河流域最大的威胁,高质量发展不充分是黄河流域最大的短板,为了加强黄河流域生态环境保护,保障黄河安澜,推进水资源节约集约利用,推动高质量发展,保护传承弘扬黄河文化,实现人与自然和谐共生、中华民族永续发展,2022年10月30日,中华人民共和国第十三届全国人民代表大会常务委员会第三十七次会议通过《中华人民共和国黄河保护法》,自2023年4月1日起施行,包括总则、规划与管控、生态保护与修复、水资源节约集约利用、水沙调控与防洪安全、污染防治、促进高质量发展、黄河文化保护传承弘扬、保障与监督、法律责任和附则11章,共122条。这部法律的制定实施,为在法治轨道上推进黄河流域生态保护和高质量发展提供了有力保障。

第三节 水污染控制的基本技术

从"十三五"坚决打好污染防治攻坚战,到"十四五"深入打好污染防治攻坚战,意味着污染防治触及的矛盾问题层次更深、领域更广,要求也更高。进入新发展阶段,深入打好碧水保卫战还有很大空间，需要着力解决水污染防治工作中存在的短板和弱项，推动在重点流域、关键指标上实现新突破。应该增强自身环保和节水意识，熟悉水质标准，掌握水污染治理的基本技术，以实际行动保护水资源、治理水环境、维护水安全。

一、水质标准

水资源保护和水体污染控制要从两方面着手：一方面制定水体的环境质量标准，保证水体质量和水域使用目的；另一方面要制定污水排放标准，对必须排放的工业废水和生活污水等进行必要而适当的处理。水质标准是对水质指标作出的定量规范，包括国务院各主管部委、局颁布的国家标准以及省、市一级颁布的地方标准等。具体可以归纳为水域水质标准和排水水质标准两大类。

（一）水域水质标准

水域水质标准是依据人类对水体的使用目的和保护目标而制定的。对水体的使用目的有饮用水、公共给水、工业用水、农业用水、渔业用水、游览、航运和水上运动等方面。最基本的水质标准是《地表水环境质量标准》（GB 3838—2002），该标准规定，依据地表水水域环境功能和保护目标，我国地表水分五大类：

Ⅰ类——主要适用于源头水、国家自然保护区；

Ⅱ类——主要适用于集中式生活饮用水、地表水源地一级保护区，珍稀水生生物栖息地，鱼虾类产卵场，仔稚幼鱼的索饵场等；

Ⅲ类——主要适用于集中式生活饮用水、地表水源地二级保护区，鱼虾类越冬场、洄游通道，水产养殖区等渔业水域及游泳区；

Ⅳ类——主要适用于一般工业用水区及人体非直接接触的娱乐用水区；

Ⅴ类——主要适用于农业用水区及一般景观要求水域。

我国已颁布的水质标准还有《地下水质量标准》（GB/T 14848—2017）、《农田灌溉水质标准》（GB 5084—2021）等。GB 5084—2021对农田灌溉水质基本控制项目限值作了规定，如表3-2所示。

表3-2 农田灌溉水质基本控制项目限值

序号	项目类别		作物类别		
			水田作物	旱地作物	蔬菜
1	pH 值		5.5~8.5		
2	水温/℃	≤	35		
3	悬浮物/(mg/L)	≤	80	100	60[①],15[②]
4	五日生化需氧量（BOD_5）/(mg/L)	≤	60	100	40[①],15[②]
5	化学需氧量（COD_{Cr}）/(mg/L)	≤	150	200	100[①],60[②]
6	阴离子表面活性剂/(mg/L)	≤	5	8	5
7	氯化物（以Cl^-计）/(mg/L)	≤	350		
8	硫化物（以S^{2-}计）/(mg/L)	≤	1		
9	全盐量/(mg/L)	≤	1000（非盐碱土地区），2000（盐碱土地区）		

续表

序号	项目类别		作物类别		
			水田作物	旱地作物	蔬菜
10	总铅/(mg/L)	≤	0.2		
11	总镉/(mg/L)	≤	0.01		
12	铬（六价）/(mg/L)	≤	0.1		
13	总汞/(mg/L)	≤	0.001		
14	总砷/(mg/L)	≤	0.05	0.1	0.05
15	粪大肠菌群数/(MPN/L)	≤	40000	40000	20000①,10000②
16	蛔虫卵数/(个/10L)	≤	20		20①,10②

① 加工、烹调及去皮蔬菜。
② 生食类蔬菜、瓜类和草本水果。

（二）排水水质标准

排水水质标准是依据水体的环境容量和现代的技术经济条件而制定的。要防止水体的污染，保持水体达到一定的水质标准，必须对排入水体的污染物的种类和数量进行严格的控制。因此，必须要制定严格的排水水质标准。目前我国污水排放标准有《污水综合排放标准》（GB 8978—1996）、《城镇污水处理厂污染物排放标准》（GB 18918—2002）、《污水排入城镇下水道水质标准》（GB/T 31962—2015）。针对行业，我国制定并实施了《地方水产养殖业水污染物排放控制标准制订技术导则》（HJ 1217—2023）、《电子工业水污染物排放标准》（GB 39731—2020）、《船舶水污染物排放控制标准》（GB 3552—2018）、《石油炼制工业污染物排放标准》（GB 31570—2015）、《再生铜、铝、铅、锌工业污染物排放标准》（GB 31574—2015）、《合成树脂工业污染物排放标准》（GB 31572—2015）、《无机化学工业污染物排放标准》（GB 31573—2015）、《合成氨工业水污染物排放标准》（GB 13458—2013）等国家标准，可作为规划、设计、管理与监测的依据。

（三）生活饮用水卫生标准

2022年3月15日，《生活饮用水卫生标准》（GB 5749—2022）正式发布，于2023年4月1日起正式实施。该标准在原有《生活饮用水卫生标准》（GB 5749—2006）基础上，对部分内容进行了修订和完善以及适当增减，内容更具科学性、实用性，更契合新形势下饮用水卫生安全的要求。修订的主要内容如下：①水质指标由《生活饮用水卫生标准》（GB 5749—2006）中的106项调整为97项，包括常规指标43项和扩展指标54项；其中增加了4项指标，删除了13项指标，更改了3项指标的名称，更改了8项指标的限值，增加了总β放射性指标进行核素分析评价的具体要求及微囊藻毒素-LR指标的适用情况；删除了小型集中式供水和分散式供水部分水质指标及限值的暂行规定。②水质参考指标由《生活饮用水卫生标准》（GB 5749—2006）的28项调整为55项，增加了29项指标，删除了2项指标，更改了3项指标的名称。表3-3为生活饮用水水质常规指标和限值。

表3-3 生活饮用水水质常规指标及限值

序号	指标	限值
一、微生物指标		
1	总大肠菌群/(MPN/100 mL 或 CFU/100 mL)①	不应检出
2	大肠埃希氏菌/(MPN/100 mL 或 CFU/100 mL)①	不应检出
3	菌落总数/(MPN/mL 或 CFU/mL)②	100
二、毒理指标		
4	砷/(mg/L)	0.01
5	镉/(mg/L)	0.005
6	铬(六价)/(mg/L)	0.05
7	铅/(mg/L)	0.01
8	汞/(mg/L)	0.001
9	氰化物/(mg/L)	0.05
10	氟化物/(mg/L)②	1.0
11	硝酸盐(以N计)/(mg/L)②	10
12	三氯甲烷/(mg/L)③	0.06
13	一氯二溴甲烷/(mg/L)③	0.1
14	二氯一溴甲烷/(mg/L)③	0.06
15	三溴甲烷/(mg/L)③	0.1
16	三卤甲烷(三氯甲烷、一氯二溴甲烷、二氯一溴甲烷、三溴甲烷的总和)③	该类化合物中各种化合物的实测浓度与其各自限值的比值之和不超过1
17	二氯乙酸/(mg/L)③	0.05
18	三氯乙酸/(mg/L)③	0.1
19	溴酸盐/(mg/L)③	0.01
20	亚氯酸盐/(mg/L)③	0.7
21	氯酸盐/(mg/L)③	0.7
三、感官性状和一般化学指标④		
22	色度(铂钴色度单位)/度	15
23	浑浊度(散射浑浊度单位)/NTU②	1
24	臭和味	无异臭、异味
25	肉眼可见物	无
26	pH	不小于6.5且不大于8.5
27	铝/(mg/L)	0.2

续表

序号	指标	限值
28	铁/（mg/L）	0.3
29	锰/（mg/L）	0.1
30	铜/（mg/L）	1.0
31	锌/（mg/L）	1.0
32	氯化物/（mg/L）	250
33	硫酸盐/（mg/L）	250
34	溶解性总固体/（mg/L）	1000
35	总硬度（以$CaCO_3$计）/（mg/L）	450
36	高锰酸盐指数（以O_2计）/（mg/L）	3
37	氨（以N计）/（mg/L）	0.5
四、放射性指标[⑤]		
38	总α放射性/（Bq/L）	0.5（指导值）
39	总β放射性/（Bq/L）	1（指导值）

① MPN表示最可能数；CFU表示菌落形成单位。当水样检出总大肠菌群时，应进一步检验大肠埃希氏菌；当水样未检出总大肠菌群时，不必检验大肠埃希氏菌。
② 小型集中式供水和分散式供水因水源与净水技术受限时，菌落总数指标限值按500 MPN/mL或500 CFU/mL执行，氟化物指标限值按1.2 mg/L执行，硝酸盐（以N计）指标限值按20 mg/L执行，浑浊度指标限值按3 NTU执行。
③ 水处理工艺流程中预氧化或消毒方式：
　　——采用液氯、次氯酸钙及氯胺时，应测定三氯甲烷、一氯二溴甲烷、二氯一溴甲烷、三溴甲烷、三卤甲烷、二氯乙酸、三氯乙酸；
　　——采用次氯酸钠时，应测定三氯甲烷、一氯二溴甲烷、二氯一溴甲烷、三溴甲烷、三卤甲烷、二氯乙酸、三氯乙酸、氯酸盐；
　　——采用臭氧时，应测定溴酸盐；
　　——采用二氧化氯时，应测定亚氯酸盐；
　　——采用二氧化氯与氯混合消毒剂发生器时，应测定亚氯酸盐、氯酸盐、三氯甲烷、一氯二溴甲烷、二氯一溴甲烷、三溴甲烷、三卤甲烷、二氯乙酸、三氯乙酸；
　　——当原水中含有上述污染物，可能导致出厂水和末梢水的超标风险时，无论采用何种预氧化或消毒方式，都应对其进行测定。
④ 当发生影响水质的突发公共事件时，经风险评估，感官性状和一般化学指标可暂时适当放宽。
⑤ 放射性指标超过指导值（总β放射性扣除^{40}K后仍然大于1Bq/L），应进行核素分析和评价，判定能否饮用。

二、水污染控制基本技术

（一）水体自净

水体能够在其环境容量的范围以内，经过物理、化学和生物作用，使排入水体污染物质的浓度随时间的推移、流动的过程中自然降低或总量减少，受污染的水体部分或完全恢复原状，这种现象称为水体自净。水体所具有的这种能力称为水体自净能力或水体环境容量。水体的自净能力是非常有限的，若污染物的数量超过水体的自净能力，就会导致水体污染。

水体自净过程是十分复杂的，从净化机理来看，可分为物理净化作用、化学净化作用和生物化学净化作用。物理净化是指进入水体的污染物质通过稀释、混合、沉淀和挥发，使浓度降低，但总量不减；化学净化是指污染物通过氧化、还原、中和、分解等过程，使其存在的形态和浓度发生变化，但总量不减；生物化学净化是污染物通过水生生物特别是微生物的生命活动，使其存在形态发生变化，有机物无机化，有害物无害化，浓度降低，总量减少。由此可见，生物化学净化作用是水体自净的主要原因。

实际上，上述几种净化过程是交织在一起的。例如，当一定量的污水排入河流时，在河流中首先混合和稀释，比水重的颗粒逐渐沉降在河床上，易氧化的物质被水中的溶解氧氧化。大部分有机物则由微生物通过代谢氧化分解为无机物，所消耗的溶解氧由河流表面在流动过程中不断地从大气中获得，并随浮游生物光合作用所释放出的氧气而得到补充，生成的无机营养物质则被水生植物所吸收。这样，河水流经一段距离以后，就能得到一定程度的净化。图3-4是接纳了大量生活污水的河流水体中溶解氧（DO）和BOD变化曲线示意图，该曲线称为氧垂曲线。

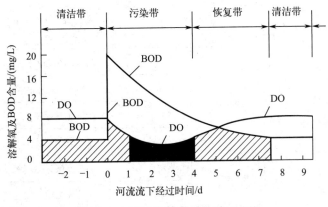

图3-4 溶解氧与BOD的变化曲线

污水集中在河流的0点排放，排放前河水中的溶解氧含量接近于饱和（8 mg/L），BOD值处于正常状态（低于4 mg/L）。污水排放后，立即与河水混合，在0点处BOD值急剧上升，高达20mg/L，随着河水向下流动，有机污染物被分解，BOD值逐渐减低，约经7.5 d后，又恢复到原来状态；河水中的溶解氧消耗于有机物的降解，从污水排入的第一天开始，含量即低于地面水最低允许含量4mg/L，在流下的2.5d处，降至最低，但在流下4d前，溶解氧都低于地面水最低允许含量（图3-7涂黑部分），此后逐渐回升，在流下约7.5d后，又恢复到原有状态。氧垂曲线可用于分析受有机物污染的河水中溶解氧的变化动态，推求河流的自净过程及其环境容量，进而确定可排入河流的有机物最大限量；推算确定最大缺氧点即氧垂点的位置及到达时间，并依此制订河流水体防护措施。

（二）污水处理的基本方法

污水处理的基本方法，就是采用各种技术措施将污水中所含有的各种形态的污染物质分离出来回收利用，或将其分解、转化为无害和稳定的物质，从而使污水得到净化。

1. 污水处理方法的分类

现代的污水处理技术，按其所采用的原理，可分为物理处理法、化学处理法、物理化学处理法和生物处理法四类。各类方法的适用条件如表3-4所示，典型生活污水处理流程见图3-5。

表3-4 污水处理与利用的基本方法

分类	基本原理	处理与利用的工艺		去除对象	适用范围
物理处理法	通过物理作用，分离、回收废水中不溶解的呈悬浮状态的污染物质	均和调节		使水质、水量均衡	预处理
		重力分离法	沉淀	可沉物质	预处理
			隔油	颗粒较大的油珠	预处理
			气浮（浮选）	乳化油、纤维、纸浆、晶体等密度近于污水的悬浮物	中间处理
		离心分离法	水力旋流器	密度大的悬浮物，砂石、铁屑	预处理
			离心机	乳化油、纤维、纸浆、晶体等	中间处理
		过滤	格栅	粗大的杂物	预处理
			砂滤	悬浮物、乳化油	中间或最终处理
			微滤机	极细小悬浮物	最终处理
			反渗透、超滤	某些分子、离子等	最终处理
		热处理	蒸发	高浓度酸、碱废液	最终处理
			结晶	可结晶物质，如盐类	最终处理
		磁分离		弱磁性极细颗粒	最终处理
化学处理法	通过化学反应和传质作用分离、去除废水中呈溶解、胶体状态的污染物质或将其转化为无害物质	投药法	混凝	胶体、乳化油	中间处理
			中和	酸、碱	中间或最终处理
			氧化还原	溶解性有害物质，如氰化物、硫化物、重金属离子	最终处理
			化学沉淀	重金属离子、还原性有机物等	最终处理
物理化学处理法	利用物理化学作用去除污水中污染物质	传质法	汽提	溶解性挥发性物质，酚、氨等	中间处理
			吹脱	溶解性气体，如H_2S、CO_2	中间处理
			萃取	溶解性物质	中间处理
			吸附	溶解性物质，如酚、汞	最终处理
			离子交换	可离解物质、盐类物质	最终处理
			电渗析		最终处理

续表

分类	基本原理	处理与利用的工艺		去除对象	适用范围
生物处理法	通过微生物代谢作用，使废水中溶解、胶体态有机物转化为稳定、无害的物质	自然生物处理	土地处理	胶状和溶解性有机物	最终处理
			稳定塘		最终处理
		人工生物法	生物膜		最终处理
			活性污泥法		最终处理

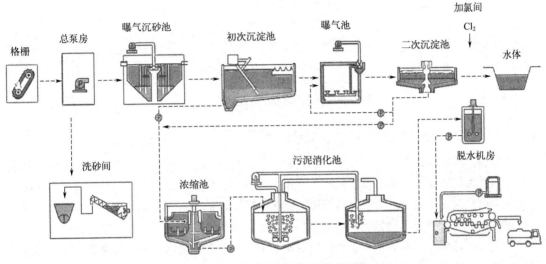

图3-5 典型生活污水处理流程图

2. 污水处理的分级

按处理程度，污水处理技术可分为一级处理、二级处理和三级处理。

（1）一级处理　污水一级处理又称污水物理处理，指通过简单的沉淀、过滤或适当的曝气，以去除污水中的悬浮物、调整污水的pH值及减轻污水的腐化程度和后续处理工艺负荷的过程。一级处理可由筛选、重力沉淀和浮选等方法串联组成，除去污水中大部分粒径在100μm以上的颗粒物质。经过一级处理后的污水，BOD值一般可降低30%左右，SS去除率约50%，达不到排放标准。一级处理属于二级处理的预处理。

（2）二级处理　主要去除污水中呈溶解和胶体状态的有机污染物（即降低BOD值与COD值），BOD去除率为85%~95%；SS去除率约90%，使有机污染物的去除达到排放标准。二级处理常用生物法和絮凝法。生物法是利用微生物处理污水，主要去除一级处理后污水中的有机物；絮凝法是通过加絮凝剂破坏胶体的稳定性，使胶体粒子发生絮凝，产生絮凝物而发生吸附作用，主要是去除一级处理后污水中无机的悬浮物和胶体颗粒物或低浓度的有机物。经过二级处理后的污水一般可以达到农灌水的要求和废水排放标准。

（3）三级处理　三级处理是进一步去除难降解的有机物、氮和磷等能够导致水体富营养化的可溶性无机物等。主要方法有生物脱氮处理法、混凝沉淀法、过滤法、活性炭吸附法、离子交换法和膜分离法等。三级处理有时也称深度处理，但两者又不完全相同。三级处理常用于二级处理之后；而深度处理则是以污水的再生、回用为目的，在一级或二级处理后增加的处理工艺。污水再生回用的范围很广,如工业上的重复利用、水体的补给水源以及成为生活杂用水等。

对于某种污水采用哪几种处理方法组合成污水处理系统,要根据污水的水质、水量,回收其中有用物质的可能性、经济性,受纳水体的具体条件,并结合调查研究与经济技术比较后决定,必要时还需进行试验。图3-6所示为典型的城市污水三级处理工艺流程。

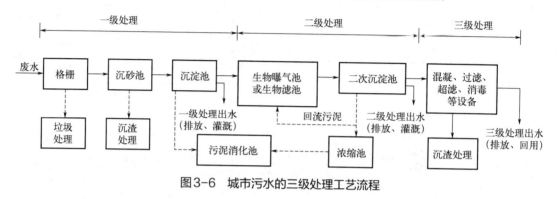

图3-6 城市污水的三级处理工艺流程

3. 典型的工业废水处理案例——以焦化废水为例

焦化废水是煤在高温干馏、净化以及产品加工的过程中形成的,焦化废水组成复杂,其成分与性质随煤的质量、炭化温度及回收工艺不同而变化。焦化废水中所含污染物可分为有机物和无机物两大类。无机物一般以铵盐等形式存在,可能含有 NH_4^+、NH_3、SCN^-、CN^-、SO_4^{2-} 等。有机物除酚类化合物外,还包括脂肪族化合物、杂环类化合物和多环芳香烃等,其中以酚类化合物为主,约占总有机物的85%。焦化废水属高浓度有机有毒废水,极不易降解,故将部分生活污水纳入其中,改善其污水水质,让污水能够便于生物降解,常采用物化和生化处理工艺。处理工艺流程图见图3-7。

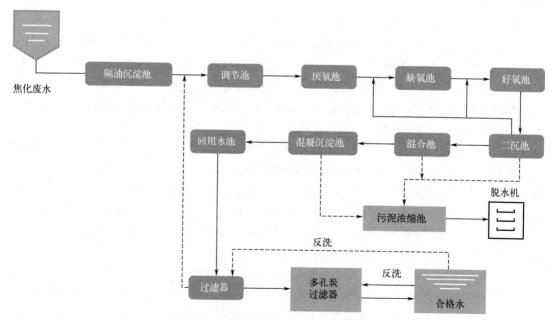

图3-7 典型焦化废水处理工艺流程图

三、城市黑臭水体治理方法

（一）城市黑臭水体概念与成因

1. 城市黑臭水体的概念

城市河流是构成城市生态系统的重要组成部分，肩负着城市防洪排涝、景观美化、生态廊道、气候调节及亲水平台等诸多重要职责与功能。水体黑臭是由于河流中过度纳污导致水体中供氧和耗氧失衡而产生的一种极端现象。黑臭水体水质通常劣于《地表水环境质量标准》（GB 3838—2002）中的Ⅴ类标准，水体溶解氧浓度一般小于 2 mg/L。由于城市黑臭水体影响因素众多，成因复杂，至今未有明确定义。目前，黑臭水体根据水体分布区域，分为城市黑臭水体和农村黑臭水体。2015年8月，住房和城乡建设部等部门编制《城市黑臭水体整治工作指南》，将城市黑臭水体定义为"城市建成区内，呈现令人不悦的颜色和（或）散发令人不适气味的水体的统称"。

2. 城市水体黑臭的成因

黑臭水体的形成是由于大量有机物进入水体，好氧微生物通过生化作用分解有机物并大量消耗水中溶解氧，从而导致水体缺氧。同时，在缺氧条件下厌氧微生物大量繁殖，将有机物分解为许多致黑物质（如 FeS 和 MnS）和致臭物质（如 H_2S 和挥发性有机硫化物），致使水体黑臭。城市水体黑臭的直接原因是水中溶解氧含量过低导致厌氧或无氧反应，但其根本原因仍是入河污染物远远超过了水体的环境容量，而污染物来源包括外源流入和内源再释放。通常情况下，城市河流变黑发臭的原因主要包括外源污染流入、内源污染再释放、水动力条件的改变及其他原因等方面。

① 外源污染流入。外源污染大量流入是造成城市水体黑臭的主要原因之一。主要表现为污水收集处理能力、垃圾收集转运处理处置能力不足，导致污水垃圾直排入河，这些问题在城中村、城乡结合部等区域较为突出。另一方面，雨污合流制管网雨季溢流、初期雨水径流污染、沿河两岸农业面源污染、散户的畜禽养殖废水排放等，使得大量污染物进入水体。例如上海的苏州河、青岛的李村河及长沙的圭塘河等均是由外源污染物大量流入，水体中的溶解氧不断被消耗，造成水中溶解氧含量逐步减少，进而通过产甲烷菌等微生物进一步分解，产生 H_2S、CH_4、NH_3 等气体，形成致臭物质，同时伴随生成致黑物质（硫化亚铁、硫化锰等），导致水体黑臭。

② 内源污染再释放。外源污染物长期流入，在微生物的共同作用下，积累的污染物质随着泥沙、各种垃圾及腐殖质沉积在河道内并逐步形成内源污染，时刻与上覆水进行交互作用。底泥是河流中内源污染物富集的地方，含有大量的氮、磷等营养盐和有机污染物，在水力冲刷及人为扰动影响下，引起沉积底泥释放出大量的污染物，导致大量的悬浮颗粒漂浮在水中，从而引起水体黑臭，如德国埃姆舍河、江苏滆湖及云南滇池等均是内源污染的代表。另外在水体中存在有机物时，河底淤泥表面也会黏附少量的放线菌、蓝藻类细菌等，微生物代谢作用产生的甲烷也存在释放污染物的风险。而悬浮颗粒物含有的 FeS 和 MnS 易被氧化，本身对水体起着致黑的主导作用。

③ 水动力条件的改变。"流水不腐，户枢不蠹"，在污染负荷未超过水体环境容量的前提下，水动力条件是城市河流水体出现黑臭的重要因素，水动力学条件不足是引起河道水体黑臭的重要原因之一，例如水体流速缓慢、河道基流不足以及河道渠道化、硬质化等都有可能导致河道黑臭。一些城市的内河、内湖基本上处于半封闭、封闭的状态，所以河道里的水体没有足

够的流动性，尽管内河水体本身具有一定的自净能力，但是水体流速缓慢，无法携带大量氧气进入水体，当水体中溶解氧浓度低于 2 mg/L 时就容易产生黑臭水体。

除上述原因外，温度较高的工业高温废水、污水处理厂退水以及生活污水等排入河流，将加快水体中微生物分解有机物及氮磷等污染物的速度，导致溶解氧含量降低，从而释放发臭气体。航运污染、石油泄漏等也是导致河流水体发黑发臭的重要因素。

（二）城市水体黑臭的致黑致臭机理

1. 致黑机理

水体中的主要致黑物质包括吸附于悬浮颗粒上的不溶性黑色污染物质以及可溶于水体的有色有机化合物（主要为腐殖质类有机物），致黑成分为 FeS、MnS。在厌氧条件下，微生物可促进 FeS、MnS 的形成，其主要过程见下式。

$$含硫蛋白质 \longrightarrow 半胱氨酸 + H_2 \longrightarrow H_2S + NH_3 + CH_3CH_2COOH$$

$$SO_4^{2-} + 有机物 \longrightarrow H_2S + H_2O + CO_2$$

$$Fe^{2+} + S^{2-} \longrightarrow FeS \downarrow$$

$$Mn^{2+} + S^{2-} \longrightarrow MnS \downarrow$$

微生物好氧分解有机物使水体呈缺氧环境，此时厌氧微生物的活动加速 Fe^{3+} 还原为 Fe^{2+}，且随着有机物浓度升高，铁被还原的速度加快，水体变黑速度也显著加快。当过量外源有机硫和硫酸盐存在时，微生物可将一部分有机硫分解为无机硫化合物（以 H_2S 为主），另一部分则沉积于底泥中，在放线菌等微生物的代谢作用下产生气体，气泡托浮黑色底泥颗粒物上浮，加速了水体的黑臭进程。

2. 致臭机理

水体中主要的致臭物质为：挥发性有机硫化物、二甲基一硫、二甲基二硫、二甲基三硫及甲硫醇等。恶臭物质形成的过程主要有以下三个方面。

① 甲烷（CH_4）、硫化氢（H_2S）、氨（NH_3）等小分子气体。当水体处于重污染水平时，有机物好氧分解造成水体严重缺氧，厌氧微生物大量生长并降解有机污染物，产生 H_2S、NH_3、CH_4 等挥发性恶臭物质。在厌氧环境下，硫酸盐还原菌利用有机污染物作为电子供体，还原硫酸盐生成 H_2S，具体反应如下式所示。

$$SO_4^{2-} + 2(CH_2O) + 2H^+ \longrightarrow H_2S + 2CO_2 + 2H_2O$$

$$HO_2C—CH(NH_2)—SH + H_2O \longrightarrow CH_3—CO—CO_2H + H_2S + NH_3$$

② 有机硫化物。水解型厌氧菌将大分子有机物分解为小分子有机物，在硫酸盐还原菌及其他厌氧菌的共同作用下，利用小分子有机物分解含硫有机污染物，产生挥发性有机硫化物（VOSCs），主要包含二硫化碳（CS_2）、羰基硫（COS）、二甲基二硫醚（DMDS）、甲硫醚（DMS）、甲硫醇（MT），是主要的致臭物质。水体中蓝藻的分解也会产生大量挥发性有机硫化物，致使水体黑臭现象。蓝藻体内含硫氨基酸约占1%，在其大量死亡和分解后，产生高浓度含硫前驱物，在沉积物的强还原条件下，产生大量致黑臭物质。

③ 土臭素。在重污染水体中，外源污染物输入量过剩，同时水体处于严重缺氧状态，水体中的真菌、放线菌、部分藻类大量繁殖，其新陈代谢过程中会分泌多种醇类异臭物质，如乔司脒和2-二甲基异莰醇（2-MBI），是导致水体发臭的主要臭味源之一，其发臭阈值分别为4、9 ng/L。此外，藻类裂解伴随释放 β-紫罗兰酮（醛）等致臭物质，当其大量溢出时，也会导致水体恶臭。

（三）城市黑臭水体治理技术

当前城市黑臭水体治理遵循"控源截污、内源清淤、水质提升、清水补给、生态恢复"的技术路线。在治理过程中，控源截污和内源清淤是基础，水质提升、清水补给是水质稳步提升的保证，生态恢复使城市黑臭水体的生态系统呈现一定的稳定性。基于国内外学者对城市黑臭水体治理的研究，归纳并总结了当下黑臭水体的治理措施，见表3-5。

表3-5 城市黑臭水体治理技术一览表

技术类型	技术要点	技术特点和适用对象
控源截污	从源头控制污染物进入水体，是黑臭水体治理的根本性措施	①针对直接排入水体的居民生活污水、工业废水、规模化畜禽养殖污水等污染源，对污水收集处理，使其达标排放，减少入河污染。 ②针对合流制溢流污染和初期雨水径流污染，通过分流制改造、增设调蓄设施、建设植被缓冲带等措施减少污染物入河。加强设施运行维护，定期开展管网巡查养护，强化汛前管网清疏，减少旱季"藏污纳垢"、雨季"零存整取"等现象。 ③针对农村面源污染，通过源头减量、过程阻断、资源再利用和生态修复等控制技术，采用测土配方施肥、增施有机肥、秸秆还田、设置生态沟等治理措施，减少农业面源污染。 ④针对散户畜禽养殖废水，加强养殖污染防治监管，推行粪污资源化利用
内源清淤	在控源截污的基础上，通过有效削减底泥中污染物来改善水体水质	针对污染底泥，在科学开展调查和评估的基础上，因地制宜，采用底泥原位治理或清淤疏浚等措施，有效削减内源污染。对于清淤疏浚底泥，应做好无害化处置或资源化利用
清水补给	指通过增加河道补水等措施来改善河流水动力条件，增强水体自净能力	①针对缺少补给水的水体，可将净化后的城镇污水处理厂尾水、经滞蓄和净化后的雨水等，作为河道生态补水。 ②针对需活水循环的水体，可通过水系连通等措施，改善水体的水动力条件
生态恢复	在控源截污的基础上对河岸线、边坡及水体本身进行生态治理和修复，达到改善水质及恢复水生生态系统健康的效果	①通过设置植草沟、铺设透水砖、构建河湖生态缓冲带等措施，对原有硬化河岸进行生态化改造，结合景观绿化布置、河道局部形态改变等，提高岸线及水体自然净化功能。 ②通过种植水生植物、重建水下生态系统，促进水生生物群及其栖息地恢复，提升水体自净能力
水质提升	通过水生植物塘、人工湿地、曝气富氧、人工生态浮岛、微生物降解及投加化学药剂等方法净化水质	①通过在水体中种植合适的水生植物，建立基质-微生物-植物复合生态系统，经过过滤、吸附、共沉、离子交换、植物吸收和微生物分解等三重协同作用来净化水质。 ②通过安装曝气设备充氧，提高水体溶解氧浓度和氧化还原电位，防止厌氧分解，促进黑臭物质氧化。 ③通过人工搭建水生植物系统，消减水体中的污染负荷，实现水质净化。 ④通过人工措施强化微生物的降解作用，加速污染物的分解和转化，提高水体的自净能力。 ⑤通过投加絮凝剂、混凝剂等化学药剂，使之与水体中的污染物形成沉淀或结合物而去除

案例分析

广西南宁推动"水清岸绿,鱼翔浅底"由蓝图蜕变成实景

针对南宁市沙江河"水不像水,又腥又臭,垃圾遍布,蚊子乱飞"的现状,南宁市将黑臭水体治理作为"一把手"工程,举全市之力组织开展水环境综合治理"五大攻坚战",全流域全要素系统推进城市内河综合整治。

一是高位统筹推进黑臭水体治理。南宁市建成区有13条内河,几年前共38个河段属于黑臭水体,黑臭水体总长度99.4公里。南宁市坚持高位推动,领导挂帅、明确分工、选派治水"铁军",通过引入社会资本、鼓励企业自筹资金、争取上级资金支持等多种渠道积极筹措项目资金,以"高统筹、强队伍、优机制、大投入"掀起了"大攻坚"的高潮。

二是打好黑臭水体治理"组合拳"。黑臭在水里、问题在岸上、关键在排口、根源在管网,南宁市将黑臭水体治理思路调整为全流域、全要素系统治理,强化"控源截污、内源治理、生态修复、活水保质、长制久清"工作措施,出台《南宁市城市黑臭水体治理攻坚战实施方案》,组织实施黑臭水体治理"五大攻坚战",进行系统治水。从2017年5月起,南宁市采用管道监测机器人、管道声呐、潜望镜等先进的检测技术,进行道路地下雨污管道全面普查。建立水环境治理GIS地理信息系统,对建成区13个内河流域编制作战图。

三是保障城市内河"长制久清"。南宁市严格落实河长制,在全国率先创新设立水环境综合执法队伍,建立"一级指挥、两级督查"的督查工作体系,实施水环境综合治理攻坚战项目进度"红黑榜"通报制度。作为全国第一批海绵城市建设试点城市,南宁市充分利用海绵城市建设理念在竹排江等流域探索实施"截污→污水厂→上游→人工湿地(海绵城市工程)→主要指标达四类水→补水回流域"的全流域全要素系统治理示范建设,取得了明显成效。

目前,南宁市黑臭水体治理"五大攻坚战"已进入收官冲刺阶段,12个新改扩建污水处理厂全部提前实现通水试运行,13条城市内河流域治理工程正在加快推进,500多公里污水管网完成建设,5000多个错混接点得到有效改造,10000多公里污水管网实现精细排查。"水清岸绿、鱼翔浅底"的人与自然和谐共生画面悄然由蓝图逐步蜕变为实景。

第四节 我国水污染治理历程及成效

上善若水,水利万物而不争。水是人类的命脉,解决好水问题,事关战略全局、事关长远发展、事关人民福祉。党的十八大以来,党中央高度重视生态环境保护,坚决向污染宣战。2015年4月,国务院发布实施《水污染防治行动计划》后,我国又修订了《中华人民共和国水

污染防治法》，颁布施行了《中华人民共和国长江保护法》《中华人民共和国黄河保护法》等，进一步为水资源、水生态、水环境等流域要素系统治理提供了坚实的法律基础。《水污染防治行动计划》实施以来，我国以改善水环境质量为核心，出台配套政策措施，加快推进水污染治理，落实各项目标任务，切实解决了一批群众关心的水污染问题，全国水环境质量总体保持持续改善势头。

一、我国水污染治理历程

城市的发展史，就是城市与水相伴而生的历史，城市的发展改变了水环境，重塑了水生态。我国城市水环境的变化主要是以水质为核心，既追求水质与健康、循环和生态之间的协同，同时又不断涌现着发展与保护的矛盾，污染与清洁的胶着以及恶化与改善的博弈。我国污水处理事业始于20世纪70年代末，尽管起步较晚，但在城镇化推进与生态环境保护需求的不断推动下发展壮大。根据2021年5月发布的第七次全国人口普查公报，我国的城镇化率由1978年的17.9%提升到2020年的63.89%，居住在城镇的人口超9亿人。我国用40年时间完成了全球最大规模的城市化与工业化进程，用极其有限的水资源，完成了对城镇化和工业化进程的支撑。回顾我国污水处理的历程，可分为以下三个阶段。

1. 第一阶段（1978—2001年）

这一阶段，我国地表水体质量不断恶化，污染加重，富营养化问题突出，流经城市的河段污染十分严重，范围也在不断扩大。1979年9月我国第一部环境保护基本法诞生，这标志着污水处理正式处于法律法规的管理之下。1982年"六五"计划正式把"加强环境保护，制止环境污染的进一步发展"定为国家发展的十项基本任务之一。1984年第六届全国人民代表大会常务委员会第五次会议审议通过《中华人民共和国水污染防治法》。1989年第三次全国环境保护会议推出了我国环境保护的"三大政策"和"八项制度"。1996年，国务院召开第四次全国环境保护会议，发布《国务院关于环境保护若干问题的决定》，实施"33211"工程，全面开展"三河"（淮河、海河、辽河）、"三湖"（太湖、滇池、巢湖）的水污染防治。

2. 第二阶段（2002—2012年）

进入21世纪以来，国家全面加大了水污染治理力度。2002年出台了首个《城镇污水处理厂污染物排放标准》（GB 18918—2002），该标准的实施有力促进了国内城镇污水处理业的快速发展。同时，国家在"十一五"期间开始实施了"节能减排"战略，提出在"十一五"末期将化学需氧量（COD）总排放量在"十五"末期的基础上降低10%，并将减排指标层层落实到各省、市、县，全国污水处理步入高速发展状态。到2010年底，全国设市城市和县城共建成2842座城镇污水处理厂，总处理能力为1.28亿立方米/日，设市城市污水处理率已达77.5%。

3. 第三阶段（2012年至今）

党的十八大以来，生态文明建设被提高到空前的政治高度，推动了我国的环境政策发展迈上新台阶。为切实加大水污染防治力度，保障国家水安全，国家相继出台多项政策法规。2014年，制定出台"最严环保法"；2015年，国务院印发《水污染防治行动计划》；2018年施行新修正的《中华人民共和国水污染防治法》；2020年通过《中华人民共和国长江保护法》；2021年印发《黄河流域生态保护和高质量发展规划纲要》，印发并实施《中共中央　国务院关于深入打好污染防治攻坚战的意见》；2022年出台《深入打好长江保护修复攻坚战行动方案》《中华人民共和国黄河保护法》等。截至2021年底，全国建成城市污水处理厂2827座，处理能力为2.08亿立方米每日，污水处理率达97.89%；建成县城污水处理厂1765座，处理能力为0.40亿立方米每日，污水处理率达96.11%，见图3-8。

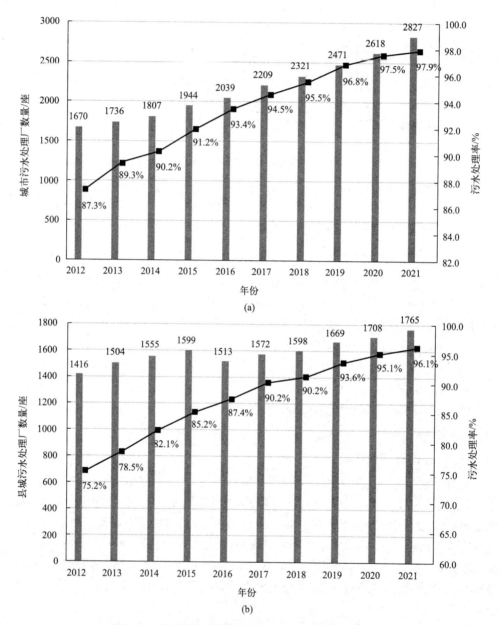

图3-8 我国城市和县城污水厂建设情况及处理能力

控源减排始终是污水处理的主导目标。我国城市污水处理在过去四十多年间一直在减排驱动下不断变革，污水排放标准不断提高，处理工艺不断进步，城市污水处理的发展理念从"达标排放与水污染控制"上升为"再生利用与水生态修复"，正在实现以"水安全、水生态、水资源、水文化"为核心的更为绿色的生态治理。2014年初，曲久辉等六位国内知名环境领域专家提出，要应用全球最新理念和最先进技术，以"水质永续、能量自给、资源回收、环境友好"为目标，在中国建设一座或一批面向2030—2040年的城市污水处理概念厂，这被公认为近年来环境领域最具影响力和认可度的里程碑事件之一，深刻影响并带动了水处理行业的创新与发展。图3-9是宜兴城市污水资源概念厂。

图3-9　宜兴城市污水资源概念厂

二、我国水污染治理成效

党的十八大以来，我国水生态环境保护发生重大转折性变化，碧水保卫战取得显著成效，人民群众身边的清水绿岸明显增多，获得感、幸福感显著增强。截至2023年3月，全国地表水Ⅰ～Ⅲ类水质断面比例为89.1%，比2012年提高了20.2个百分点；劣Ⅴ类水质断面比例为0.6%，比2012年降低了9.6个百分点。

1.水生态环境治理体系加快完善

落实深化党和国家机构改革部署，在七大流域统筹设立流域海域生态环境监督管理局，组建生态环境保护综合执法队伍，在生态系统保护修复上强化了统一监管。积极构建以排污许可制为核心的固定污染源监管制度体系，全国335余万家排污单位全部纳入排污许可管理。推进排污口管理改革，全面开展入河入海排污口排查整治。深化水功能区管理改革，各省（区、市）全面完成"三线一单"（生态保护红线、环境质量底线、资源利用上线和生态环境准入清单）生态环境分区管控方案发布。推动建立跨省流域上下游突发水污染事件联防联控机制，牢牢守住水生态环境安全底线。

2.大江大河保护治理取得积极进展

2022年，长江干流连续三年全线达到Ⅱ类水质，黄河干流首次全线达到Ⅱ类水质；长江流域、珠江流域、西南诸河、西北诸河、浙闽片河流水质状况保持为优，淮河流域、辽河流域水质明显改善。

3. 城市黑臭水体治理成效显著

开展城市黑臭水体整治环境保护专项行动。"十三五"期间，295个地级及以上城市（不含州、盟）建成区黑臭水体基本消除，总体实现城市黑臭水体治理攻坚战目标。各地新建污水管网9.9万千米，新增污水日处理能力4088万吨。用于黑臭水体整治的直接投资约1.5万亿元，在治理污染的同时有效拉动了地方投资，有力促进了城市高质量发展。

4. 群众饮水安全得到有效保障

深入开展全国集中式饮用水水源地环境保护专项行动，截至2019年底，累计完成2804个水源地10363个问题整治，有力提升了涉及7.7亿居民的饮用水安全保障水平。截至2020年底，完成全国1.06万个千吨万人饮用水水源保护区划定；截至2023年4月底，累计完成1.97万个乡镇级饮用水水源保护区划定。2022年，全国地级及以上城市水源水质达标率达到95.9%，人民群众饮水安全得到有效保障。

5. 工业水污染控制不断巩固深化

不断规范工业排放环境监督管理，制定、修订铅锌、磷肥等工业行业20项水污染物排放标准和《有毒有害水污染物名录》。常态化加大执法力度，推动各类工业污染源持续达标排放。截至2021年底，全国2700余家工业园区建有3400余座污水集中处理设施，企业环境守法意识得到显著提升。

 课外阅读

《水污染防治行动计划》

中共中央、国务院高度重视水污染防治工作。2015年4月，国务院印发《水污染防治行动计划》（简称"水十条"），以改善水环境质量为核心，按照"节水优先、空间均衡、系统治理、两手发力"的原则，贯彻"安全、清洁、健康"方针，对江河湖海实施分流域、分区域、分阶段科学治理，要求形成"政府统领、企业施治、市场驱动、公众参与"的水污染防治新机制，系统推进水污染防治、水生态保护和水资源管理。《水污染防治行动计划》确定了十个方面的措施，即全面控制污染物排放；推动经济结构转型升级；着力节约保护水资源；强化科技支撑；充分发挥市场机制作用；严格环境执法监管；切实加强水环境管理；全力保障水生态环境安全；明确和落实各方责任；强化公众参与和社会监督。

近年来，全国各级各部门持续开展碧水保卫战，水生态环境发生历史性、转折性、全局性变化。到2020年，全国地表水优良水体比例提高到83.4%，劣Ⅴ类水体比例下降到0.6%，地级及以上城市2914个黑臭水体消除比例达到98.2%，人民群众饮水安全建立了可靠保证。"十四五"时期，中国水生态环境保护工作将以"有河有水、有鱼有草、人水和谐"为工作目标，以水生态保护修复为核心，努力实现由污染治理为主向水生态、水环境、水资源等流域要素系统治理、统筹推进的转变，为建设美丽中国奠定基础。

练习题

一、名词解释

1. 水体污染　　　　2. 生化需氧量　　　　3. 化学需氧量

4. 水体自净　　　　5. 总大肠菌群数　　　6. 黑臭水体

二、填空题

1. 根据污染物及其形成污染的性质，可以将水污染分为_____、_____、_____。

2. 现代的污水处理技术，按其所采用的原理可分为_____、_____、_____、_____。

3. 按照处理程度，污水处理技术可分为_____、_____、_____。

4. 水体中的主要致黑物质包括_____以及_____，致黑成分为_____、_____。

5. 二级处理主要去除污水中呈_____和_____的有机污染物。

6. 水体的自净过程是十分复杂的，从净化机理来看，可分为_____、_____和_____。

7. 黑臭水体水质通常劣于_____中的_____，水体溶解氧浓度一般_____。

8. 三级处理是进一步去除_____、_____等能够导致_____的可溶性无机物等。

9.《生活饮用水卫生标准》（GB 5749—2022）中，水质指标_____项，包括常规指标_____项。

10. 当前城市黑臭水体治理遵循_____、_____、_____、_____、_____的技术路线。

三、简答题

1. 简述中国水资源特点。

2. 简述典型生活污水处理工艺。

3. 列举我国的排水水质标准。

4. 列举我国的水域水质标准。

5. 水污染控制的重点任务有哪些?

四、论述题

1. 查阅资料,简述我国水污染治理历程及成效。

2. 查阅资料,简述黑臭水体形成的原因、危害及治理方案。

第四章 土壤污染及其防治技术

Study Guide
学习指南

内容提要 　　本章从思想理念、政策法规、科学技术、实践成效四个方面介绍了我国土壤污染问题、土壤污染防治的重点任务、土壤污染防治的基本技术和取得的成效。重点介绍了土壤的物质组成、土壤污染的来源、土壤环境质量标准、土壤的自净作用等，详细讲述了土壤污染的修复技术。

重点要求 　　了解土壤的组成、土壤污染的概念及土壤环境质量标准；掌握土壤中的主要污染物、来源，常用的土壤污染风险管控与修复技术，土壤的自净作用；了解党的十八大以来，我国土壤污染治理取得的成就。

第一节　土壤污染问题

土壤是生命之基、万物之母。《说文解字》中记载：土，地之吐生万物者也；壤，柔土也，无块曰壤。有植物生长的地方称作"土"，而"壤"是柔软、疏松的土。土壤是能够生长植物的疏松多孔物质层。《周礼》中记载：万物自生焉则曰土，以人所耕而树艺焉则曰壤。即"土"通过人们的改良利用和精耕细作而成为"壤"。国际标准化组织将土壤定义为具有矿物质、有机质、水分、空气和生命有机体的地球表层物质。我国《土壤环境质量　农用地土壤污染风险管控标准（试行）》（GB 15618—2018）中规定，土壤指位于陆地表层能够生长植物的疏松多孔物质层及其相关自然地理要素的综合体。

《维也纳土壤宣言——土壤对人类和生态系统的重要性》（2015）表明了科学界对土壤功能和重要性的共识："土壤是环境的基石，也是微生物、植物和动物等生命的基础；土壤是生物多样性和抗生素的大宝库，可为人类健康和基因储备服务；土壤具有滤水功能，是提供饮用水和其他水资源的关键；土壤是缓冲器，可供应植物所需要的水分，并防止水分快速流失；土壤存储和供应植物营养，能够转化包括污染物在内的多种化合物；土壤是世界上大多数食品生产的基础；土壤是生产木材、纤维和能源作物等生物质所必需的；土壤捕获碳，有助于减缓气候变化；土壤是一种有限的资源，在人类世代的时间尺度上基本是不可再生的；几千年来，土壤已经得到富有成效的利用，但同时常常遭受人类不利的影响。"

2013年6月，联合国粮食及农业组织（FAO）大会通过决议，将每年的12月5日定为世界土壤日，意在让人们意识到健康土壤的重要性和提倡可持续的土壤资源管理。

> **科普小知识**
>
> 历年世界土壤日的主题见表4-1。
>
> 表4-1　历年世界土壤日的主题
>
> | 时间 | 中文主题 | 英文主题 |
> | --- | --- | --- |
> | 2014年 | 食物源自哪里 | Where food begins |
> | 2015年 | 健康土壤带来健康生活 | Healthy soils for a healthy life |
> | 2016年 | 土壤与豆类：生命的共生关系 | Soils and pulses: Symbiosis for life |
> | 2017年 | 爱护土壤从脚下做起 | Caring for the soils starts from the ground |
> | 2018年 | 成为土壤污染的解决者 | Be the solution to soil pollution |
> | 2019年 | 阻止土壤侵蚀，拯救我们的未来 | Stop soil erosion, save our future |
> | 2020年 | 保持土壤生命力、保护土壤生物多样性 | Keep soil alive, protect soil biodiversity |
> | 2021年 | 防止土壤盐碱化，提高土壤生产力 | Halt soil salinization, boost soil productivity |
> | 2022年 | 土壤：食物之源 | Soils: where food begins |
> | 2023年 | 土壤和水：生命之源 | Soil and water: a source of life |

一、土壤的物质组成

土壤是由固体、液体和气体共同组成的多相体系,见图4-1。各相均有其独特的作用,相互影响、相互反应,形成许多土壤特性。土壤的组成和性质,不仅影响土壤的生产能力,而且通过物理、化学和生物过程,影响土壤的环境净化功能并最终直接或间接地影响人类健康。

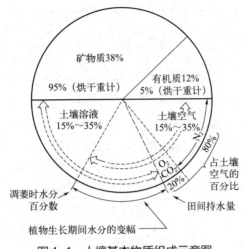

图4-1 土壤基本物质组成示意图

(资料来源：吕贻忠,2006)

（一）固体物质

主要包括矿物质、有机质和生物,约占土壤体积的50%。土壤的矿物质是指含钾、钙、钠、镁、铁、铝等元素的硅酸盐、氧化物、硫化物、磷酸盐。土壤中有机质分为枯枝落叶或动物残体的残落物和腐殖质两大类,其中以腐殖质最为重要,占有机质的70%～90%,它是由碳、氢、氧、氮和少量硫元素组成的具有多种官能团的天然络合剂。

1. 土壤矿物质

土壤矿物质（soil mineral）的组成、结构和性质,对土壤物理性质（结构性、水分性质、通气性、热学性质、力学性质和适耕性）、化学性质（吸附性能、表面活性、酸碱性、氧化还原电位、缓冲作用等）以及生物与生物化学性质（土壤微生物、生物多样性、酶活性等）均有深刻的影响。

（1）土壤矿物质的主要元素组成　土壤矿物质主要由岩石中的矿物变化而来。土壤矿物质的元素组成很复杂,元素周期表中的全部元素几乎都能在土壤中发现,但主要的有20多种,包括氧、硅、铝、铁、钙、镁、钛、钾、钠、磷、硫以及锰、锌、铜、钼等微量元素,表4-2列出了土壤的平均化学组成。

表4-2　土壤的平均化学组成

元素	含量（质量分数）/%	元素	含量（质量分数）/%
O	49.0	P	0.08
Si	33.0	S	0.085
Al	7.13	C	2.000

续表

元素	含量（质量分数）/%	元素	含量（质量分数）/%
Fe	3.80	N	0.100
Ca	1.37	Cu	0.002
Na	1.67	Zn	0.005
K	1.36	Co	0.0008
Mg	0.60	B	0.0010
Ti	0.40	Mo	0.0003
Mn	0.085		

（2）土壤的矿物组成　土壤矿物按其来源，可分为原生矿物和次生矿物。原生矿物直接来源于地球内部岩浆的结晶或有关的变质作用，而次生矿物是由原生矿物在风化过程或土壤形成过程中于地表环境里形成的。

土壤原生矿物是指那些经过不同程度的物理风化，未改变化学组成和结晶结构的原始成岩矿物，主要分布在土壤的砂粒和粉粒中。土壤中原生矿物以硅酸盐和铝硅酸盐占绝对优势，常见的有橄榄石、角闪石、辉石、云母、长石、钛铁矿、磁铁矿、电气石、锆英石、石英。土壤次生矿物是原生矿物经化学风化作用或生物风化作用分解转化而成的新生矿物，其化学组成和结构都发生了改变。它们主要存在于土壤黏粒组分中，故也称为次生黏粒矿物、黏土矿物。土壤次生矿物以结晶层状硅酸盐黏土矿物为主，如高岭石、蒙脱石、伊利石、绿泥石等；还有的含相当数量的晶态和非晶态的硅、铁、铝的氧化物和水合氧化物，如针铁矿、赤铁矿、三水铝石等。

2. 土壤有机质

土壤有机质（soil organic matter, SOM）是指存在于土壤中的所有有机物质，包括土壤中各种动植物残体、微生物体、微生物分解和合成的各种有机物质，以及因火灾而产生的黑炭（或焦炭）物质。尽管土壤有机质在土壤总质量中占的比例很小，但其对土壤功能的影响是深远的，它在土壤肥力、环境保护、全球气候变化、农业可持续发展等方面都有着重要的作用和意义。一方面，土壤有机质含有植物生长所需要的各种营养元素，是土壤微生物生命活动的能源，对土壤物理性质、化学性质和生物学性质以及土壤生态系统功能都有深刻的影响；另一方面，土壤有机质对重金属、农药、持久性有机污染物、病原菌等各种有机、无机、生物污染物的行为都有显著的影响。而且土壤有机质对全球碳平衡起着重要作用，被认为是影响全球"温室效应"的重要因素。

（1）土壤有机质的元素组成　土壤有机质的主要元素组成是碳、氧、氢和氮，其次是磷和硫，其中，含碳量为55%~60%，含氮量为3%~6%，碳氮比（C/N）为（10~12）:1。土壤有机质中主要的化合物是木质素和蛋白质，其次是纤维素、半纤维素以及乙醚和乙醇等可溶性化合物。大多数土壤有机质成分不溶于水，但可溶于强碱。水溶性土壤有机质只占土壤有机质的较少部分，但它容易被土壤微生物分解，在提供土壤养分方面起重要作用。水溶性有机质对土壤生态系统中元素的生物地球化学循环及污染物质的毒性和迁移也有重要影响。

（2）土壤腐殖质　土壤腐殖质是除未分解和半分解动植物残体及微生物体以外的土壤有机质的总称。土壤腐殖质由非腐殖物质和腐殖物质组成，通常占土壤有机质的90%以上。

（3）黑炭　黑炭也被称为焦炭或木炭，是自然土壤中因森林等植被发生火灾而产生的一类复杂的有机物质，其含碳量高达70%~85%，芳香度很高，具有多孔结构和大的比表面积，因表面氧化而存在带负电荷的羧基等官能团，含有一定量的磷、钾等灰分，pH值较高，其化学稳定性和生物稳定性极高。在大多数森林土壤中，黑炭占土壤有机质的5%~10%或更高。因秸秆焚烧等，黑炭也存在于农业土壤中。

3. 土壤生物

土壤生物（soil organisms）是土壤的重要组成成分和影响物质能量转化的重要因素。这个生物群体，特别是微生物群落，是净化土壤有机污染的主力军。土壤生物可分为两大类：微生物区系和动物区系。土壤中包含细菌、放线菌、真菌与藻类四种重要的微生物类群。微生物参与下的氮、碳、硫、磷等环境污染物质的转化对环境自净功能起着重要作用。土壤动物包括原生动物、蠕虫动物（线虫类和蚯蚓等）、节肢动物（蚁类、蜈蚣、螨虫等）、腹足动物（蜗牛等）以及栖居在土壤中的脊椎动物，见图4-2。

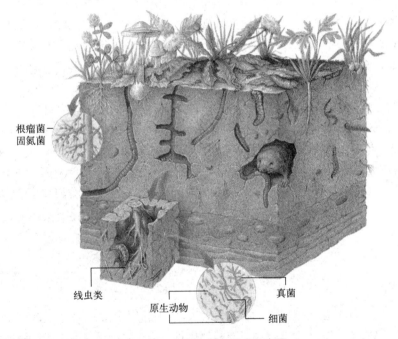

图4-2　土壤生物的组成示意图

（二）液态物质

土壤中的液态物质主要是土壤水分与土壤溶液，占土壤体积的20%～30%。

1. 土壤水分

土壤水分是土壤的重要组成成分之一。它不仅是植物生长必不可少的因子，而且可与可溶性盐构成土壤溶液，成为向植物供给养分和与其他环境因子进行化学反应和物质交换的介质。土壤水分主导着离子的交换、物质的溶解与沉淀、化合和分解等，是生命必需元素和污染物迁移转化的重要影响因素。土壤水分主要来自大气降水、灌溉水、地下水。土壤水分的消耗形式主要有土壤蒸发、植物吸收和蒸腾、水分渗漏和径流损失等。按水分的存在形态和运动形式，土壤水分可划分为吸湿水、毛管水和重力水等。潮湿土壤及干燥土壤示意图见图4-3。

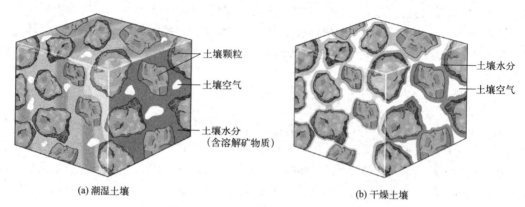

图4-3 潮湿土壤及干燥土壤示意图

2. 土壤溶液

土壤水溶解土壤中各种可溶性物质后，便成为土壤溶液（soil solution）。土壤溶液主要由自然降水中所带的可溶物（如CO_2、O_2、HNO_3、HNO_2及微量的NH_3等）和土壤中存在的其他可溶性物质（如钾盐、钠盐、硝酸盐、氯化物、硫化物以及腐殖质中的胡敏酸、富里酸等）构成。

土壤溶液的成分和浓度取决于土壤水分、土壤固体物质和土壤微生物三者之间的相互作用，它们使溶液的成分、浓度不断发生改变。在潮湿多雨地区，由于水分多，土壤溶液浓度较小，土壤溶液中有机化合物所占比例大；在干旱地区，矿物质风化淋溶作用弱，矿物质含量高，土壤溶液浓度大。此外，土壤温度升高会使许多无机盐类的溶解度增加，使土壤溶液浓度加大；土壤微生物活动也直接影响着土壤溶液的成分和浓度，微生物分解有机质，可使土壤中CO_2的含量增加，导致土壤溶液中碳酸的浓度也随之增大。由于土壤溶液实际上是由多种弱酸（或弱碱）及其盐类构成的缓冲体系，因此，土壤具有缓冲能力，能够缓解酸碱污染物对植物和微生物生长的影响。

（三）气态物质

土壤空气（soil air）在土壤形成和土壤肥力的培育过程中以及在植物生命活动和微生物活动中起着十分重要的作用。土壤空气中具有植物生长直接和间接需要的物质，例如氧、氮、二氧化碳和水汽等。土壤空气主要存在于未被水占据的土壤孔隙中。土壤空气的含量是随含水量而变化的，一定体积的土体内，如孔隙度不变，含水量增多时，空气含量减少，反之亦然。若通气不良，则土壤空气组成与大气有明显的差异。表4-3是大气与土壤空气的组成情况。

表4-3 大气与土壤空气组成（体积分数）

气体	O_2含量/%	CO_2含量/%	N_2含量/%	其他气体含量/%
近地表的大气	20.94	0.04	78.05	0.97
土壤空气	18.00~20.03	0.15~0.65	78.80~80.24	0.98

二、土壤污染的类型和特点

(一) 土壤污染的概念

根据《中华人民共和国土壤污染防治法》，土壤污染是指因人为因素导致某种物质进入陆地表层土壤，引起土壤化学、物理、生物等方面特性的改变，影响土壤功能和有效利用，危害公众健康或者破坏生态环境的现象。从法律角度判断土壤是否被污染，有两个必要条件：第一，土壤污染是由人为因素（包括工业生产、农业生产、服务业生产及社会日常生活等活动）导致的；第二，污染物造成了土壤功能的损失，影响了土地利用，对人体健康或者生态环境产生了危害。例如，农用地受到重金属污染，产出的特定农产品重金属含量超标，土地就失去了产出合格农产品的功能；建设用地土壤污染物含量过高，在其上直接开发住宅可能对居民健康造成不良影响，不能发挥承载人居环境的功能。从土壤污染概念来看，判断土壤是否发生污染有两个指标：一是土壤背景值或本底值，通常以一个国家或地区的土壤中某元素的平均含量作为背景值，与污染区土壤中同一元素的平均含量进行比较，若土壤中某元素的平均含量超过背景值，即发生了土壤污染；二是生物指标，土壤中某有害元素或污染物含量较高时，被植物吸收的量也相应增加，可引起植物的一系列反应，土壤微生物区系发生变化，食用受污染的植物对人体健康的危害程度等均可作为度量土壤污染的生物指标。

(二) 土壤污染的类型

根据污染物的性质的不同，可将土壤污染分为：有机污染、无机污染、生物污染、放射性污染、复合污染和新污染等。近年来，一些新污染物，如持久性有机污染物、抗生素、微塑料等造成的土壤污染引起了人们的广泛关注。

根据污染物进入土壤的途径，可将土壤污染分为大气污染型、水污染型、固体废物污染型和农业污染型四个类型。其中，大气污染型的污染物（SO_2、NO_x 和颗粒物等）来源于被污染的大气，其污染特点是以大气污染源为中心呈环状或带状分布，长轴沿主风向延长，污染物主要集中在土壤表面；水污染型是由于城乡工矿企业废水和生活污水未经处理直接排放，或引污水灌溉使水系和土壤遭受污染，是土壤环境污染的主要发生类型；固体废物污染型主要是工厂矿山的尾矿废渣、污泥和城市垃圾等未经处理作为肥料施用或在堆放过程中通过扩散、淋溶等直接或间接污染土壤；农业污染型的污染物主要来源于施入土壤的农药和化肥，主要集中在土壤的表层或耕层，分布广泛，属于面源污染。

(三) 土壤污染的特点

1. 隐蔽性或潜伏性

土壤污染被称作"看不见的污染"，它不像大气、水体污染一样容易被人们发现和觉察，土壤污染往往要经过土壤样品分析检验和农作物残留情况检测，甚至通过粮食、蔬菜和水果等农作物以及摄食的人或动物的健康状况才能反映出来，从遭受污染到产生"恶果"往往需要一个相当长的过程。也就是说，土壤污染从产生污染到出现问题通常会间隔较长时间，如日本的骨痛病经过了 10～20 年之后才被人们所认识。

2. 累积性与地域性

土壤对污染物进行吸附、固定，其中也包括植物吸收，从而使污染物聚集于土壤中。在进入土壤的污染物中,多数是无机污染物,特别是重金属和放射性元素都能与土壤有机质或矿物质相结合,并且长久地保存在土壤中,无论它们如何转化,都很难离开土壤,成为顽固的环境污染问题。污染物在土壤中并不像在大气和水体中那样容易扩散和稀释,因此容易在土壤环境中不断积累而达到很高的浓度。由于土壤性质差异较大,而且污染物在土壤中迁移慢,导致土壤中污染物分布不均匀,空间变异性较大,因此土壤污染具有很强的地域性特点。

3. 不可逆转性

积累在污染土壤中的难降解污染物很难靠稀释作用和自净作用消除。重金属污染物对土壤环境的污染基本上是一个不可逆转的过程,主要表现为两个方面:①进入土壤环境后,很难通过自然过程从土壤环境中稀释或消失;②对生物体的危害和对土壤生态系统结构与功能的影响不容易恢复。例如,被某些重金属污染的农田生态系统可能需要100~200年才能恢复。同样,许多有机物的土壤污染也需要较长的时间才能降解,尤其是持久性有机污染物,在土壤环境中基本上很难降解,甚至产生毒性较大的中间产物。例如,六六六和DDT在中国已禁用三十多年,但由于有机氯农药非常难以降解,至今仍能从土壤中检出。

4. 治理难且周期长

土壤污染一旦发生,仅仅依靠切断污染源的方法往往很难自我恢复,必须采用各种有效的治理技术才能解决现实污染问题。但是,从目前现有的治理方法来看,仍然存在成本较高和治理周期较长的问题。因此,需要有更大的投入来探索、研究、发展更为先进、更为有效和更为经济的污染土壤修复、治理的相关技术与方法。

三、土壤污染物的来源

通常把输入土壤环境中的影响土壤环境正常功能、降低作物产量和生物质量、损害人体健康的物质称为土壤污染物(soil pollutant)。土壤是一个开放系统,土壤与其他环境要素间进行着物质和能量的交换,因而造成土壤污染的物质来源极为广泛。在现代社会,土壤成了人类活动产生的大量废弃物、化学物质及各种产品直接或间接的接受者。土壤污染物来源广泛,其中影响大、比例高的污染来源主要包括工业污染源、农业污染源、生活污染源等。图4-4为土壤重金属及PAHs(多环芳烃)工业污染来源贡献率。

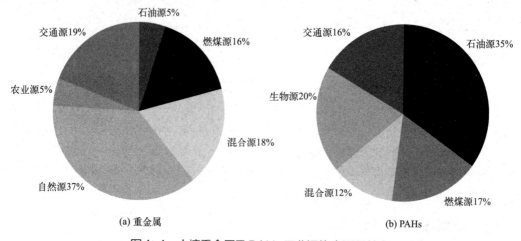

图4-4 土壤重金属及PAHs工业污染来源贡献率

土壤主要污染物及其来源见表4-4。

表4-4 土壤主要污染物及其来源

污染物类型	污染物	主要来源
无机污染物	砷	含砷农药、硫酸、化肥、医药、玻璃、采矿、冶炼等工业废水、污泥
	镉	冶炼、电镀、染料等工业废水、污泥，含镉废气，肥料杂质
	铜	冶炼、铜制品生产等工业废水，含铜农药
	铬	冶炼、电镀、制革、印染等工业废水、污泥
	汞	制碱、汞化物生产等工业废水，含汞农药，金属汞蒸气
	铅	颜料、冶炼等工业废水、污泥，汽油防爆剂燃烧排气，农药
	锌	冶炼、镀锌、炼油、染料等工业废水、污泥
	镍	冶炼、电镀、炼油、染料等工业废水、污泥
	氟	氟硅酸钠、磷肥生产等工业废水，肥料
	盐、碱	纸浆、纤维、化学等工业废水
	酸	硫酸、石油化工、酸洗、电镀等工业废水
有机污染物	酚类	炼油、合成苯酚、橡胶、化肥、农药等工业废水
	氰化物	电镀、冶金、印染工业废水，肥料
	多环芳烃	炼焦工业、家庭取暖、交通工具等排放的废气
	石油	石油开采、炼油厂、输油管道漏油
	有机农药	农药生产及使用
	多氯联苯	人工合成品及其生产工业废气、废水，变压器油，电子垃圾
	表面活性剂	洗涤剂
	微塑料	农膜残留、污泥和有机肥、灌溉水、大气沉降
	有机悬浮物及含氮物质	城市污水，食品、纤维、纸浆业等废水
生物污染物	大肠杆菌	人畜粪便、生活污水、病畜尸体
	粪链球菌	
	沙门氏菌	
	寄生虫	
	抗性基因	个人药品和护理品、养殖业有机肥

1. 无机污染物

土壤中的无机污染物主要有重金属、放射性元素（^{137}Cs、^{90}Sr等）、氟、酸、碱等。其中，尤其以重金属和放射性物质的污染危害最为严重。污染土壤的重金属主要包括汞（Hg）、镉（Cd）、铅（Pb）、铬（Cr）和类金属砷（As）等生物毒性显著的元素，以及有一定毒性的锌（Zn）、铜（Cu）、镍（Ni）等元素。重金属主要来自农药、废水、污泥和大气沉降等，如汞主要来自含汞废水，镉、铅污染主要来自冶炼排放和汽车废气沉降，砷则被大量用作杀虫剂、杀菌剂、杀鼠剂和除草剂。过量重金属可引起植物生理功能紊乱、营养失调、减弱和抑制土壤中硝化细菌、氨化细菌活动，影响氮素供应。重金属污染物在土壤中移动性很小，不易随水淋滤，不易被微生物降解，通过食物链进入人体后，潜在危害极大，应特别注意防止重金属对土壤的污染。一些矿山在开采中尚未建立石排场和尾矿库，废石和尾矿随意堆放，致使尾矿中难降解的重金属进入土壤，加之矿石加工后余下的金属废渣随雨水进入地下水系统，造成严重的土壤重金属污染。土壤重金属污染的主要特征有：①形态多变，随pH值、氧化还原电位、配位体不同，常有不同的价态、化合态和结合态，形态不同其毒性也不同；②难以降解，污染元素在土壤中一般只能发生形态的转变和迁移，难以降解。

2. 有机污染物

土壤中的有机污染物主要包括有机农药、持久性有机污染物、油类、表面活性剂、废塑料制品等。最常见的持久性有机污染物包括多环芳烃、多氯联苯、多氯二苯并二噁英（PCDDs）、多氯二苯并呋喃（PCDFs）以及农药残体及其代谢产物，具有长期残留性、生物蓄积性、半挥发性和高毒性，对人类健康和环境具有严重危害。

农药污染土壤的主要途径有：①将农药直接施入土壤或以拌种、浸种、毒饵等形式施入土壤；②向作物喷洒农药时，农药直接落到地面上或附着在作物上经风吹雨淋落入土壤中；③大气中悬浮的农药以气态形式或经雨水溶解和淋洗落到地面；④随死亡动植物或污水灌溉带入土壤。

近年来，城市垃圾组分中废塑料剧增，农村各类塑料薄膜作为大棚、地膜覆盖物被广泛应用，使土壤中废塑料制品残留率明显增加。塑料类高分子有机物性质稳定、耐酸碱、不易被微生物分解，易阻断水分运动，降低土壤孔隙率，不利于空气的交换和循环。尤其是直径小于5mm的塑料颗粒，即微塑料（microplastics），一旦进入土壤并积累，可以改变土壤物理性质，降低土壤肥力，破坏土著微生物群落结构，影响土壤养分和土壤质量。

3. 生物污染物

土壤生物污染是指有害的微生物种群从外界环境侵入土壤，并大量繁殖，破坏固有的生态系统平衡，对人类或生态系统造成严重的不良影响的现象。包括植物病原微生物污染、动物病原微生物污染、抗性基因污染等。

四、我国土壤污染现状

2005年4月至2013年12月，我国开展了首次全国土壤污染状况调查，并发布了《全国土壤污染状况调查公报》。调查点位覆盖全部耕地，部分林地、草地、未利用地和建设用地，实际调查面积约630万平方千米。调查的污染物主要包括13种无机污染物（砷、镉、钴、铬、铜、氟、汞、锰、镍、铅、硒、钒、锌）和3类有机污染物（六六六、滴滴涕、多环芳烃）。调查采用统一的方法、标准，基本掌握了全国土壤环境质量的总体状况。调查结果显示，全国土壤环境状况总体不容乐观，部分地区土壤污染较重，耕地土壤环境质量堪忧，工矿业废弃地土壤环境问题突出。工矿业、农业等人为活动以及土壤环境背景值高是造成土壤污染或超标的主要原因。全国土壤总的超标率为16.1%，其中轻微、轻度、中度和重度污染点位比例分别为11.2%、2.3%、1.5%和1.1%。污染类型以无机型为主，有机型次之，复合型污染比重较小，无机污染物超标点位数占全部超标点位的82.8%，见图4-5。

从污染物超标情况上看，镉、汞、砷、铜、铅、铬、锌、镍8种无机污染物点位超标率分别为7.0%、1.6%、2.7%、2.1%、1.5%、1.1%、0.9%、4.8%，六六六、滴滴涕、多环芳烃3类有机污染物点位超标率分别为0.5%、1.9%、1.4%，见图4-6。

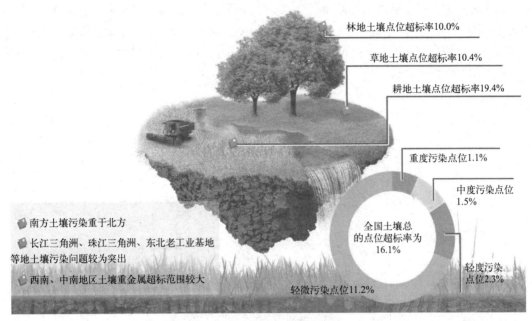

图4-5 我国土壤污染现状

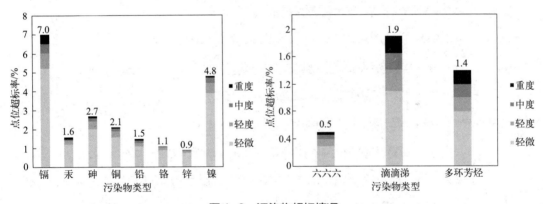

图4-6 污染物超标情况

从土地利用类型上看，耕地土壤点位超标率为19.4%，主要污染物为镉、镍、铜、砷、汞、铅、滴滴涕和多环芳烃；林地土壤点位超标率为10.0%，主要污染物为砷、镉、六六六和滴滴涕；草地土壤点位超标率为10.4%，主要污染物为镍、镉和砷。未利用地（即农用地和建设用地以外的土地，主要包括盐碱地、滩涂、沙地、裸岩等）土壤点位超标率为11.4%，主要污染物为镍和镉，见图4-7。

工矿企业用地及其周边土壤污染严重，见图4-8。重污染企业用地及周边土壤超标点位占36.3%，主要涉及黑色金属、有色金属、皮革制品、造纸、石油煤炭、化工医药、化纤橡塑、矿物制品、金属制品、电力等行业。工业废弃地超标点位占34.9%，主要污染物为锌、汞、铅、铬、砷和多环芳烃，主要涉及化工业、矿业、冶金业等行业。工业园区超标点位占29.4%，其中，金属冶炼类工业园区及其周边土壤主要污染物为镉、铅、铜、砷和锌，化工类园区及周边土壤的主要污染物为多环芳烃。固体废物处理处置场地超标点位占21.3%，以无机污染为主，垃圾焚烧和填埋场有机污染严重。采油区超标点位占23.6%，主要污染物为石油烃和多环芳烃。采矿区超标点位占33.4%，主要污染物为镉、铅、砷和多环芳烃。有色金属矿区周边土壤镉、砷、铅等污染较为严重。污水灌溉区超标点位占26.4%，主要污染物为镉、砷和多环芳烃。干线公路两侧超标点位占20.3%，主要污染物为铅、锌、砷和多环芳烃，一般集中在公路两侧150m范围内。

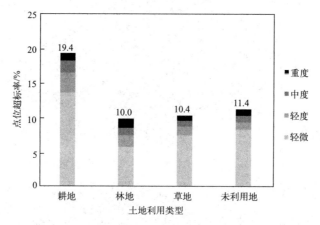

图4-7 不同土地利用类型土壤的环境质量状况

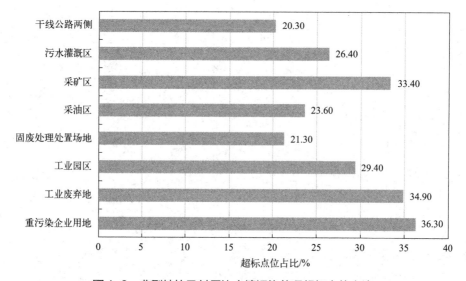

图4-8 典型地块及其周边土壤污染状况超标点位占比

根据《土壤污染防治行动计划》的要求，经国务院批准，由生态环境部、财政部、自然资源部、农业农村部和卫生健康委共同组织，我国于2017年7月启动了土壤污染状况详查，截至2021年底，详查工作已经完成，基本摸清了全国农用地和企业用地土壤污染状况及潜在风险的底数。此次土地污染状况详查，包括农地土壤污染状况详查和重点行业企业用地土壤污染状况调查两个部分。农地详查结果表明，我国农用地土壤污染状况总体稳定，但是一些地区土壤重金属污染仍比较突出，超筛选值耕地安全利用和严格管控的任务依然艰巨。重点行业企业用地调查表明，我国有色金属矿采选、有色金属冶炼、石油开采、石油加工、化工、焦化、电镀、制革等重点行业企业用地土壤污染隐患不容忽视，部分企业地块土壤和地下水污染严重。

第二节 土壤污染防治的重点任务及相关法律、政策

民以食为天，食以土为本。土壤是经济社会可持续发展的物质基础，关系人民群众身体健康，关系美丽中国建设，保护好土壤环境是推进生态文明建设和维护国家生态安全的重要内容。当前，我国土壤环境总体状况堪忧，部分地区污染较为严重，已成为全面建成小康社会的突出短板之一。党的二十大报告指出，要持续深入打好蓝天、碧水、净土保卫战，加强土壤污染源头防控，开展新污染物治理。

一、土壤污染防治的重点任务

（一）主要目标

《中共中央 国务院关于深入打好污染防治攻坚战的意见》提出，到2025年，生态环境持续改善，主要污染物排放总量持续下降，土壤污染风险得到有效管控，固体废物和新污染物治理能力明显增强。

（二）重点任务

1. 持续打好农业农村污染治理攻坚战

注重统筹规划、有效衔接，因地制宜推进农村厕所革命、生活污水治理、生活垃圾治理，基本消除较大面积的农村黑臭水体，改善农村人居环境。实施化肥农药减量增效行动和农膜回收行动。加强种养结合，整县推进畜禽粪污资源化利用。规范工厂化水产养殖尾水排污口设置，在水产养殖主产区推进养殖尾水治理。到2025年，农村生活污水治理率达到40%，化肥农药利用率达到43%，全国畜禽粪污综合利用率达到80%以上。

2. 深入推进农用地土壤污染防治和安全利用

实施农用地土壤镉等重金属污染源头防治行动。依法推行农用地分类管理制度，强化受污染耕地安全利用和风险管控，受污染耕地集中的县级行政区开展污染溯源，因地制宜制定实施安全利用方案。在土壤污染面积较大的100个县级行政区推进农用地安全利用示范。严格落实粮食收购和销售出库质量安全检验制度和追溯制度。到2025年，受污染耕地安全利用率达到93%左右。

3. 有效管控建设用地土壤污染风险

严格建设用地土壤污染风险管控和修复名录内地块的准入管理。未依法完成土壤污染状况调查和风险评估的地块，不得开工建设与风险管控和修复无关的项目。从严管控农药、化工等行业的重度污染地块规划用途，确需开发利用的，鼓励用于拓展生态空间。完成重点地区危险化学品生产企业搬迁改造，推进腾退地块风险管控和修复。

4. 稳步推进"无废城市"建设

健全"无废城市"建设相关制度、技术、市场、监管体系，推进城市固体废物精细化管

理。"十四五"时期，推进100个左右地级及以上城市开展"无废城市"建设，鼓励有条件的省份全域推进"无废城市"建设。

5. 加强新污染物治理

制定实施新污染物治理行动方案。针对持久性有机污染物、内分泌干扰物等新污染物，实施调查监测和环境风险评估，建立健全有毒有害化学物质环境风险管理制度，强化源头准入，动态发布重点管控新污染物清单及其禁止、限制、限排等环境风险管控措施。

6. 强化地下水污染协同防治

持续开展地下水环境状况调查评估，划定地下水型饮用水水源补给区并强化保护措施，开展地下水污染防治重点区划定及污染风险管控。健全分级分类的地下水环境监测评价体系。实施水土环境风险协同防控。在地表水、地下水交互密切的典型地区开展污染综合防治试点。

二、土壤污染防治的法律保障

土壤污染防治法是指国家为防治土壤环境的污染而制定的各项法律法规及有关法律规范的总称。《中华人民共和国土壤污染防治法》由第十三届全国人民代表大会常务委员会第五次会议于2018年8月31日通过，自2019年1月1日起施行。

《中华人民共和国土壤污染防治法》共七章九十九条，在预防为主、保护优先、分类管理、风险管控、污染担责、公众参与原则的基础上，明确了土壤污染防治规划、土壤污染风险管控、土壤污染状况普查和监测，以及土壤污染预防、保护和修复等方面的基本制度和规则。

2022年6月24日，第十三届全国人民代表大会常务委员会第三十五次会议通过《中华人民共和国黑土地保护法》，自2022年8月1日起施行。《中华人民共和国黑土地保护法》是为了保护黑土地资源，稳步恢复提升黑土地基础地力，促进资源可持续利用，维护生态平衡、保障国家粮食安全制定的法律。

三、土壤污染防治的相关政策

20世纪80年代，我国开始关注矿区土壤、污灌和六六六、滴滴涕农药大量使用造成的耕地污染等问题，逐步将土壤污染防治纳入环境保护重点工作，开展了一系列基础调查，出台土壤污染防治相关政策，特别是党的十八大以来，净土保卫战成效突出，建立了土壤污染防治法规、标准、技术体系，出台了《中华人民共和国土壤污染防治法》，发布农用地、污染地块、工矿用地土壤环境管理等部门规章，制定农用地、建设用地土壤污染风险管控等系列标准规范。

2016年，国务院印发《土壤污染防治行动计划》（简称"土十条"），提出以改善土壤环境质量为核心，以保障农产品质量和人居环境安全为出发点，坚持预防为主、保护优先、风险管控，突出重点区域、行业和污染物，实施分类别、分用途、分阶段治理，严控新增污染、逐步减少存量，形成政府主导、企业担责、公众参与、社会监督的土壤污染防治体系，促进土壤资源永续利用，为建设"蓝天常在、青山常在、绿水常在"的美丽中国而奋斗。党的十八大以来土壤污染防治的相关政策见表4-5。

表4-5 党的十八大以来土壤污染防治的相关政策

颁布时间	颁布单位	文件名称	政策内容
2022年4月	财政部、生态环境部	《土壤污染防治资金管理办法》	重点支持：土壤污染源头防控；土壤污染风险管控；土壤污染修复治理；土壤污染状况监测、评估、调查；土壤污染防治管理改革创新；其他与土壤环境质量改善密切相关的支出
2022年3月	生态环境部	《关于进一步加强重金属污染防控的意见》	将"十三五"重金属污染防控实践中行之有效的工作方法转化为制度机制。提出了防控重点重金属污染物、重点行业、重点区域及主要目标，并强化了相关制度
2021年12月	生态环境部、发展改革委、财政部、自然资源部等	《"十四五"土壤、地下水和农村生态环境保护规划》	强化镉等重金属污染源头管控，巩固提升受污染耕地安全利用水平；以用途变更为"一住两公"（住宅、公共管理与公共服务地）的地块为重点，严格准入管理，坚决杜绝违规开发利用；以土壤污染重点监管单位为重点，强化监管执法，防止新增土壤污染
2020年3月	中共中央、国务院	《关于构建现代环境治理体系的指导意见》	到2025年，建立健全环境治理的领导责任体系、企业责任体系、全民行动体系、监管体系、市场体系、信用体系、法律法规政策体系等
2018年8月	第十三届全国人大常委会	《中华人民共和国土壤污染防治法》	法律责任和资金来源双管齐下，缓解商业模式困境，提升土壤修复和土壤监测行业景气度
2018年5月	生态环境部	《工矿用地土壤环境管理办法（试行）》	加强工矿用地土壤和地下水环境保护监督管理，防治工矿用地土壤和地下水污染
2018年6月	发展改革委、财政部	《中共中央 国务院关于全面加强生态环境保护 坚决打好污染防治攻坚战的意见》	扎实推进净土保卫战，强化土壤污染管控和修复、加快生态保护与修复、强化生态保护修复和污染防治统一监管
2017年9月	环境保护部（现生态环境部）、农业部（现农业农村部）	《农用地土壤环境管理办法（试行）》	加强农用地土壤环境保护监督管理，保护农用地土壤环境，管控农用地土壤环境风险，保障农产品质量安全
2016年12月	环境保护部（现生态环境部）	《污染地块土壤环境管理办法》	按照"谁污染、谁治理"的原则，造成土壤污染的单位或个人应当承担治理与修复的主体责任，土壤污染治理与修复实行终身责任制
2016年5月	国务院	《土壤污染防治行动计划》	明确了行动计划的总体要求、工作目标和主要指标，包括"开展土壤污染调查，掌握土壤环境质量状况"等10条内容共35项任务
2015年9月	中共中央、国务院	《生态文明体制改革总体方案》	对山水林田湖进行整体保护、系统修复、综合治理，增强生态系统循环能力，维护生态平衡。加强水产品产地保护和环境修复；完善生态保护修复资金使用机制；推进长株潭地区土壤重金属污染修复试点

案例分析

某公司某项目未单独收集、存放开发建设过程中剥离的表土案

一、案情简介

2020年6月22日,山西省长治市生态环境局长子分局执法人员对某公司项目进行日常检查时发现,该公司在施工期间对剥离表土未单独收集和存放,施工过程中剥离的部分表土就地倾倒于风机机位和施工道路边坡。

二、查处情况

该公司违反了《中华人民共和国土壤污染防治法》第三十三条第一款"国家加强对土壤资源的保护和合理利用。对开发建设过程中剥离的表土,应当单独收集和存放,符合条件的应当优先用于土地复垦、土壤改良、造地和绿化等"的规定。2020年6月22日,长治市生态环境局长子分局对该公司下达责令整改通知书。2020年6月28日,该公司对该项目施工过程中倾倒于机位和道路边坡的剥离表土进行了收集和存放,剥离表土将用于绿化。2020年7月14日,长治市生态环境局长子分局依据《中华人民共和国土壤污染防治法》第九十一条第(一)项及《山西省生态环境系统行政处罚自由裁量基准》,对该公司处罚款30万元,并对2位相关责任人各处罚款1万元。

三、启示意义

表土是难以再生的土壤资源,我国多项法律法规要求保护表土。《中华人民共和国土壤污染防治法》明确要求对开发建设过程中剥离的表土,应当单独收集和存放,符合条件的应当优先用于土地复垦、土壤改良、造地和绿化等。相关企业应提升法律意识,切实履行保护土壤资源的义务。

第三节 土壤污染防治的基本技术

土壤污染具有长期性、累积性,与大气、水污染治理相比,土壤污染治理更为复杂,治理和恢复的周期更长、成本更高,且易产生二次污染。打好净土保卫战,需要在新时期生态环境保护总体战略思想指导下,系统总结土壤污染防治进展,充分认识土壤污染防治工作的特殊性、复杂性和艰巨性,找出差距和短板,遵循土壤污染防治客观规律,明确未来一段时期土壤污染防治重点方向,推动土壤污染从末端治理走向全面防控。这一过程要保持历史耐心和战略定力,以功成不必在我的精神境界和功成必定有我的历史担当,深入打好升级版的污染防治攻坚战,助力美丽中国建设。

一、土壤环境质量标准

1982年,国家将环境背景值调查研究列入"六五"重点科技攻关项目,在我国东北、长江流域和珠江流域几个主要气候区域开展了土壤和水体环境的背景值研究,出版了《中国土壤元素背景值》《中华人民共和国土壤环境背景值图集》等研究成果。在土壤环境背景值研

究的基础上，制定了我国第一个《土壤环境质量标准》（GB 15618—1995），1996年开始实施。该标准填补了我国土壤环境质量标准的空白，首次为我国土壤环境质量评价提供了国家标准，对我国土壤环境保护、管理与监督有极大的促进作用，该标准于2018年8月1日废止。我国现行土壤环境质量标准为《土壤环境质量 农用地土壤污染风险管控标准（试行）》（GB 15618—2018）和《土壤环境质量 建设用地土壤污染风险管控标准（试行）》（GB 36600—2018）。

（一）农用地土壤污染风险管控标准

为贯彻落实《中华人民共和国环境保护法》，保护农用地土壤环境，管控农用地土壤污染风险，保障农产品质量安全、农作物正常生长和土壤生态环境，《土壤环境质量 农用地土壤污染风险管控标准（试行）》规定了农用地土壤污染风险筛选值和管制值，以及监测、实施与监督要求。

农用地土壤污染风险筛选值的基本项目为必测项目，包括镉、汞、砷、铅、铬、铜、镍、锌，风险筛选值见表4-6。农用地土壤污染风险筛选值的其他项目为选测项目，包括六六六、滴滴涕和苯并[a]芘，风险筛选值见表4-7。当土壤中污染物含量等于或者低于表4-6和表4-7规定的风险筛选值时，农用地土壤污染风险低，一般情况下可以忽略；高于表4-6和表4-7规定的风险筛选值时，可能存在农用地土壤污染风险，应加强土壤环境监测和农产品协同监测。当土壤中镉、汞、砷、铅、铬的含量高于表4-6规定的风险筛选值、等于或者低于表4-8规定的风险管制值时，可能存在食用农产品不符合质量安全标准等土壤污染风险，原则上应当采取农艺调控、替代种植等安全利用措施。当土壤中镉、汞、砷、铅、铬的含量高于表4-8规定的风险管制值时，食用农产品不符合质量安全标准等农用地土壤污染风险高，且难以通过安全利用措施降低食用农产品不符合质量安全标准等农用地土壤污染风险，原则上应当采取禁止种植食用农产品、退耕还林等严格管控措施。

表4-6 农用地土壤污染风险筛选值（基本项目）

单位：mg/kg

序号	污染物项目[①]		风险筛选值			
			pH≤5.5	5.5＜pH≤6.5	6.5＜pH≤7.5	pH＞7.5
1	镉	水田	0.3	0.4	0.6	0.8
		其他	0.3	0.3	0.3	0.6
2	汞	水田	0.5	0.5	0.6	1.0
		其他	1.3	1.8	2.4	3.4
3	砷	水田	30	30	25	20
		其他	40	40	30	25
4	铅	水田	80	100	140	240
		其他	70	90	120	170

续表

序号	污染物项目[①]		风险筛选值			
			pH ≤ 5.5	5.5 < pH ≤ 6.5	6.5 < pH ≤ 7.5	pH > 7.5
5	铬	水田	250	250	300	350
		其他	150	150	200	250
6	铜	果园	150	150	200	200
		其他	50	50	100	100
7	镍		60	70	100	190
8	锌		200	200	250	300

① 重金属和类金属砷均按元素总量计;对于水旱轮作地,采用其中较严格的风险筛选值。

表4-7 农用地土壤污染风险筛选值(其他项目)

单位:mg/kg

序号	污染物项目	风险筛选值
1	六六六总量[①]	0.10
2	滴滴涕总量[②]	0.10
3	苯并[a]芘	0.55

① 六六六总量为 α-六六六、β-六六六、γ-六六六、δ-六六六四种异构体的含量总和。
② 滴滴涕总量为 p,p'-滴滴伊、p,p'-滴滴滴、o,p'-滴滴涕、p,p'-滴滴涕四种衍生物的含量总和。

表4-8 农用地土壤污染风险管制值

单位:mg/kg

序号	污染物项目	风险管制值			
		pH ≤ 5.5	5.5 < pH ≤ 6.5	6.5 < pH ≤ 7.5	pH > 7.5
1	镉	1.5	2.0	3.0	4.0
2	汞	2.0	2.5	4.0	6.0
3	砷	200	150	120	100
4	铅	400	500	700	1000
5	铬	800	850	1000	1300

(二)建设用地土壤污染风险管控标准

为贯彻落实《中华人民共和国环境保护法》,加强建设用地土壤环境监管,管控污染地块对人体健康的风险,保障人居环境安全,《土壤环境质量 建设用地土壤污染风险管控标准(试行)》规定了保护人体健康的建设用地土壤污染风险筛选值和管制值,以及监测、实施与监督要求。

该标准结合我国国情,根据保护对象暴露情况的不同,将城市建设用地分为第一类用地和第二类用地。第一类用地,儿童和成人均存在长期暴露的风险,主要是居住用地,考虑到社会敏感性,将公共管理与公共服务用地中的中小学用地、医疗卫生用地和社会福利设施用地,公园绿地中的社区公园或儿童公园用地也列入第一类用地;第二类用地主要是成人存在长期暴露风险，主要是工业用地、物流仓储用地等。具体分类见表4-9。《土壤环境质量 建设用地土壤污染风险管控标准（试行）》明确了建设用地土壤污染风险筛选的必测项目、选测项目的土壤污染风险筛选值和管制值，列出了各主要类型土壤中砷、钴、钒的土壤环境背景值。

表4-9 城市建设用地的分类

类别	具体分类
第一类用地	包括《城市用地分类与规划建设用地标准》（GB 50137）规定的城市建设用地中的居住用地（R），公共管理与公共服务用地中的中小学用地（A33）、医疗卫生用地（A5）和社会福利设施用地（A6），以及公园绿地（G1）中的社区公园或儿童公园用地等
第二类用地	包括《城市用地分类与规划建设用地标准》（GB 50137）规定的城市建设用地中的工业用地（M），物流仓储用地（W），商业服务业设施用地（B）、道路与交通设施用地（S），公用设施用地（U），公共管理与公共服务用地（A）（A33、A5、A6除外），以及绿地与广场用地（G）（G1中的社区公园或儿童公园用地除外）等

二、土壤的自净作用

土壤环境的自净作用即土壤环境的自然净化作用（或净化功能的作用过程），指进入土壤的物质，通过稀释和扩散作用可以降低其浓度，或者被转化为不溶性化合物而沉淀，或被胶体牢固地吸附，从而暂时脱离生物小循环及食物链；或者通过生物和化学的降解作用，转化为无毒或毒性小的物质，甚至成为营养物质；或经挥发和淋溶从土体中迁移至大气和水体。所有这些现象都可以理解为土壤的自净过程，但土壤的自净主要是指生物和化学的降解作用。土壤环境自净作用的机理既是土壤环境容量的理论依据，又是选择土壤环境污染调节与防治措施的理论基础。土壤自净作用过程按其作用机理的不同，可分为物理净化作用（如农药的挥发扩散）、物理化学净化作用、化学净化作用（如酸的中和）和生物净化作用（如有机物的生物降解）四个方面。

1. 物理净化作用

土壤是一个多相的疏松多孔体系，固相中的胶态物质——土壤胶体，又具有很强的表面吸附能力，因此，进入土壤中的难溶性固体污染物可被土壤机械阻留，可溶性污染物可被土壤水分稀释，从而使得毒性减小，或被土壤固相表面吸附（指物理吸附），但也可能随水迁移至地表水或地下水层，特别是那些呈负吸附的污染物（如硝酸盐、亚硝酸盐），以及呈中性分子态和阴离子形态存在的某些农药等，随水迁移的可能性更大；某些污染物可挥发或转化成气态物质在土壤孔隙中迁移、扩散乃至迁移入大气，这些净化作用都是一些物理过程，因此，统称为物理净化作用。

土壤的物理净化能力与土壤孔隙、土壤质地、结构、土壤含水量、土壤温度等因素有关。例如，砂性土壤的空气迁移、水迁移速率都较快，但表面吸附能力较弱。增加砂性土壤中有机胶体的含量，可以增强土壤的表面吸附能力，以及土壤对固体难溶污染物的机械阻留作用；但是，土壤孔隙度减小，则空气迁移、水迁移速率下降。此外，增加土壤水分或用清水淋洗土壤，可使污染物浓度降低，减小毒性；提高土温可使污染物挥发、解吸、扩散速率增大等。但是，物理净化作用只能使污染物在土壤中的浓度降低，而不能从整个自然环境中消除，其实质只是污染物的迁移。土壤中的农药向大气的迁移是大气中农药污染的重要来源，如果污染物大量迁移入地表水或地下水层，将造成水源的污染，同时，难溶性固体污染物在土壤中被机械阻留，是污染物在土壤中的累积过程，会产生潜在的威胁。

2. 物理化学净化作用

所谓土壤环境的物理化学净化作用，是指污染物的阳、阴离子与土壤胶体上原来吸附的阳、阴离子之间的离子交换吸附作用。例如：

$$（土壤胶体）Ca^{2+} + HgCl_2 \rightleftharpoons （土壤胶体）Hg^{2+} + CaCl_2$$

$$（土壤胶体）3OH^- + AsO_4^{3-} \rightleftharpoons （土壤胶体）AsO_4^{3-} + 3OH^-$$

此种净化作用为可逆的离子交换反应，且服从质量作用定律。同时，此种净化作用也是土壤环境缓冲作用的重要机制。其净化能力的大小可用土壤阳离子交换量（cation exchange capacity,CEC）或阴离子交换量（anion exchange capacity,AEC）的大小来表示，污染物的阳、阴离子被交换吸附到土壤胶体上，降低了土壤溶液中这些离子的浓（活）度，相对减轻了有害离子对植物生长的不利影响。由于一般土壤中带负电荷的胶体较多，因此，一般土壤对阳离子或带正电荷的污染物的净化能力较强。当污水中污染物离子浓度不大时，经过土壤的物理化学净化以后就能得到很好的净化效果。增加土壤中胶体的含量，特别是有机胶体的含量，可以相应提高土壤的物理化学净化能力。此外，土壤pH值增大，有利于对污染物的阳离子进行净化；反之，则有利于对污染物阴离子进行净化。对于不同的阴、阳离子，其相对交换能力大的，被土壤物理化学净化的可能性也就较大。

但是，物理化学净化作用也只能使污染物在土壤溶液中的离子浓（活）度降低，相对地减轻危害，而并没有从根本上将污染物从土壤环境中消除。如果利用城市污水灌溉，污染物从水体迁移入土壤，对水体起到了很好的净化作用。然而经交换吸附到土壤胶体上的污染物离子，还可以被其他相对交换能力更大的，或浓（活）度较大的其他离子交换下来，重新转移到土壤溶液中去，又恢复原来的毒性和活性。所以说物理化学净化作用只是暂时性的、不稳定的；同时，对土壤本身来说，则是污染物在土壤环境中的积累过程，将产生严重的潜在威胁。

3. 化学净化作用

污染物进入土壤以后，可能发生一系列的化学反应。例如，凝聚与沉淀反应、氧化还原反应、络合-螯合反应、酸碱中和反应、同晶置换反应、水解反应、分解反应和化合反应，或者发生由太阳辐射能和紫外线等能流而引起的光化学降解作用，等等。通过这些化学反应，污染物转化成难溶性、难解离性物质，使危害程度和毒性减小；或者分解为无毒物质或营养物质，这些净化作用统称为化学净化作用。

土壤环境的化学净化作用反应机理很复杂，影响因素也较多。不同的污染物有着不同的反应过程。其中特别重要的是化学降解和光化学降解作用，这些降解作用可以将污染物分解为无毒物质，从土壤环境中消除。而其他化学净化作用，如凝聚沉淀反应、氧化还原反应、络合-螯合反应等，只是暂时降低污染物在土壤溶液中的浓（活）度，或暂时减小活性和毒性，起到了一定的减缓作用，但并没有从土壤环境中消除污染物。当土壤pH值或氧化还原电位发生改变时，沉淀了的污染物可能又重新溶解，或氧化还原状态发生改变，又恢复原来的毒性、活性。例如，当pH值为7时，某体系的阳极电位为0.42V，当土壤氧化还原电位Eh＜0.42V、pH＜7时，已经沉淀的MnO_2又重新被还原为有一定毒性的活性Mn^{2+}。

土壤环境的化学净化能力的大小与土壤的物质组成、性质以及污染物本身的组成、性质有密切关系。例如，富含碳酸钙的石灰性土壤，对酸性物质的化学净化能力很强。从污染物的特性来考虑，一般化学性质不太稳定的化合物，易在土壤中被分解而得到净化。但是，那些性质稳定的化合物，如多氯联苯（PCBs）、多环芳烃（PAHs）、有机氯农药以及塑料、橡胶等合成材料，则难以在土壤中被化学净化。重金属在土壤中只发生凝聚沉淀反应、氧化还原反应、络合-螯合反应、同晶置换反应，而不能被降解。发生上述反应后，重金属在土壤环境中的迁移方向可能发生改变。例如，富里酸可与多种重金属形成可溶性的螯合物，使重金属在土壤中随水迁移的可能性增大。

土壤环境的化学净化能力还与土壤环境条件有关。调节适宜的土壤pH值、Eh值，增施有机胶体以及其他化学抑制剂，如石灰、碳酸盐、磷酸盐等，可相应提高土壤环境的化学净化能力。当土壤遭受轻度污染时，可以采取上述措施以减轻其危害。另外，同时进入土壤环境的几种污染物相互之间也可能发生化学反应，从而在土壤中沉淀、中和、络合、分解或化合等，这些过程也可看作是土壤环境的化学净化作用。

4. 生物净化作用

土壤中存在着大量依靠有机物生活的微生物，如细菌、真菌、放线菌等，它们有氧化分解有机物的巨大能力。当污染物进入土壤后，在这些微生物体内酶或分泌酶的催化作用下，发生各种各样的分解反应，统称为生物净化作用，也称生物降解作用。这是土壤环境自净作用中最重要的净化途径之一。土壤中天然有机物的矿质化作用，就是生物净化过程。例如，淀粉、纤维素等糖类物质最终转变为CO_2和水；蛋白质、多肽、氨基酸等含氮化合物转变为NH_3、CO_2和水；有机磷化合物释放出无机磷酸等。这些降解作用是维持自然系统碳循环、氮循环、磷循环等所必经的途径之一。

由于土壤中的微生物种类繁多，各种有机污染物在不同条件下的分解形式是多种多样的，主要有氧化还原反应、水解、脱烃、脱卤、芳环羟基化和异构化、环破裂等过程，并最终转变为对生物无毒性的残留物和CO_2。在土壤中，某些无机污染物也在土壤微生物的参与下发生一系列化学变化，以降低活性和毒性。但是，微生物不能降解重金属，反而会使重金属在土体中富集，这是重金属成为土壤环境的最危险污染物的根本原因。

土壤的生物降解作用是土壤环境自净作用的主要途径，其净化能力的大小与土壤中微生物的种群、数量、活性以及土壤水分、土壤温度、土壤通气性、pH值、Eh值、C/N值等因素有关。例如，土壤水分适宜，土温在30℃左右，土壤通气良好，Eh值较高，土壤pH值偏中性到弱碱性，C/N在20∶1左右，则有利于天然有机物的生物降解。相反，有机物分解不彻底，可能产生大量的有毒害作用的有机酸等，这是在具体工作中必须引起注意的。土壤的生物降解作用还与污染物本身的化学性质有关，那些性质稳定的有机物，如有机氯农药和具有芳环结构的有机物，生物降解的速度一般较慢。

土壤环境中的污染物质，被生长在土壤中的植物所吸收、降解，并随茎叶、种子而离开土壤，或者为土壤中的蚯蚓等软体动物所食用，污水中的病原菌被某些微生物所吞食等，都属于土壤环境的生物净化作用。因此，选育栽培对某种污染物吸收、降解能力特别强的植物，或应用具有特殊功能的微生物及其他生物体，也是提高土壤环境生物净化能力的重要措施。

上述四种土壤环境的自净作用，其过程互相交错，其强度的总和构成了土壤环境容量的基础。尽管土壤环境具有上述多种净化作用，而且也可通过多种措施来提高土壤环境的净化能力，但是，其净化能力毕竟有限。随着人类社会的不断发展，各种污染物的排放量不断增加，其他环境要素中的污染物又可通过多种途径输入土壤环境，如果对土壤环境的自净与污染这一对矛盾的对立统一关系缺乏认识，而又不重视土壤环境保护工作，那么土壤环境污染将会日趋严重，并直接威胁到人类的生活和健康。

三、土壤污染修复技术

土壤污染修复是指利用物理、化学和生物的方法转移、吸收、降解和转化土壤中的污染物，使其浓度降低到可接受水平，或将有毒有害的污染物转化为无害的物质。一般而言，土壤污染修复的原理包括改变污染物在土壤中的存在形态或同土壤结合的方式、降低土壤中有害物质的浓度，以及利用其在环境中的迁移性与生物可利用性。

一些发达国家已经对污染土壤的修复技术做了大量的研究，建立了适用于遭受各种常见有机和无机污染物污染的土壤的修复方法，并已不同程度地应用于污染土壤修复的实践中。这些国家纷纷制订了土壤修复计划，投入巨额资金研究了土壤修复技术与设备，积累了丰富的现场修复技术与工程应用经验，成立了许多土壤修复公司和网络组织，使土壤修复技术得到了快速的发展。国内在污染土壤修复技术方面的研究开始于20世纪70年代，当时以农业修复措施的研究为主。随着时间的推移，其他修复技术的研究（如化学修复和物理修复技术等）也逐渐展开。到了20世纪末，污染土壤的植物修复技术研究在我国也迅速开展起来，取得了可喜的进展。21世纪以来，我国不断加大土壤污染修复技术的研发应用，初步建立了场地土壤修复技术体系，开发了快速原位的土壤修复技术，研制了能支持快速土壤修复的多种装备，支撑了土壤污染修复的规模化应用及产业化运作。

（一）土壤污染修复技术的分类

1. 按修复位置分类

污染土壤的修复技术可以根据其位置变化与否分为原位修复技术（in-situ remediation）和异位修复技术（ex-situ remediation）。原位修复技术指对未挖掘的土壤进行治理的过程，对土壤没有扰动。异位修复技术指对挖掘后的土壤进行处理的过程，包括原地处理和异地处理两种。所谓原地处理，指发生在原地的对挖掘出的土壤进行处理的过程，其对土壤结构和肥力的破坏较小，需要进一步处理和弃置的残余物少，但对处理过程产生的废气和废水的控制比较困难；异地处理指将挖掘出的土壤运至另一地点进行处理的过程，优点是对处理过程条件的控制较好，与污染物的接触较好，容易控制处理过程产生的废气和废物的排放，缺点是在处理之前需要挖土和运输，会影响处理过的土壤的再使用，费用一般较高。原位与异位修复技术比较见表4-10。

表4-10 原位与异位修复技术比较

项目	原位修复技术	异位修复技术
土壤处置量	大	小
场地情况	污染物为石油烃、有机污染物、放射性废物等	污染物为高浓度油类、重金属、危险废物等
	污染物浓度低，分布范围广	污染物浓度高，分布相对集中
	安全保障相对困难	安全保障相对容易
处理时间	长	短
费用	低	高
效率	低	高

2. 按修复原理分类

（1）物理修复（physical remediation） 根据污染物的物理性状（如挥发性）及其在环境中的行为（如电场中的行为），通过机械分离、挥发、电解和解吸等物理过程，消除、降低、稳定或转化土壤中的污染物。其中，热处理技术适用于受有机污染的土壤修复，已在苯系物、多环芳烃、多氯联苯和二噁英等污染土壤的修复中得到应用。

（2）化学修复（chemical remediation） 利用化学处理技术，通过化学物质或制剂与污染物发生氧化、还原、吸附、沉淀、聚合、络合等反应，使污染物从土壤或地下水中分离、降解、转化或稳定成低毒、无毒、无害等形式（形态），或形成沉淀除去。化学修复主要包括土壤固化-稳定化技术、淋洗技术、氧化还原技术、光催化降解技术和电动力学修复技术等。

（3）生物修复（biological remediation） 广义的生物修复，是指一切以利用生物为主体的土壤或地下水污染治理技术，包括利用植物、动物和微生物吸收、降解、转化土壤和地下水中的污染物，使污染物的浓度降低到可接受的水平，或将有毒有害的污染物转化为无毒无害的物质，也包括将污染物固定或稳定，以减少其向周边环境的扩散。狭义的生物修复（bioremediation），是指通过真菌、细菌等微生物的作用清除土壤和地下水中的污染物，或是使污染物无害化的过程。生物修复技术是20世纪80年代发展起来的，其基本原理是利用生物特有的分解有毒有害物质的能力，达到去除土壤中污染物的目的，主要包括植物修复技术、微生物修复技术和生物联合修复技术。

目前，土壤修复的各种技术都有特定的应用范围和局限性。各种修复技术的特点及适用的污染类型见表4-11。

表4-11 各种修复技术的特点及适用的污染类型

类型	修复技术	优点	缺点	适用类型
生物修复	植物修复	成本低、不改变土壤性质、没有二次污染	耗时长，污染程度不能超过修复植物正常生长范围	重金属、有机物污染等
	原位生物修复	快速、安全、费用低	条件严格，不宜用于治理重金属污染	有机物污染
	异位生物修复	快速、安全、费用低	条件严格，不宜用于治理重金属污染	有机物污染
化学修复	原位化学淋洗	长效性、易操作、费用合理	治理深度受限，可能会造成二次污染	重金属、苯系物、石油烃、卤代烃、多氯联苯
	异位化学淋洗	长效性、易操作、深度不受限	费用较高，淋洗液处理问题，二次污染	重金属、苯系物、石油烃、卤代烃、多氯联苯
	溶剂浸提技术	效果好、长效性、易操作、治理深度不受限	费用高，需解决溶剂污染问题	多氯联苯等
	原位化学氧化	效果好、易操作、治理深度不受限	适用范围较窄，费用较高，可能存在氧化剂污染	多氯联苯等
	原位化学还原与还原脱氯	效果好、易操作、治理深度不受限	适用范围较窄，费用较高，可能存在氧化剂污染	有机物
	土壤性能改良	成本低、效果好	适用范围窄、稳定性差	重金属

续表

类型	修复技术	优点	缺点	适用类型
物理修复	蒸汽浸提技术（SVE）	效率较高	成本高,时间长	VOCs
	固化修复技术	效果较好、时间短	成本高,处理后不能再农用	重金属等
	物理分离修复	设备简单、费用低、可持续处理	筛子可能被堵,扬尘污染,土壤颗粒组成被破坏	重金属等
	玻璃化修复	效果较好	成本高,处理后不能再农用	有机物、重金属等
	热力学修复	效果较好	成本高,处理后不能再农用	有机物、重金属等
	热解吸修复	效果较好	成本高	有机物、重金属等
	电动力学修复	效果较好	成本高	有机物、重金属等,低渗透性土壤
	换土法	效果较好	成本高,污染土还需处理	有机物、重金属等

3. 按修复功能分类

按照土壤污染修复技术的功能,可将土壤污染修复分为:污染物的破坏或改变技术（第一类技术）,即通过热力学、生物和化学处理方法改变污染物的化学结构,可应用于污染土壤的原位或异位处理;污染物的提取或分离技术（第二类技术）,即将污染物从环境介质中提取和分离出来,包括热解吸、土壤淋洗、溶剂萃取、土壤气相抽提等多种土壤处理技术;污染物的固定化技术（第三类技术）,包括稳定化、固定化以及安全填埋或地下连续墙等污染物固化技术,常用于重金属或其他无机物污染土壤的修复。与以上三类技术有关的土壤污染修复策略和代表性技术如图4-9所示。

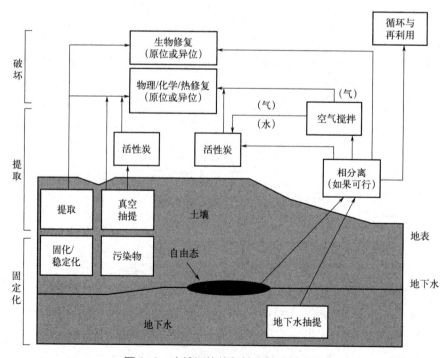

图4-9　土壤污染修复技术的功能分类

目前，采用单纯物理、化学方法修复污染严重的土壤具有一定的局限性，难以大规模处理污染土壤，并可能导致土壤结构破坏、生物活性下降和土壤肥力退化等问题。未来，土壤污染修复技术的发展趋势是：微生物-动物-植物联合修复技术、化学-物化-生物联合修复技术、电动力学-微生物联合修复技术、物理-化学联合修复技术、植物-微生物联合修复技术及化学-生物（生态化学）联合修复技术等。

（二）常见的土壤污染物理修复技术

1. 热脱附修复技术

热脱附修复技术（thermal desorption）是利用直接或间接热交换，通过控制热脱附系统的床温和物料停留时间有选择地使污染物得以挥发去除的技术。热脱附技术可分为两步，即加热污染介质使污染物挥发和处理废气，防止污染物扩散到大气。污染土壤热脱附技术修复过程见图4-10。

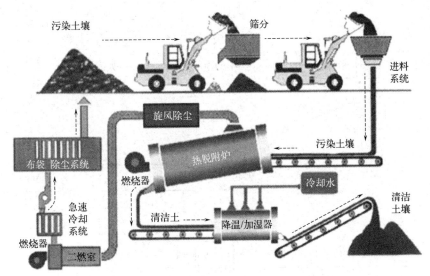

图4-10 热脱附修复技术处理污染土壤流程

（1）异位热脱附技术　2021年4月，生态环境部首次发布了《污染土壤修复工程技术规范　异位热脱附》（HJ 1164—2021），规定了污染土壤异位热脱附修复工程的污染物与污染负荷、总体要求、工艺设计、主要工艺设备和材料、检测与过程控制、主要辅助工程、劳动安全与职业卫生、施工与调试、运行与维护等。异位热脱附技术适用于修复受到挥发性有机物、半挥发性有机物、有机农药类、石油烃类及多氯联苯、多溴联苯和二噁英类等污染的土壤，也适用于修复汞污染土壤，可用于焦化、农药制造、石油开采与炼制、有机化工等工业地块污染土壤的修复。进入热处理设备的污染土壤应满足以下条件：直接热脱附处理土壤中污染物的含量不宜超过4%，间接热脱附处理土壤中污染物的含量不宜超过60%；含水率不宜大于30%；颗粒大小不宜大于5 cm；pH不宜小于4；塑性指数宜低于10。

根据热源与污染土壤接触方式的不同，异位热脱附工艺分为直接热脱附工艺和间接热脱附工艺。直接热脱附典型工艺流程见图4-11，间接热脱附典型工艺流程见图4-12。有机污染土壤浓度低且修复体积较大时，宜采用直接热脱附工艺；有机污染土壤修复体积较小时，宜采用的间接热脱附工艺见图4-12（a）；汞污染土壤宜采用的间接热脱附工艺见图4-12（b）。

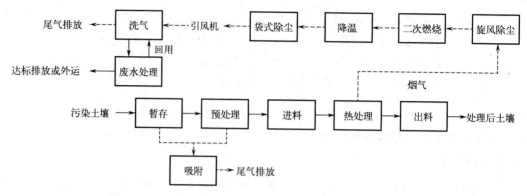

图4-11 污染土壤直接热脱附修复工程典型工艺流程示意图

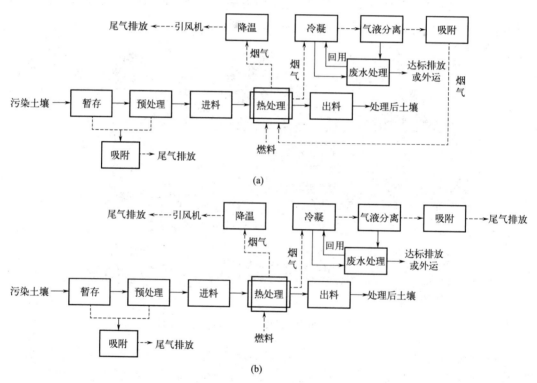

图4-12 污染土壤间接热脱附修复工程典型工艺流程示意图

（2）原位热脱附技术 2021年4月，生态环境部首次发布了《污染土壤修复工程技术规范 原位热脱附》（HJ 1165—2021），规定了污染土壤原位热脱附修复工程的污染物与污染负荷、总体要求、工艺设计、主要工艺设备和材料、检测与过程控制、主要辅助工程、劳动安全与职业卫生、施工与调试、运行与维护等。原位热脱附技术可用于污染土壤和地下水中苯系物、石油烃、卤代烃、多氯联苯、二噁英等挥发性有机污染物和半挥发性有机污染物的治理。根据加热方式的不同，原位热脱附可采用热传导加热、电阻加热以及蒸汽强化抽提等单一或几种技术联用。其工艺流程为：在污染区域范围内设置加热井或电极井，对目标污染区域的土壤及地下水进行加热，促进污染物挥发或溶解，利用真空抽提井对气相/液相的污染物进行抽提，通过冷凝分离，再对提取出的气体和液体分别进行无害化处理，最后达标排放。具体工艺流程见图4-13。

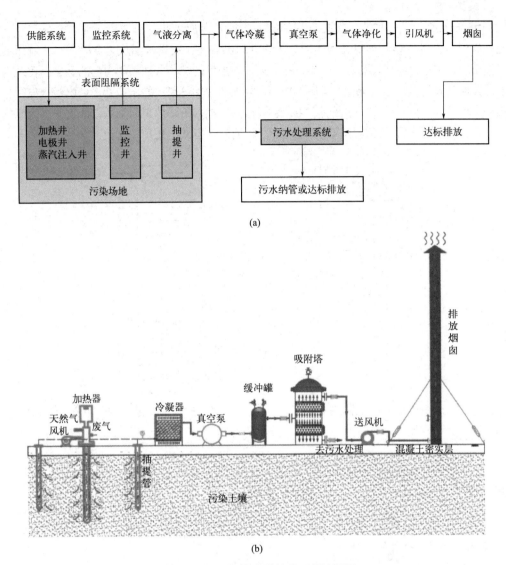

图4-13 原位热脱附技术工艺流程图

① 加热井和抽提井的布设。根据地块污染特征、地质及水文地质条件、修复目标、修复周期等确定加热井与抽提井的数量及位置。加热井和抽提井的数量比例宜在4∶1～1∶1之间，一般采用正六边形或正三角形布局，见图4-14。热传导的加热井间距一般为2~6m，电阻加热的电极井间距一般为4~6m，蒸汽注入井间距一般为6~15m。加热井的最大深度以污染最深的介质深度为准，一般为最深深度向下延伸1~3m。

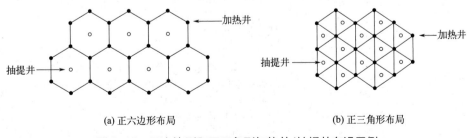

(a) 正六边形布局　　　　(b) 正三角形布局

图4-14 正六边形和正三角形加热井/抽提井布设示例

② 地下加热单元的构造。热传导加热的加热单元为加热井，由加热元件、密封套管、控制元件等组成，其中燃气热传导加热的加热元件为燃烧器，由送气模块、点火模块、监测模块和电控模块等组成，结构示意图见图4-15。电热传导加热的加热井由底部密封的金属套管及内置电加热元件共同组成，结构示意图见图4-16。电阻加热的加热单元为电极井，由电极、电缆、填料和补水单元等组成，结构示意图见图4-17。蒸汽强化抽提的加热单元为蒸汽注入井，为底部密封、开筛的不锈钢井管，结构示意图见图4-18。不同加热方式的适用性比较见表4-12。

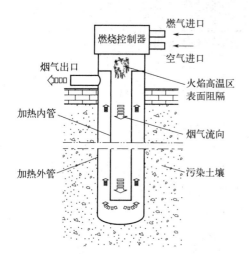

图4-15 燃气热传导加热井构造示意图

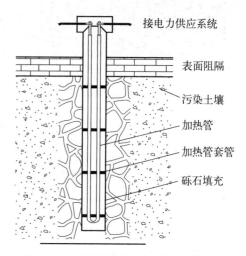

图4-16 电热传导加热井构造示意图

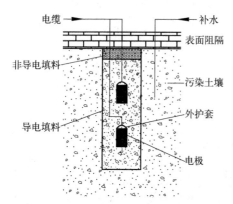

图4-17 电极井构造示意图

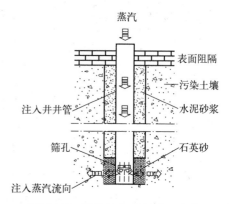

图4-18 蒸汽注入井构造示意图

表4-12 三种加热方式的适用性比较

加热方式	最高温度/℃	适合土质	适用条件	不适用条件
热传导加热	750~800	粉砂、粉土、壤土、黏土、基岩裂隙	①适合于各种地层，特别是低渗透及均质性差的污染区域修复；②适用于挥发性有机物、石油类等半挥发性有机物、农药、二噁英以及多氯联苯等；③可以实现定深加热或不同深度分段加热	地下水流速较大的污染区域通常需要进行阻隔

续表

加热方式	最高温度/℃	适合土质	适用条件	不适用条件
电阻加热	100～120	粉砂、粉土、壤土、黏土	①适用于各种地层的污染区域修复，特别是低渗透性污染区域的修复；②适用于挥发性有机物、含氯有机物和石油类等半挥发性有机物	①不适用于基岩和裂隙等地质状况；②地下有绝缘体构筑物时，对修复效果影响较大；③土壤含水率过低时，需要进行补水；④地下水流速较大的污染区域通常需要进行阻隔
蒸汽强化抽提	170	沙砾、砂土、粉砂	①适用于渗透性较好的地层；②适合对挥发性有机物污染源区及污染物程度重的区域进行修复	①不适用于渗透系数较小（$<10^{-4}$ cm/s）的区域；②不适用于地层均质性差的污染区域；③污染深度浅及污染范围大时，由于热量损失过大及蒸汽注入压力受限，限制应用；④地下水流速较大的污染区域，通常需要进行阻隔

2. 土壤气相抽提技术

土壤气相抽提技术（soil vapor extraction，SVE）也称为土壤真空抽取或土壤通风，是一种有效去除土壤不饱和区挥发性有机物（VOCs）的原位修复技术。早期SVE主要用于非水相液体（non-aqueous phase liquids，NAPLs）污染物的去除，也陆续应用于挥发性农药污染的土壤体系，近年来主要应用于苯系物和汽油类污染的土壤修复，典型的装置如图4-19所示。在污染土壤设置气相抽提井，新鲜空气通过注射进入污染区域，利用真空泵产生负压，空气流经污染区域时，解吸并夹带土壤孔隙中的VOCs经由抽取井流回地上；抽取出的气体在地上经过活性炭吸附法以及生物处理法等净化处理，可排放到大气或重新注入地下循环使用。SVE具有成本低、可操作性强、处理有机物的范围宽、不破坏土壤结构和不引起二次污染等优点。研究发现，苯系物等轻组分石油烃类污染物的去除率可达90%。

（三）常见的土壤污染化学修复技术

1. 土壤淋洗技术

土壤淋洗（soil leaching/flushing/washing）技术是指将能够促进土壤中污染物溶解或迁移作用的溶剂注入或渗透到污染土层中，使其穿过污染土壤并与污染物发生解吸、螯合、溶解或络合等物理化学反应，最终形成迁移态的化合物，再利用抽提井或其他手段把含有污染物的液体从土层中抽提出来并进行处理的技术。土壤淋洗技术主要包括三个阶段：向土壤中施加淋洗液、下层淋出液收集以及淋出液处理。在使用淋洗修复技术前，应充分了解土壤性状、主要污染物等基本情况，针对不同的污染物选用不同的淋洗剂和淋洗方法，进行可处理性实验，才能取得最佳的淋洗效果，并尽量减少对土壤理化性状和微生物群落结构的破坏。土壤淋洗法按处

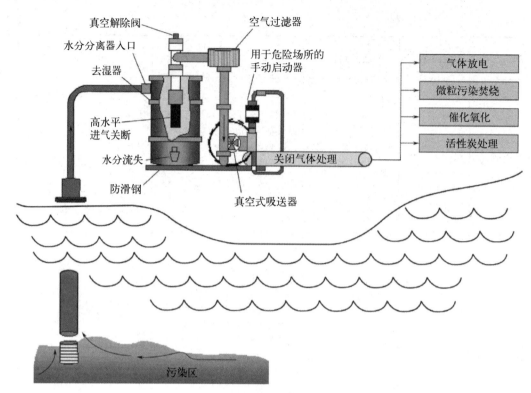

图4-19 土壤气相抽提示意图

理土壤的位置可以分为原位土壤淋洗和异位土壤淋洗，示意图和流程图见图4-20、图4-21和图4-22；按淋洗液分类可以分为清水淋洗、无机溶液淋洗、有机溶液淋洗和有机溶剂淋洗四种；按机理可分为物理淋洗和化学淋洗；按运行方式分为单级淋洗和多级淋洗。

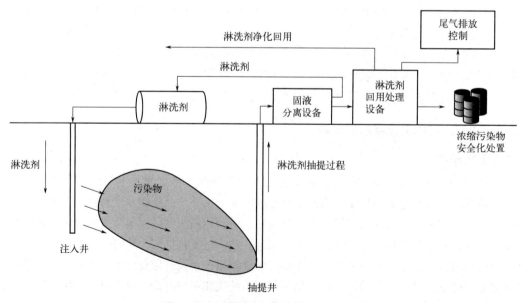

图4-20 土壤淋洗法原位修复示意图

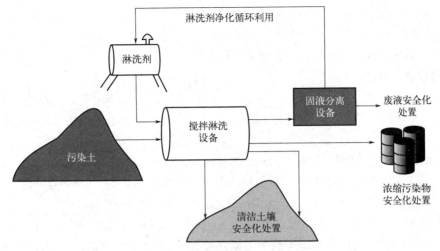

图4-21　土壤淋洗法异位修复示意图

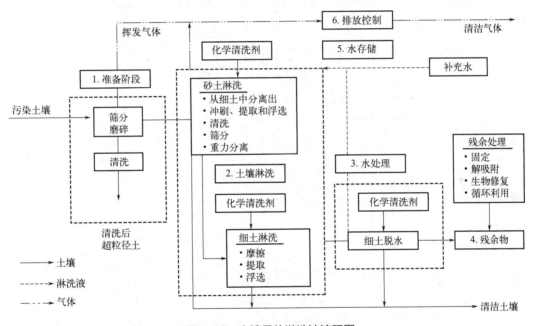

图4-22　土壤异位淋洗法流程图

2. 土壤污染修复固化/稳定化技术

2023年2月，生态环境部发布《污染土壤修复工程技术规范　固化/稳定化》（HJ 1282—2023），规定了污染土壤固化/稳定化工程的污染物与污染负荷、总体要求、工艺设计、主要工艺设备、检测与过程控制、主要辅助工程、劳动安全与职业卫生、施工、运行与维护等技术要求。

固化/稳定化（solidification/stabilization）是将污染土壤与水泥等胶凝材料或稳定化药剂相混合，通过形成晶格结构或化学键等，将土壤中污染物捕获或者固定在固体结构中，从而降低有害组分的移动性或浸出性的过程。固化是通过采用结构完整性的整块固体将污染物密封起来以降低其物理有效性，而稳定化则降低了污染物的化学有效性。固化/稳定化分为原位固化/稳定化（in-situ solidification/stabilization）和异位固化/稳定化（ex-situ solidification/stabilization）两类。原位固化/稳定化是不移动土壤，直接在发生污染的位置进行固化/稳定化的过程；异位固化/稳定化是将受污染的土壤从发生污染的位置挖掘出来，搬运或转移到其他位置或场所进行固化/稳定化的过程。

固化/稳定化技术适用于半挥发性有机物（多环芳烃、多氯联苯、长链润滑油（$>C_{28}$）和二噁英等）、重金属（铅、锌、铜、镉、铬、汞、砷、镍等）和其他无机物（氟化物和石棉等）导致的土壤污染治理。原位固化/稳定化适用于不宜进行土壤挖掘、缺乏储存和作业空间的地块，或污染区域无地下空间开发利用和施工的地块，一般用于深层（>5 m）污染土壤的处理。异位固化/稳定化适用于固化/稳定化质量控制要求高的地块，或污染区域需要开发利用或施工的地块，一般用于浅层（≤5m）污染土壤的处理。

固化/稳定化修复技术常用的工艺流程见图4-23。固化技术以筛选胶凝材料为主，辅以稳定化药剂和外加剂的选择，固化胶凝材料可以采用水泥、粉煤灰、高炉矿渣和石灰等。稳定化技术以选择适合的稳定化药剂为主，稳定化药剂可以采用氧化钙、氢氧化钙和氧化镁等碱性材料，零价铁、铁盐和铁氧化物等含铁材料，磷酸盐、骨炭、磷矿石等含磷材料，黏土、沸石、活性炭和生物炭等吸附剂。

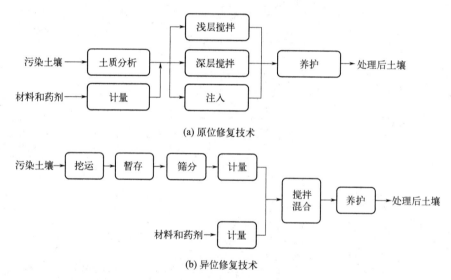

图4-23　固化/稳定化修复技术常用的工艺流程图

（四）常见的土壤污染生物修复技术

1. 生物堆技术

2023年2月，生态环境部发布了《污染土壤修复工程技术规范　生物堆》（HJ 1283—2023），规定了污染土壤生物堆修复工程的污染物与污染负荷、总体要求、工艺设计、主要工艺设备和材料、检测与过程控制、主要辅助工程、劳动安全与职业卫生、施工与调试、运行与维护等技术要求。

生物堆技术（biopiling）是将污染土壤挖出并堆积于建设了渗滤液收集系统的防渗区域，提供适量的水分和养分，并采用强制通风系统补充氧气，利用土壤中好氧微生物的呼吸作用将有机污染物转化为CO_2和水，从而去除污染物的技术。生物堆技术主要适用于修复土壤中石油烃等可生物降解的有机污染物。拟采用生物堆技术修复的污染土壤，预处理后总石油烃（$C_6 \sim C_{40}$）浓度不宜超过50000 mg/kg，重金属（铁、铝除外）总量不宜超过2500mg/kg。目标污染物的生物降解性和污染负荷可通过降解实验测定。

生物堆技术修复污染土壤的工艺流程如图4-24所示，即对拟修复土壤进行破碎、筛分、调理等预处理后将其堆置成生物堆，通过抽气、调配水分及营养等维持微生物生长所需环境，利用土壤中微生物降解污染物，运行过程中，对产生的废水和废气进行收集处理后达标排放。废气主要来源于土壤预处理和修复过程中产生的废气，污染物一般包括土壤中目标污染物及其降解产物、其他挥发性有机物及半挥发性有机物等；废水主要来源于预处理工序产生的固体废物清洗废水和生物堆运行过程产生的渗滤液，污染物一般包括土壤中目标污染物及其降解产物、重金属、氨氮和总磷等；固体废物主要包括预处理工序产生的砖瓦、石块、木块、铁块等一般固体废物。

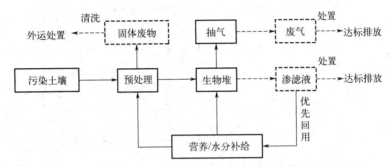

图4-24 生物堆修复污染土壤的工艺流程

生物堆修复工程包括主体工程、二次污染防治设施、辅助工程和配套设施等，典型生物堆修复系统示意图见图4-25。主体工程主要包括土壤预处理系统、堆体系统等，其中堆体系统主要包括：堆体底部防渗系统、渗滤液收集系统及抽气系统，生物堆堆体及设置在堆体内的土壤气监测系统，堆体顶部进气、营养水分调配和覆盖系统。二次污染防治设施主要包括废气处理系统、废水（渗滤液）处理系统、固体废物（危险废物）暂存场所等。辅助工程主要包括电气系统、自控系统、给排水系统、暖通系统及通信系统等。配套设施主要包括办公区、值班室、厂区围挡、道路等。

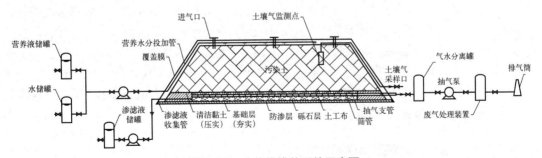

图4-25 生物堆堆体系统示意图

2. 植物修复技术

植物修复技术（phytoremediation）包括利用植物超积累或积累性功能的植物吸取修复、利用植物根系控制污染扩散和恢复生态功能的植物稳定修复、利用植物代谢功能的植物降解修复、利用植物转化功能的植物挥发修复、利用植物根系吸附的植物过滤修复等技术，见图 4-26。可被植物修复的污染物有重金属、农药、石油和持久性有机污染物、炸药、放射性核素等。植物吸取修复技术已经应用于砷、镉、铜、锌、镍、铅等重金属以及与多环芳烃复合污染土壤的修复。这种技术的应用关键在于筛选具有高产和高去污能力的植物，摸清植物对土壤条件和生态环境的适应性。植物修复技术不仅可应用于农田土壤中污染物的去除，而且可应用于人工湿地建设、填埋场表层覆盖与生态恢复、生物栖身地重建等。

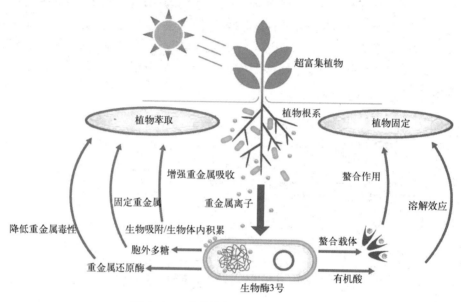

图 4-26　土壤修复的生物技术示意图

第四节　我国土壤污染治理成效

土壤是人类赖以生存的最重要的自然资源，土壤安全是保障粮食安全、人居安全和生态环境安全，乃至经济社会发展的重要基础。党的十八大以来，全国各地区各有关部门采取一系列有效措施，土壤污染防治取得积极进展：完成全国农用地土壤污染状况详查和重点行业企业用地土壤污染状况调查，初步建成全国土壤环境监测网；颁布《中华人民共和国土壤污染防治法》（以下简称《土壤污染防治法》），发布农用地和建设用地土壤污染风险管控标准，出台一系列土壤环境管理规章，基本建立了以风险管控为核心的土壤环境管理框架，深入推进净土保卫战。

一、我国土壤环境管理的发展历程

20世纪80年代，我国开始关注矿区土壤、污灌和六六六、滴滴涕农药大量使用造成的耕地污染等问题，逐步将土壤污染防治纳入环境保护重点工作，开展了一系列基础调查，出台土壤污染防治相关管理政策，逐步建立了土壤污染风险管控体系。根据土壤污染防治政策研究进展，将我国土壤环境管理发展历程划分为四个阶段，见图 4-27。

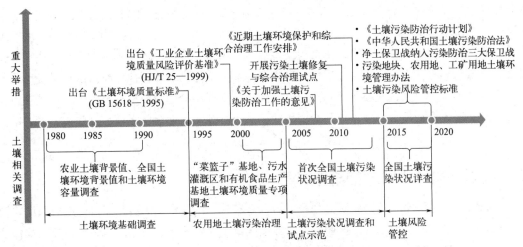

图4-27 我国土壤环境管理发展历程

（资料来源：刘瑞平，2021）

1. 第一阶段（"六五"至"八五"时期）

我国1979年颁布的《中华人民共和国环境保护法（试行）》最早在立法中涉及保护土壤、防治污染的要求：推广综合防治和生物防治，合理利用污水灌溉，防止土壤和作物的污染。"六五""七五"期间，相关部门在国家科技攻关项目支持下开展了农业土壤背景值、全国土壤环境背景值和土壤环境容量等基础研究，编辑出版了《中国土壤元素背景值》和《中华人民共和国土壤环境背景值图集》，制定了《土壤环境质量标准》（GB 15618—1995），填补了中国土壤环境质量标准的空白。

2. 第二阶段（"九五"至"十五"时期）

《国家环境保护"十五"计划》提出了防止农作物污染、确保农产品安全的土壤污染防治具体措施。针对农产品产地环境质量管理，2001年起，中国环境监测总站组织开展"菜篮子"基地、污水灌溉区和有机食品生产基地土壤环境质量专项调查工作，为农用地土壤污染治理提供了基础支撑。发布实施了《工业企业土壤环境质量风险评价基准》（HJ/T 25—1999）。

3. 第三阶段（"十一五"至"十二五"时期）

2008年，国家环保总局（现生态环境部）在北京召开第一次全国土壤污染防治工作会议，要求切实解决当前突出的土壤环境问题；同年6月，印发《关于加强土壤污染防治工作的意见》，提出开展农用土壤环境监测评估与安全性划分、全国土壤污染状况调查、土壤修复与综合治理试点示范等具体任务。2013年，国务院办公厅印发《近期土壤环境保护和综合治理工作安排》，土壤污染防治工作逐步提上重要议事日程。为掌握全国土壤污染状况，2005—2013年，环境保护部（现生态环境部）、国土资源部（现自然资源部）联合开展了首次全国土壤污染状况调查，从国家尺度上初步摸清了土壤污染状况。

4. 第四阶段（"十三五"时期）

2016年，国务院印发《土壤污染防治行动计划》，对今后一个时期我国土壤污染防治工作作出了全面部署。2018年，中共中央、国务院印发《关于全面加强生态环境保护 坚决打好污染防治攻坚战的意见》，将净土保卫战纳入污染防治三大保卫战之一。2020年2月，国家发展改革委印发《美丽中国建设评估指标体系及实施方案》，将土壤安全纳入美丽中国建设评估指标体系。建立了以风险管控为核心的土壤污染防治体系：出台了《土壤污染防治法》，填补了我国土壤污染防治领域法律空白；出台污染地块、农用地、工矿用地土壤环境管理办法等部门规章，土壤污染责任人认定办法，农用地、建设用地土壤污染风险管控标准，以及建设用地风险管控等系列技术导则，建立了"一法两标三部令"土壤污染防治法规标准体系；完成农用地土壤污染状况详查和重点行业企业用地土壤状况调查，基本掌握全国土壤污染底数；建成覆盖不同地区、不同类型的土壤环境监测网络，基本摸清了耕地污染的现状和空间分布。

二、我国土壤环境管理的总体思路

我国借鉴发达国家土壤污染防治经验，结合近年来土壤污染防治实践探索，形成以风险管控为核心的土壤环境管理思路，即通过采取源头减量、污染阻断等措施，消除或管控土壤环境风险，降低对周边环境的影响。土壤污染风险管控的要求主要体现在四个方面：①"防"，即通过合理空间布局管控、土壤环境准入等措施，预防土壤污染产生；②"控"，即通过企业生产过程环境管理、污染物排放控制、提标改造升级、农业面源污染治理等，管控土地利用过程环境风险；③"治"，即针对污染的土壤，采取以风险管控为主的措施，例如，农用地农艺调控、替代种植，污染地块禁止人员进入、建设污染阻隔工程等；④"管"，即利用环境执法、定期土壤环境监测等管理手段，保障污染防治措施落实，降低土壤环境风险。

基于风险管控的总体思路和要求，现阶段土壤污染防治的三大重点是防控新增污染、管控农用地和建设用地两大地类环境风险，并以《土壤污染防治行动计划》《土壤污染防治法》实施为基础，建立土壤污染防治的基本框架和政策体系。在防控新增污染方面，建立土壤污染预防和保护制度，重点对工业、农业、生活三大污染源进行管理，做好土壤环境准入、过程监管、地块退役等环节的全过程管理；在农用地管理方面，建立农用地分类管理制度，即根据农用地土壤环境和农产品质量等分类实施土壤环境管理；在建设用地管理方面，建立准入管理制度，开发利用的地块必须符合相应用地土壤环境质量要求，从而推动污染土壤的风险管控和修复。

近年来，我国逐步建立了涵盖用地准入、污染预防、调查评估、风险管控或修复、效果评估、再开发利用等全过程的建设用地土壤环境监管体系，并建立了建设用地土壤污染风险管控和修复名录制度，见图4-28。实施建设用地准入管理，即开发利用的土地必须符合相应用地土壤环境质量要求。经普查详查和监测等表明存在土壤污染风险、用途变更为住宅和公共管理与公共服务用地、土壤污染重点监管单位用途变更或土地使用权变更的地块，需开展土壤污染状况调查；存在污染的进一步开展风险评估。风险评估结果表明需要实施风险管控、修复的地块，纳入建设用地土壤污染风险管控和修复名录，结合土地利用规划，采取相应的风险管控和修复措施，并开展效果评估及后期环境管理。在实现2035年美丽中国建设目标愿景下，我国土壤环境管理将逐步从管控风险向促进土壤生态系统改善和可持续利用转变，不断推动依法治土、科学治土、系统治土，提高管控措施的针对性和有效性，逐步保障土壤健康。

三、我国土壤污染防治的主要成效

党的十八大以来，我国顺利完成《土壤污染防治行动计划》确定的受污染耕地安全利用率和污染地块安全利用率"双90%"目标任务，初步遏制土壤污染加重趋势，基本管控土壤污染风险，土壤环境质量总体保持稳定，取得主要成效如下。

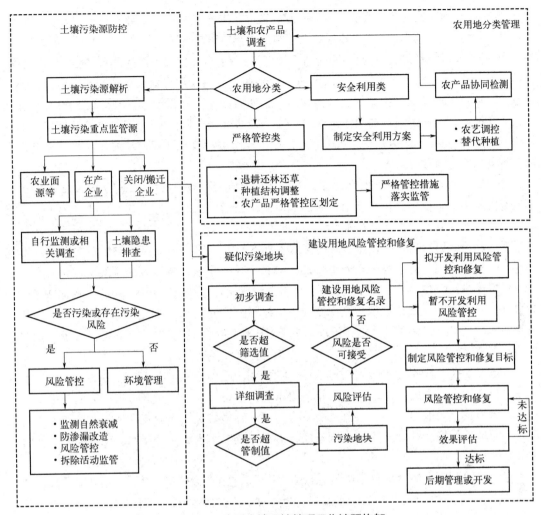

图4-28 我国土壤环境管理工作流程构架

(资料来源：刘瑞平，2021)

一是土壤污染家底初步摸清。通过第二次全国污染源普查，掌握了全国247.74万个工业污染源信息；通过全国土壤污染状况详查，查明10万余家重点行业企业土壤污染潜在风险情况，查清全国农用地土壤污染面积、分布及对主要农产品的影响。这些工作为明确土壤污染防治的重点行业、重点污染物、重点区域，实施精准治污奠定了坚实基础。

二是土壤污染源头防控"四梁八柱"基本建立。出台《土壤污染防治法》《地下水管理条例》，发布农用地、污染地块、工矿用地土壤环境管理三项部门规章，制定《重点监管单位土壤污染隐患排查指南（试行）》《工业企业土壤和地下水自行监测技术指南（试行）》《地下水污染可渗透反应格栅技术指南（试行）》等30余项标准规范，土壤污染源头防控法规标准体系初步建立。

三是建设用地土壤污染风险得到基本管控。确立以有色金属矿采选开采等八大行业的在产企业为土壤污染重点监管单位，截至目前，全国共有1.6万家企业被纳入土壤污染重点监管单位名录。推进土壤污染隐患排查，2021年，生态环境部指导土壤污染重点监管单位开展土壤污染隐患排查，累计发现隐患点数5万余个，通过边查边改，当年完成近4万个隐患点的整改；

2022年开展了隐患排查"回头看",对近2000家企业进一步完成帮扶整改;2023年开展了隐患排查监督检查,对15个省(自治区、直辖市)重点监管单位隐患排查质量进行了现场检查,督促指导各地高质量完成土壤污染隐患排查及"回头看"。实施124个土壤污染源头管控工程,目前98个项目已进入启动实施阶段,推动约1700家土壤污染重点监管单位实施管道化、密闭化改造,重点区域防腐防渗改造,以及物料、污水管线架空建设改造,推动近2700家重点行业企业实施清洁生产改造。推动污染地块调查评估工作,推动全国6万多个地块开展土壤污染状况调查评估,累计将1700多个地块列入建设用地土壤污染风险管控和修复名录,重点建设用地安全利用得到有效保障。

四是农用地土壤污染状况总体稳定。开展耕地土壤污染成因排查,重点针对尾矿库周边历史遗留固体废物、受污染耕地所沿水系的底泥重金属污染情况进行排查,共排查2000余个尾矿库,并对发现历史遗留尾矿库固体废物开展了整治;在典型县(市、区)开展受污染耕地所沿水系底泥重金属污染情况监测,共排查水系80余条,布设底泥点监测位数1800余个。实施镉等重金属污染源头防治行动,分别将2500余家、1800余家涉镉重金属排放企业纳入水、大气环境重点排污单位名录,在全国200余个重点区域执行颗粒物和镉等重金属特别排放限值;完成4000余个涉重金属矿区的排查,发现历史遗留固体废物堆场400余个,治理总量超过200万吨;排查并整治92家关停企业,治理历史遗留固体废物总量约280万吨,有效降低了企业周边耕地土壤污染风险。

五是地下水生态环境保护稳步推进。开展地下水污染防治重点区划定,探索化工园区地下水环境分类管理,推进21个地下水污染防治试验区建设,探索可复制可推广的地下水环境管理和技术模式,完成713个化工园区、265个地下水环境状况初步调查评估。实施地下水型饮用水水源环境保护,针对16个人为因素超标的县级及以上水源,开展水源调查评估、整治方案编制工作。

根据2024年发布的《2023年中国生态环境状况公报》,2023年,全国土壤环境风险得到基本管控,土壤污染加重趋势得到初步遏制。全国农用地安全利用率达到91%,农用地土壤环境状况总体稳定,土壤重点风险监控点重金属含量整体呈下降趋势。重点建设用地安全利用得到有效保障。《2019年全国耕地质量等级情况公报》显示❶,全国耕地质量平均等级为4.76等。其中,一至三等、四至六等和七至十等耕地面积分别占耕地总面积的31.24%、46.81%和21.95%。2022年水土流失动态监测成果显示❷,全国水土流失面积为265.34万平方千米。其中,水力侵蚀面积为109.06万平方千米,风力侵蚀面积为156.28万平方千米。按侵蚀强度分,轻度、中度、强烈、极强烈和剧烈侵蚀面积分别占全国水土流失总面积的64.7%、16.5%、7.3%、5.4%和6.0%。第六次全国荒漠化和沙化调查结果显示,全国荒漠化土地面积为257.37万平方千米,沙化土地面积为168.78万平方千米。岩溶地区第四次石漠化调查结果显示,岩溶地区现有石漠化土地面积722.3万公顷。

治理污染,预防是关键。从环境污染防治攻坚的全局来说,特别是从美丽中国、健康中国、生态文明建设的战略高度来说,土壤污染防治的任务还非常艰巨。面向未来,土壤污染防

---

❶ 依据《耕地质量等级》(GB/T 33469—2016)评价。耕地质量划分为十个等级,一等地耕地质量最好,十等地耕地质量最差。一等至三等、四等至六等、七等至十等分别划分为高等地、中等地、低等地。此数据为2019年耕地质量为最新数据。

❷ 此数据为2022年水土流失监测结果。

治的策略，应该做到依法治土、精准治土、科学治土、生态治土。要用自然生态的方法去修复污染的土壤，这样才能够做到绿色可持续修复。还要进一步完善管控体系，包括标准体系、监测网络和预测预警，进一步完善我国土壤污染的监测网络，做到数据能够共享，有效利用。在管控方面，要遵从保护优先、预防为主，要全面开展协同整治，包括多介质协同、多要素协同、多技术协同、多部门协同和制度与技术协同，统筹水污染防治、土壤污染防治、大气污染防治，只有这样，才能够打赢污染防治攻坚战，才能够推进高质量发展、高水平保护、高品质生活、高效能治理。

> **课外阅读**
>
> ### 土壤污染防治行动计划
>
> 土壤是经济社会可持续发展的物质基础，保护好土壤环境是推进生态文明建设和维护国家生态安全的重要内容。2016年5月，国务院印发《土壤污染防治行动计划》（简称"土十条"），以改善土壤环境质量为核心，以保障农产品质量和人居环境安全为出发点，坚持预防为主、保护优先、风险管控，实施分类别、分用途、分阶段治理，要求形成政府主导、企业担责、公众参与、社会监督的土壤污染防治体系，促进土壤资源永续利用。至此，针对中国现阶段面临的大气、水、土壤环境污染问题的污染防治行动计划已经全部制定发布实施。
>
> 《土壤污染防治行动计划》确定了十个方面的措施，即开展土壤污染调查，掌握土壤环境质量状况；推进土壤污染防治立法，建立健全法规标准体系；实施农用地分类管理，保障农业生产环境安全；实施建设用地准入管理，防范人居环境风险；强化未污染土壤保护，严控新增土壤污染；加强污染源监管，做好土壤污染预防工作；开展污染治理与修复，改善区域土壤环境质量；加大科技研发力度，推动环境保护产业发展；发挥政府主导作用，构建土壤环境治理体系；加强目标考核，严格责任追究。此后，国家对土壤污染防治工作进行了全面系统的部署，包括健全完善法律法规、推进全国土壤污染状况详查、健全土壤生态环境保护管理及支撑体系等，全国各级各部门持续开展净土保卫战。2019年1月，《土壤污染防治法》正式实施。到2020年，全国受污染耕地安全利用率达到90%左右，污染地块安全利用率达到93%以上，土壤污染风险得到基本管控，净土保卫战目标全面完成。
>
> 制定实施《大气污染防治行动计划》《水污染防治行动计划》《土壤污染防治行动计划》三个污染防治行动计划是中共中央、国务院推进生态文明建设、坚决向污染宣战的一项重大举措，是系统开展污染治理的重要战略部署，对确保生态环境质量改善、各类自然生态系统安全稳定具有重要作用。

一、名词解释

1. 土壤   2. 土壤污染   3. 土壤环境的自净作用

4. 土壤污染物　　　　5. 植物修复技术　　　　6. 固化/稳定化技术
7. 土壤淋洗技术　　　8. 异位热脱附技术　　　9. 生物修复　　10. 化学修复

二、填空题

1. 土壤是由_____、_____和_____共同组成的多项体系，各项均有其独特的作用，相互影响、相互反应，形成许多土壤特性。

2. 根据污染物的性质不同，可将土壤污染分为：_____、_____、_____、_____和_____等。

3. 污染土壤的修复技术可以根据其位置变化与否分为_____和_____。

4. 污染土壤的修复技术可以根据其修复原理分为_____、_____和_____。

5. 根据污染物进入土壤的途径，可将土壤污染分为_____、_____、_____和_____四个类型。

6. 土壤淋洗技术主要包括三阶段：_____、_____和_____。

7. 异位热脱附技术适用于修复受到_____、_____、_____、_____和_____，也适用于修复汞污染土壤，可用于_____、_____、_____和_____等工业地块污染土壤的修复。

8. 化学修复主要包括_____、_____、_____、_____和_____等技术。

9. 土壤中的有机污染物主要包括_____、_____、_____和_____等。

10. 从法律角度判断土壤是否被污染，有两个必要条件：_____和_____。

三、简答题

1. 简述土壤污染的特点。

2. 简述土壤污染物的来源。

3. 简述土壤的自净作用。

4. 列举我国关于净土保卫战的相关政策。

四、论述题

1. 土生万物、水泽众生，土壤是不可再生的重要自然资源。请查阅资料，简述土壤污染形成的原因、危害及治理方案。

2. 土壤环境质量关系百姓民生福祉，关系国土生态安全，关系国家可持续发展大计。请查阅相关资料，了解我国土壤环境质量和土壤环境质量标准。

第五章
固体废物及其资源化技术

Study Guide
学习指南

内容提要 本章主要介绍固体废物的来源、分类、危害,固体废物处理的基本原则、重点任务、法律保障,重点阐述了固体废物预处理技术、资源化技术,介绍了我国"无废城市"建设的相关要求和试点成效。

重点要求 熟悉固体废物的分类和危害,掌握固体废物处理的基本原则和我国固体废物防治的重点任务,重点掌握固体废物资源化的基本技术,了解"无废城市"建设的相关政策。

第一节　固体废物问题

2018年6月，《中共中央　国务院关于全面加强生态环境保护　坚决打好污染防治攻坚战的意见》发布，对全面禁止洋垃圾入境，开展"无废城市"建设试点等工作作出了全面部署。固体废物管理与大气、水、土壤污染防治密切相关，是整体推进生态环境保护工作不可或缺的重要一环。固体废物产生、收集、贮存、运输、利用、处置过程，关系生产者、消费者、回收者、利用者、处置者等利益方，需要政府、企业、公众协同共治。统筹推进固体废物"减量化、资源化、无害化"，既是改善生态环境质量的客观要求，又是深化生态环境工作的重要内容，更是建设生态文明的现实需要。

一、固体废物定义及特点

（一）固体废物的定义

根据《中华人民共和国固体废物污染环境防治法》（2020年修订），固体废物是指在生产、生活和其他活动中产生的丧失原有利用价值或者虽未丧失利用价值但被抛弃或者放弃的固态、半固态和置于容器中的气态的物品、物质以及法律、行政法规规定纳入固体废物管理的物品、物质。不能排入水体的液态废物和不能排入大气的置于容器中的气态物质，由于多具有较大的危害性，一般归入固体废物管理体系。

（二）固体废物的特点

1. 资源和废物的相对性

固体废物具有鲜明的时间和空间特征，是错误时间放在错误地点的资源。从时间方面讲，它仅仅是在目前的科学技术和经济条件下无法加以利用，但随着时间的推移、科学技术的发展以及人们的要求变化，今天的废物可能成为明天的资源。从空间角度看，废物仅仅相对于某一过程或某一方面没有使用价值，而并非在一切过程或一切方面都没有使用价值。一种过程的废物，往往可以成为另一种过程的原料。固体废物一般具有某些工业原材料所具有的化学、物理特性，且较废水、废气容易收集、运输、加工处理，因而可以回收利用。

2. 富集终态和污染源头的双重作用

固体废物往往是许多污染成分的终极状态。例如，一些有害气体或飘尘，通过治理最终富集成为固体废物；一些有害溶质和悬浮物，通过治理最终被分离出来成为污泥或残渣；一些含重金属的可燃固体废物，通过焚烧处理，有害金属浓集于灰烬中。但是，这些"终态"物质中的有害成分，在长期的自然因素作用下，又会转入大气、水体和土壤，故又成为大气、水体和土壤环境的污染源头。

3. 危害具有潜在性、长期性和灾难性

固体废物对环境的污染不同于废水、废气和噪声。固体废物呆滞性大、扩散性小，它对环境的影响主要是通过水、气和土壤进行的。其中污染成分的迁移转化，如浸出液在土壤中的迁移,是一个比较缓慢的过程,其危害可能在数年以至数十年后才能发现。从某种意义上讲,固体废物,特别是有害废物对环境造成的危害可能要比废水、废气造成的危害严重得多。

二、固体废物的来源及其分类

(一)固体废物的来源

固体废物主要来源于人类的生产和消费活动。人们在资源开发和产品制造过程中,必然有废物产生,任何产品经过使用和消费后,也都会变成废物。矿业废物来自矿物的开采和矿物选洗过程;工业废物来自冶金、煤炭、电力、化工、交通、食品、轻工、石油等工业的生产和加工过程;城市垃圾主要来自城镇居民的生活消费、市政建设和商业活动;农业废物主要来自农业生产和禽畜饲养;放射性废物主要来自核工业和核电的生产核燃料循环、放射性医疗和核能应用及有关的科学研究等。固体废物的来源及主要组成见表5-1。

表5-1 固体废物的分类、来源和主要组成物

分类	来源	主要组成物
矿业废物	矿山、冶炼厂	废矿石、尾矿、金属、废木、砖瓦、石灰等
工业废物	冶金、交通、机械、金属结构等工业	金属、矿渣、砂石、模型、陶瓷边角料、涂料、管道绝热材料、黏结剂、废木、塑料、橡胶、烟尘等
	煤炭	煤矸石、木料、金属
	食品加工	肉类、谷类、果类、蔬菜、烟草
	橡胶、皮革、塑料等工业	橡胶、皮革、塑料、布、纤维、染料、金属等
	造纸、木材、印刷等工业	刨花、锯末、碎木、化学药剂、金属填料、塑料、木质素
	石油化工	化学药剂、金属、塑料、橡胶、陶瓷、沥青、油毡、石棉、涂料
	电器、仪器仪表等工业	金属、玻璃、木材、橡胶、塑料、化学药剂、研磨料、陶瓷、绝缘材料
	纺织服装业	布头、纤维、橡胶、塑料、金属
	建筑材料	金属、水泥、黏土、陶瓷、石膏、石棉、砂石、纸、纤维
	电力工业	炉渣、粉煤灰、烟尘
城市垃圾	居民生活	食物垃圾、纸屑、布料、木料、金属、玻璃、塑料、陶瓷、燃料灰渣、碎砖瓦、废器具、粪便、杂品
	商业、机关	管道等碎物体,沥青及其他建筑材料,废汽车、废电器、废器具,含有易燃、易爆、腐蚀性、放射性的废物以及居民生活所排放的各种废物
	市政维护、管理部门	碎砖瓦、树叶、金属、锅炉灰渣、污泥、脏土
农业废物	农、林、畜牧业	稻草、秸秆、蔬菜、水果、果树枝条、糠秕、落叶、废塑料、人畜粪便、禽粪、农药
	水产	腐烂鱼、虾,贝壳,水产加工污水、污泥
放射性废物	核工业、核电站、放射性医疗单位、科研单位	金属、含放射性废渣、粉尘、污泥、器具、劳保用品、建筑材料

（二）固体废物的分类

固体废物有多种分类方法，按其化学性质可分为有机废物和无机废物；按其污染特性分为一般固体废物、危险固体废物以及放射性固体废物；按其形状则可分为固体的（颗粒状、粉状、块状）和泥状的（污泥）废物。通常为了便于管理，按其来源可分为工业固体废物、生活垃圾、建筑垃圾和农业固体废物等。在固体废物中凡具有毒性、易燃性、腐蚀性、反应性、传染性、放射性的废物均列为有害固体废物。根据《中华人民共和国固体废物污染环境防治法》，从固体废物管理的需要出发，我国将固体废物分为工业固体废物、生活垃圾和危险废物等。2023年7月1日，我国正式实施《危险废物贮存污染控制标准》（GB 18597—2023）。

三、固体废物的危害

（一）固体废物对生态环境的影响

固体废物对生态环境的影响主要表现在以下几个方面。

（1）对土地资源的影响　固体废物的堆放不但占用土地资源，而且其累积的存放量越多，所需的面积也越大，这势必导致可耕地面积短缺的矛盾加剧。

（2）对水环境质量的影响　固体废物弃置于水体，将使水质直接受到污染，严重危害生物的生存条件和水资源的利用。此外，堆积的固体废物经过雨水的浸渍和废物本身的分解，其渗滤液和有害化学物质的迁移和转化，将对河流及地下水系造成污染。

（3）对大气环境质量的影响　固体废物在堆存和处理处置过程中会产生有害气体，若不加以妥善处理，将对大气环境造成不同程度的影响。露天堆放的固体废物会因有机成分的分解产生有味的气体，形成恶臭；固体废物在焚烧过程中会产生粉尘、酸性气体和二噁英等污染大气；垃圾在填埋处置后会产生甲烷、硫化氢等有害气体，等等。

（4）对土壤环境质量的影响　固体废物及其渗滤液中所含有害物质会改变土壤的性质和结构，对农作物、植物生长产生不利影响。

（二）固体废物对人体健康的影响

固体废物（特别是危险废物）中的有害成分和在贮存、利用、处置不当的条件下新产生的有毒有害物质，可通过地表水、地下水、大气和土壤等环境介质直接或间接被人体吸收，从而对人体健康造成威胁，见图5-1。

根据物质的化学特性，当某些不相容物相混时，可能发生不良反应，包括热反应（燃烧或爆炸）、产生有毒气体（如砷化氢、氰化氢、氯气、硫化氢等）和产生可燃性气体（如氢气、乙炔等）。另外，若人体皮肤与废强酸或废强碱接触，将发生烧灼性腐蚀作用。若误吸收一定量的农药，能引起急性中毒，出现呕吐、头晕等症状。贮存化学物品的空容器，若未经适当处理或管理不善，会引发严重中毒事件。

四、固体废物的产生、综合利用和处置情况

2023年1月，生态环境部发布了《2021年中国生态环境统计年报》。结果显示，2021年，在《排放源统计调查制度》（国统制〔2021〕18号）确定的统计调查范围内，全国一般工业固体废物产生量为39.7亿吨，综合利用量为22.7亿吨，处置量为8.9亿吨。

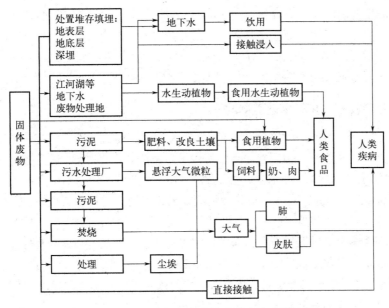

图5-1 固体废物中化学物质致人疾病的途径

(一) 一般工业固体废物产生、综合利用和处置情况

2021年,一般工业固体废物产生量排名前五的地区依次为山西、内蒙古、河北、山东和辽宁,产生量合计为17.8亿吨,占全国一般工业固体废物产生量的44.8%。一般工业固体废物综合利用量排名前五的地区依次为河北、山东、山西、内蒙古和安徽,综合利用量合计为8.8亿吨,占全国一般工业固体废物综合利用量的39.0%。一般工业固体废物处置量排名前五的地区依次为山西、内蒙古、辽宁、河北和陕西,处置量合计为5.7亿吨,占全国一般工业固体废物处置量的63.8%。另外,在统计调查的42个工业行业中,一般工业固体废物产生量排名前五的行业依次为电力、热力生产和供应业,黑色金属矿采选业,黑色金属冶炼和压延加工业,有色金属矿采选业,煤炭开采和洗选业。5个行业的一般工业固体废物产生量合计为30.5亿吨,占全国一般工业固体废物产生量的76.9%。2021年各工业行业一般工业固体废物产生情况见图5-2。

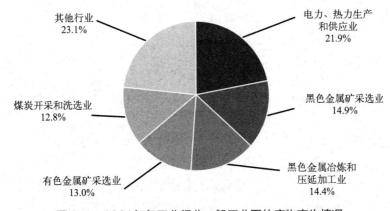

图5-2 2021年各工业行业一般工业固体废物产生情况

一般工业固体废物综合利用量排名前五的行业依次为电力、热力生产和供应业,黑色金属冶炼和压延加工业,煤炭开采和洗选业,化学原料和化学制品制造业,黑色金属矿采选业。

5个行业的一般工业固体废物综合利用量合计为18.6亿吨，占全国一般工业固体废物综合利用量的82.0%。一般工业固体废物处置量排名前五的行业依次为煤炭开采和洗选业，电力、热力生产和供应业，黑色金属矿采选业，有色金属矿采选业，化学原料和化学制品制造业。5个行业的一般工业固体废物处置量合计为6.9亿吨，占全国一般工业固体废物处置量的77.7%。

（二）工业危险废物产生和利用处置情况

2021年，在《排放源统计调查制度》（国统制〔2021〕18号）确定的统计调查范围内，全国工业危险废物产生量为8653.6万吨，利用处置量为8461.2万吨。工业危险废物产生量排名前五的地区依次为山东、内蒙古、江苏、浙江和广东，产生量合计为3159.8万吨，占全国工业危险废物产生量的36.5%。工业危险废物利用处置量排名前五的地区依次为山东、内蒙古、江苏、浙江和广东，利用处置量合计为3202.0万吨，占全国工业危险废物利用处置量的37.8%。工业危险废物产生量排名前五的行业依次为化学原料和化学制品制造业，有色金属冶炼和压延加工业，石油、煤炭及其他燃料加工业，黑色金属冶炼和压延加工业，电力、热力生产和供应业。5个行业的工业危险废物产生量合计为5997.7万吨，占全国工业危险废物产生量的69.3%；5个行业的工业危险废物利用处置量合计为6040.9万吨，占全国工业危险废物利用处置量的71.4%。2021年各工业行业危险废物产生情况和利用处置情况分别见图5-3和图5-4。

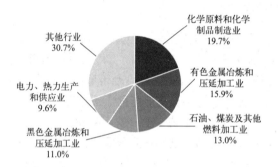 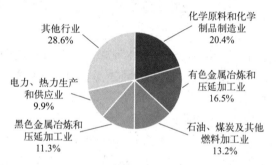

图5-3　2021年各工业行业危险废物产生情况　　图5-4　2021年各工业行业危险废物利用处置情况

（三）医废的产生和处置情况

医疗废物（以下简称"医废"）属于危险废物，是指医疗卫生机构在医疗、预防、保健及其他相关活动中产生的具有直接或者间接感染性、毒性以及其他危害性的废物，包括感染性废物、损伤性废物、病理性废物、化学性废物和药物性废物五类。2021年，全国共产生医废140万吨，比2019年、2020年分别增长18.6%、11.1%。截至2021年底，全国共有540个医废集中处置单位，集中处置能力达215万吨/年，比2019年底提高39%。

> **科普小知识**
>
> ## 生活垃圾分类
>
> 生活垃圾可分为四类：可回收物、厨余垃圾、有害垃圾及其他垃圾。
>
> （1）可回收物　是指适宜回收和再利用的生活废弃物，主要包括废纸、废塑料、废金属、废包装物、废旧纺织物、废弃电器电子产品、废玻璃、废纸塑铝复合包装等。

（2）厨余垃圾 是指餐厨垃圾、果蔬垃圾、园林垃圾等有机垃圾。主要包括：过期食品，相关单位食堂、宾馆、饭店、餐饮网点等产生的餐厨垃圾，农贸市场、农产品批发市场产生的腐肉、肉碎骨、蛋壳、畜禽产品内脏和其他果蔬垃圾，枯枝落叶和修剪产生的园林垃圾等。

（3）有害垃圾 是指对人体健康有害或对环境造成危害的生活垃圾。主要包括：废电池（镉镍电池、氧化汞电池、铅蓄电池等），废荧光灯管（日光灯管、节能灯等），废温度计，废血压计，废药品及其包装物，废油漆、溶剂及其包装物，废杀虫剂、消毒剂及其包装物，废胶片及废相纸，等等。

（4）其他垃圾 是指除上述三类范围外的其他生活垃圾。主要包括受污染无法再生利用的纸张、玻璃、塑料制品、废旧衣物、一次性餐具以及烟头、灰土等。

常见生活垃圾分类示意图见图5-5。

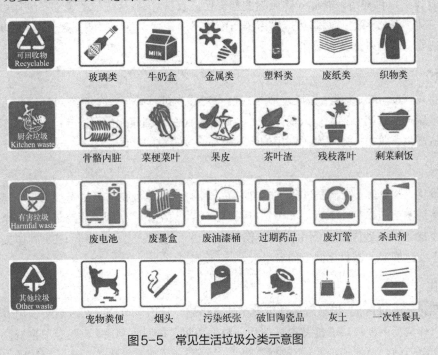

图5-5 常见生活垃圾分类示意图

第二节 固体废物资源化的重点任务及相关法律、政策

在高质量发展推进过程中，做好固体废物污染防治工作仍然十分艰巨。我国的固体废物增量和存量仍处于历史高位，随着经济的发展，在一定时间内总量可能还会增加，污染防治新老问题叠加。现在每年产生工业固体废物约33亿吨，历年累积的工业固体废物总量超过600亿

吨，建筑垃圾、农业固体废物等也是数十亿吨甚至上百亿吨的规模，大量历史遗留的废渣、尾矿库污染防治还未完全解决。与此同时，我国固体废物的收集处理设施和能力缺口较大，综合利用率总体偏低，缺少高附加值、规模化利用的产品。现在，新能源产业快速发展，也会产生大量新的固体废物。对此，要有充分、冷静的判断，必须坚持系统观念，完整、准确、全面贯彻新发展理念，深入贯彻实施《中华人民共和国固体废物污染环境防治法》等法律法规，在法治轨道上不断推动固体废物污染防治工作取得新成效。

一、固体废物防治的原则

（一）三化基本原则

《中华人民共和国固体废物污染环境防治法》第四条规定："固体废物污染环境防治坚持减量化、资源化和无害化的原则。任何单位和个人都应当采取措施，减少固体废物的产生量，促进固体废物的综合利用，降低固体废物的危害性。"这样，就从法律上确立了固体废物污染防治的"三化"基本原则，即固体废物污染防治的"减量化、资源化和无害化"，并以此作为我国固体废物管理的基本技术政策。

1. 无害化

无害化（harmlessness）指通过适当的技术对废物进行处理，使其不对环境产生污染，不对人体健康产生影响。这是以人民为中心，保障人民身体健康和生命安全的必然要求，也是固体废物从产生、收集、处理到再利用的全过程都必须遵循的底线原则。

2. 减量化

减量化（reduction）指通过实施适当的技术，减少固体废物的产生量和容量。减量化是固体废物防治的最佳途径，不管从哪个角度说，少产生甚至不产生固体废物都是最经济、对环境破坏最小的办法。我国是世界上固体废物产生量最大的国家之一，单位GDP固体废物产生量也远高于发达国家，减量化的空间非常大。

3. 资源化

资源化（recycling）指采取各种管理和技术措施，从固体废物中回收具有使用价值的物质和能源，作为新的原料或者能源投入使用。数据表明，每回收利用1万吨废旧物资，可节约自然资源4.12万吨，节约能源1.4万吨标准煤❶，减少3.7万吨二氧化碳排放。有效回收利用固体废物资源，就相当于开启了"第二矿山"，而且还是一座富矿。我国人口总量大、资源人均占有率低的特殊国情，以及日趋复杂严峻的外部环境，要求我们必须大力推进固体废物资源化利用，这不仅是污染防治的需要，也是关系到国家能源资源安全、推进高质量发展、实现高水平自立自强的战略问题。

（二）全过程管理原则

《中华人民共和国固体废物污染环境防治法》第五条规定："固体废物污染环境防治坚持污染担责的原则。产生、收集、贮存、运输、利用、处置固体废物的单位和个人，应当采取措施，防止或者减少固体废物对环境的污染，对所造成的环境污染依法承担责任。"这样，就从法律上

---

❶ 1吨标准煤 = 29.3×10⁶kJ。

确立了固体废物污染防治的全过程管理原则。固体废物全过程管理是指对固体废物的产生、收集、贮存、运输、利用、处置等全过程的各个环节进行监管，制定明晰的固体废物管理策略和适合实际情况的固体废物处理处置技术路线，防止固体废物对环境产生一次污染和二次污染。

二、固体废物防治的重点任务

（一）主要目标

《中共中央　国务院关于深入打好污染防治攻坚战的意见》指出，到2025年，固体废物和新污染物治理能力明显增强，生态系统质量和稳定性持续提升，生态环境治理体系更加完善，生态文明建设实现新进步。要求稳步推进"无废城市"建设，健全"无废城市"建设相关制度、技术、市场、监管体系，推进城市固体废物精细化管理。"十四五"时期，推进100个左右地级及以上城市开展"无废城市"建设，鼓励有条件的省份全域推进"无废城市"建设，提升城市精细化管理水平，为全面加强生态环境保护、建设"无废社会"和美丽中国作出贡献。

（二）重点任务

2021年12月，生态环境部等18个部门联合印发《"十四五"时期"无废城市"建设工作方案》（环固体〔2021〕114号），明确提出到2025年，"无废城市"固体废物产生强度较快下降，综合利用水平显著提升，无害化处置能力有效保障，减污降碳协同增效作用充分发挥，基本实现固体废物管理信息"一张网"，"无废"理念得到广泛认同，固体废物治理体系和治理能力得到明显提升。

围绕固体废物污染防治的重点领域和关键环节，《"十四五"时期"无废城市"建设工作方案》主要明确了七个方面的任务。一是科学编制实施方案，强化顶层设计引领。重点是加强规划衔接，建立评估考核制度，强化基础设施保障。二是加快工业绿色低碳发展，降低工业固体废物处置压力。重点是结合工业领域减污降碳要求，加快探索重点行业工业固体废物减量化和"无废矿区""无废园区""无废工厂"建设的路径模式。三是促进农业农村绿色低碳发展，提升主要农业固体废物综合利用水平。重点是发展生态种植、生态养殖，建立农业循环经济发展模式，促进畜禽粪污、秸秆、农膜、农药包装物回收利用。四是推动形成绿色低碳生活方式，促进生活源固体废物减量化、资源化。重点是大力倡导"无废"理念，深入开展垃圾分类，加快构建废旧物资循环利用体系，推进塑料污染全链条治理，推进市政污泥源头减量和资源化利用。五是加强全过程管理，推进建筑垃圾综合利用。重点是大力发展节能低碳建筑，全面推广绿色低碳建材，推动建筑材料循环利用。六是强化监管和利用处置能力，切实防控危险废物环境风险。重点是实施危险废物规范化管理、探索风险可控的利用方式、提升集中处置基础保障能力。七是加强制度、技术、市场和监管体系建设，全面提升保障能力。重点是完善部门责任清单、统计、信息披露等制度，加强先进技术的研发应用和标准制定，完善市场化机制，强化信息化、排污许可等管理措施。

三、固体废物防治的法律保障

《中华人民共和国固体废物污染环境防治法》于1995年10月30日第八届全国人民代表大会常务委员会第十六次会议通过，2004年12月29日第十届全国人民代表大会常务委员会第十三次会议第一次修订，根据2013年6月29日第十二届全国人民代表大会常务委员会第三次会议《关于修改〈中华人民共和国文物保护法〉等十二部法律的决定》第一次修正，根据

2015年4月24日第十二届全国人民代表大会常务委员会第十四次会议《关于修改〈中华人民共和国港口法〉等七部法律的决定》第二次修正，根据2016年11月7日第十二届全国人民代表大会常务委员会第二十四次会议《关于修改〈中华人民共和国对外贸易法〉等十二部法律的决定》第三次修正，2020年4月29日第十三届全国人民代表大会常务委员会第十七次会议第二次修订。修订后由原来的六章九十一条增加至九章一百二十六条，确立了"减量化、资源化、无害化""污染担责"等重大法律原则，增加了建筑垃圾、农业固体垃圾和保障措施等专章，完善了对工业固体废物、农业固体废物、生活垃圾、建筑垃圾、危险废物等的污染防治制度。

四、固体废物资源化相关政策

党中央、国务院高度重视固体废物和化学品环境管理工作，就禁止洋垃圾进口、"无废城市"建设、危险废物处理处置、垃圾分类、塑料污染治理、化工领域风险管控、快递包装污染治理、尾矿库环境管控等问题多次作出部署。从"十三五"坚决打好污染防治攻坚战，到"十四五"深入打好污染防治攻坚战，国家和部委相继发布了一些相关法律法规政策标准，积极推动落实一系列举措。表5-2系统梳理了"十三五"以来相关政策文件标准，以期为从事该领域的各方工作者提供政策参考。

表5-2 中国固体废物处置处理相关政策一览表

发布时间	出台单位	政策名称	重点内容解读
2022年4月	生态环境部	《关于发布"十四五"时期"无废城市"建设名单的通知》	根据各省份推荐情况，综合考虑城市基础条件、工作积极性和国家相关重大战略安排等因素确定"十四五"时期开展"无废城市"建设的城市名单。此外，雄安新区、兰州新区、光泽县、兰考县、昌江黎族自治县、大理市、神木市、博乐市等8个特殊地区参照"无废城市"建设要求一并推进
2022年3月	生态环境部	《关于进一步加强重金属污染防控的意见》	对利用涉重金属固体废物的重点行业建设项目，特别是以历史遗留涉重金属固体废物为原料的，在满足利用固体废物种类、原料来源、建设地点、工艺设备和污染治理水平等必要条件并严格审批前提下，可在环评审批程序实行重金属污染物排放总量替代管理豁免
2022年1月	国务院	《关于加快推进城镇环境基础设施建设的指导意见》	列出固体废物处置目标：至2025年，城镇固体废物处置及综合利用能力显著提升，利用规模不断扩大，新增大宗固体废物综合利用率达到60%
2022年1月	国家发展改革委	《国家发展改革委办公厅关于加快推进大宗固体废弃物综合利用示范建设的通知》	经各地发展改革委审核推荐、专家评审、网上公示等程序，确定了40个大宗固体废物综合利用示范基地和60家大宗固体废物综合利用骨干企业。除了指出要进一步完善基地和骨干企业实施方案外，通知还指出要加快推进综合利用示范建设，推动实现"到2025年大宗固废年综合利用量达到40亿吨左右"目标任务
2022年1月	工业和信息化部、国家发展改革委等	《关于加快推动工业资源综合利用的实施方案》	到2025年，力争大宗工业固废综合利用率达到57%。此外，在加快工业固废规模化高效利用上，提出要加快推进尾矿（共伴生矿）、粉煤灰、煤矸石等工业固废在有价组分提取、建材生产等领域的规模化利用

续表

发布时间	出台单位	政策名称	重点内容解读
2021年12月	生态环境部、国家发展改革委、工业和信息化部等	《"十四五"时期"无废城市"建设工作方案》	推动100个左右地级及以上城市开展"无废城市"建设,到2025年,"无废城市"固体废物产生强度较快下降,综合利用水平显著提升,无害化处置能力有效保障,减污降碳协同增效作用充分发挥,基本实现固体废物管理信息"一张网","无废"理念得到广泛认同,固体废物治理体系和治理能力得到明显提升
2021年11月	国务院	《中共中央 国务院关于深入打好污染防治攻坚战的意见》	到2025年,生态环境持续改善,主要污染物排放总量持续下降,固体废物和新污染物治理能力明显增强,生态系统质量和稳定性持续提升;到2035年,广泛形成绿色生产生活方式,碳排放达峰后稳中有降,生态环境根本好转,美丽中国建设目标基本实现
2021年10月	国务院	《2030年前碳达峰行动方案》	加强大宗固废综合利用。到2025年,大宗固废年利用量达到40亿吨左右;到2030年,年利用量达到45亿吨左右
2021年7月	国家发展改革委	《"十四五"循环经济发展规划》	到2025年,循环型生产方式全面推行,绿色设计和清洁生产普遍推广,资源综合利用能力显著提升,资源循环型产业体系基本建立,大宗固废综合利用率达到60%
2021年3月	国家发展改革委、科技部、工业和信息化部等	《关于"十四五"大宗固体废弃物综合利用的指导意见》	到2025年,煤矸石、粉煤灰、尾矿(共伴生矿)、冶炼渣等大宗固废的综合利用能力显著提升,利用规模不断扩大,新增大宗固废综合利用率达到60%,存量大宗固废有序减少。其中,在尾矿(共伴生矿)方面,提出推动采矿废石制备砂石骨料、陶粒、干混砂浆等砂源替代材料和胶凝回填利用,探索尾矿在生态环境治理领域的利用
2021年3月	全国人大	《中华人民共和国国民经济和社会发展第十四个五年规划和2035年远景目标纲要》	全面整治固体废物非法堆存,提升危险废弃物监管和风险防范能力
2021年2月	国务院	《国务院关于加快建立健全绿色低碳循环发展经济体系的指导意见》	在推进工业绿色升级方面,要加快实施钢铁、石化、化工、有色、建材、纺织、造纸、皮革等行业绿色化改造。建设资源综合利用基地,促进工业固体废物综合利用
2020年11月	生态环境部、商务部、国家发展改革委、海关总署	《关于全面禁止进口固体废物有关事项的公告》	禁止以任何方式进口固体废物,禁止我国境外的固体废物进境倾倒、堆放、处置。生态环境部不再审批、发放限制进口类可用作原料的固体废物进口许可证。2020年已发放的限制进口类可用作原料的固体废物进口许可证,应当在证书载明的2020年有效期内使用,逾期自行失效。自2021年1月1日起正式施行
2018年12月	国务院	《"无废城市"建设试点工作方案》	鼓励专业化第三方机构从事固体废物资源化利用、环境污染治理与咨询服务,打造一批固体废物资源化利用骨干企业;以政府为责任主体,推动固体废物收集、利用与处置工程项目和设施建设运行,在不增加地方政府债务前提下,依法合规探索采用第三方治理或政府和社会资本合作(PPP)等模式,实现与社会资本风险共担、收益共享

续表

发布时间	出台单位	政策名称	重点内容解读
2017年4月	国家发展改革委、科技部、工业和信息化部等	《循环发展引领行动》	要推动大宗工业固废综合利用。重点推动冶金渣、化工渣、赤泥、磷石膏、电解锰渣等产业废物综合利用,培育一批骨干企业。进一步加强钢渣、矿渣、煤矸石、粉煤灰和脱硫石膏的综合利用
2016年12月	国务院	《"十三五"节能减排综合工作方案》	要统筹推进大宗固体废物综合利用,加强共伴生矿产资源及尾矿综合利用,到2020年,工业固体废物综合利用率达到73%以上
2016年11月	国务院	《"十三五"生态环境保护规划》	全面整治历史遗留尾矿库。此外,提出要加强矿山地质环境保护与生态恢复,加大矿山植被恢复和地质环境综合治理,开展病危险尾矿库和"头顶库"(1公里内有居民或重要设施的尾矿库)专项整治,强化历史遗留矿山地质环境恢复和综合治理。推广实施尾矿库充填开采等技术,建设一批"无尾矿山"(通过有效手段实现无尾矿或仅有少量尾矿占地堆存的矿山),推进工矿废弃地修复利用
2016年11月	国务院	《"十三五"国家战略性新兴产业发展规划》	在大力推动大宗固体废物和尾矿综合利用上,推动废弃物综合利用,研发尾矿深度加工和综合利用技术,促进尾矿中伴生有价元素回收和高技术含量尾矿产品开发,提高尾矿综合利用经济性
2016年5月	国务院	《土壤污染防治行动计划》	要全面整治历史遗留尾矿库,有重点监管尾矿库的企业要开展环境风险评估,完善污染治理设施,储备应急物资。此外,要加强工业废物处理处置,全面整治尾矿、煤矸石等堆存场所

第三节 固体废物资源化的基本技术

社会资源开发、工业生产制造是确保社会正常运转、保障人们正常生活的基础。但是在实施社会资源开发、工业生产的过程中,会产生很多垃圾和废品,即有用产品被消费之后产生的固体废物。在人们生活水平不断提升的当下,人们对于生活环境要求更高,更加注重环境保护问题。实施固体废物资源化,便是将固体废物变废为宝的一个过程,借助对固体废物实施二次处理的形式,将可以回收的部分进行高效利用回收,消除固体废物当中有毒有害部分,降低固体废物对生态环境造成的污染。为了全面贯彻环境保护要求,应该重视固体废物处理工作,借助资源化技术和综合利用技术对固体废物实施科学高效处理,真正实现资源科学合理综合运用,保护人们赖以生存的家园。

目前,我国对固废处理的认知尚浅,技术能力较弱,执行的是减量化、无害化和资源化等三类技术政策,以无害化为主,而欧美发达国家一般以资源化为主。通过预防减少或避免源头的废物产生量,实现减量化;对于不能避免产生和回收利用的废物,必须经过无害化处理,减少其量和毒性，然后在先进的填埋场处置，从而实现减量化；对于源头不能削减的废物和消费者产生的废物加以回收、再使用、再循环，使它们回到经济循环中去，实现资源化。图5-6为常见固体废物资源化方法，图5-7是危废处理处置的技术路线图。

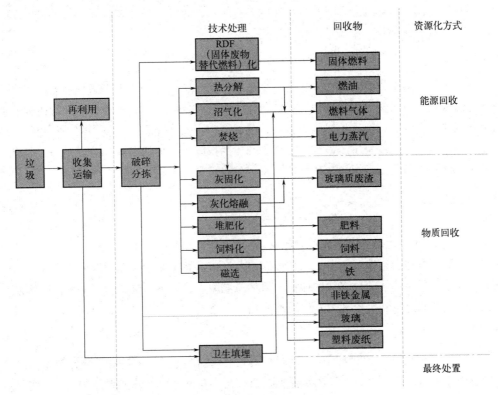

图5-6　常见固体废物资源化方法

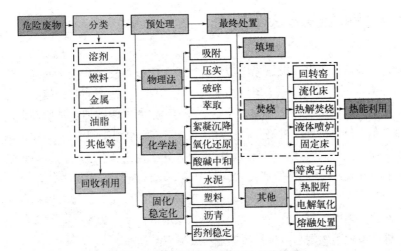

图5-7　危废处理处置的技术路线图

一、固体废物预处理技术

固体废物的种类多种多样，其形状、大小、结构及性质有很大的不同，为了便于对它们进行合适的处理和处置，往往要经过废物的预加工处理。常用的预处理方法如下。

1. 压实

压实是用机械方法增加固体废物内部的聚集程度，使其容重增大、表观体积减少、降低运输成本、预稳定化、延长填埋寿命的预处理技术，对于压缩性能大而复原性能小的物质，如塑料瓶、易拉罐、汽车等通常考虑采用此技术进行处理。而某些可能引起操作问题的废弃物，如污泥、液体物料、焦油等，不推荐采用压实处理。

2. 破碎

破碎指通过人力或机械等外力的作用，破坏物体内部的凝聚力和分子间作用力而使物体破裂变碎、由大块固体废物分裂成小块的操作过程；而使小块固体废物颗粒变成细碎粉末的过程称为磨碎或粉磨。经破碎处理后的固体废物，空隙变小，尺寸减小，粒度均匀，更易在填埋过程中压实。破碎方法主要有挤压破碎、冲击破碎、摩擦破碎和剪切破碎、混式破碎和低温破碎等。剪切式破碎机是目前使用较为广泛的一种设备，但是螺旋辊粉碎机在处理堆肥垃圾和填埋垃圾方面更为有效。

3. 脱水

对于含水率超过90%的固体废物必须进行脱水减容，便于后续的包装、运输与资源化利用。常用的脱水方法有浓缩脱水、机械过滤脱水及泥浆自然干化脱水。浓缩脱水主要脱出固体废物的间隙水，显著缩小固体废物的体积；机械过滤脱水是脱出毛细结合水和表面吸附水；而泥浆自然干化脱水是指利用自然蒸发和底部滤料、土壤进行过滤脱水。

4. 固化

固化技术主要是在固体废物中加入固化基材，从而使惰性固化基材包裹住有害的固体废物，经过固化处理的产出物有良好的机械性、抗干湿、抗渗透、抗冻融以及抗浸出等特性。按照固化基材的不同可将固化处理分为胶质固化、沥青固化和玻璃固化等。

二、固体废物传统处理方法

1. 安全填埋技术

安全填埋是目前中国大部分城市正在使用的固体废物处理技术，主要是通过封闭填埋的手段对废弃物进行集中处理。应用安全填埋技术时，先选部分没有回收价值的废弃物，将废弃物进行分离和集中，再经由专门的垃圾运输车运送到指定的封闭填埋场，填埋之后由推土机压平。通常填埋采用先地下再地上的顺序，完成地下填埋后再进行地上压平。在垃圾处理技术和资源转换技术不那么先进的年代，安全填埋技术是最先被提出并广泛应用于垃圾处理中的技术类型。该处理技术的优势是直接便捷，并且具有较好的经济性，能集中处理较大规模的废弃物，对能源的消耗也很少。但其劣势也很明显，在很多大中型城市，城市固体废物的类型越来越多，很多地区已不能再利用这样的手段大规模处理垃圾，并且集中填埋垃圾的消耗也需要很长的时间，垃圾被填埋不代表它对自然界的危害会被完全消除。

2020年11月，生态环境部等发布《一般工业固体废物贮存和填埋污染控制标准》（GB 18599—2020），并于2021年7月1日起实施。该标准规定了一般工业固体废物贮存场、填埋场的选址、建设、运行、封场、土地复垦等过程的环境保护要求，以及替代贮存、填埋处置的一般工业固体废物充填及回填利用环境保护要求，以及监测要求和实施与监督等内容。图5-8和图5-9分别为卫生填埋场和危险废物填埋场的示意图。

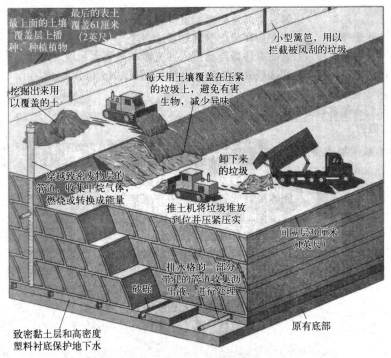

图5-8 卫生填埋场示意图

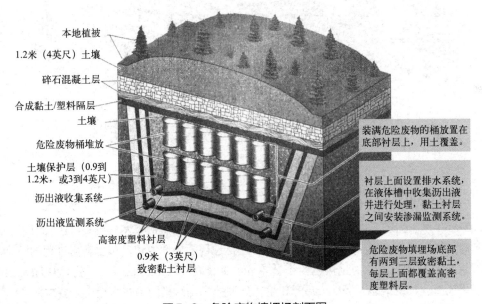

图5-9 危险废物填埋场剖面图

2. 焚烧法

焚烧是指固体废物中的可燃物在焚烧炉中与氧进行化学反应，通过焚烧可以使可燃性固体废物氧化分解，达到去除毒性、回收能量及获得副产品的目的。几乎所有的有机废物都可以用焚烧法处理。对于无机-有机混合固体废物，如果有机物是有毒有害物质，一般也采用焚烧法处理。焚烧法适用于处理可燃物较多的垃圾。

固体废物焚烧工艺流程如图5-10和图5-11所示，焚烧技术主要有以下四种：机械炉排焚烧技术、循环流化床焚烧技术、回转窑焚烧技术、气化焚烧技术。我国固体废物焚烧处理厂数量逐年上升，至2018年，中国共投运331座垃圾发电厂，每天可处理固体废物36.46万吨。已投运的垃圾电厂中，70%以上的焚烧发电厂采用炉排炉，其余焚烧发电厂主要采用流化床锅炉。目前，我国垃圾处理工艺以炉排炉、流化床为主，回转窑、气化焚烧技术因成本、技术成熟度等原因应用相对较少。

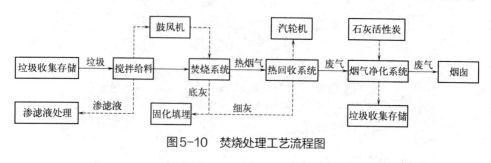

图5-10 焚烧处理工艺流程图

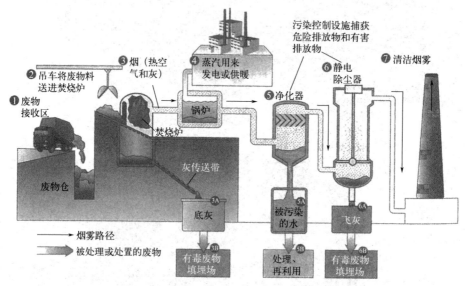

图5-11 原生垃圾、废物变能源焚烧炉流程图

三、固体废物资源化利用技术

2020年1月，生态环境部发布《固体废物再生利用污染防治技术导则》（HJ 1091—2020），规定了固体废物再生利用工程的选址、建设、运行过程的总体要求，再生利用过程的污染防治技术要求和监测要求。特别是对主要工艺单元，如清洗、干燥、破碎、分选、中和、絮凝沉淀、氧化还原、蒸发结晶、烧结、热解和生物处理技术等污染防治技术提出了要求。

1. 分选技术

不经分选的混合废弃物较难直接进行资源化，分选是将混合废弃物按照材质、颜色、尺寸等特性进行自动化分离的过程，既包括将混合垃圾中可回收利用物料分离出来的精选过程，也包括将不利于后续处理、不符合处置工艺要求的物质分离出来的除杂过程。分选可将混合垃圾分成各类高纯度单一材料物料流，成为资源化环节的合适进料，却不直接产生经济价值；通过各项资源化技术能够将分选产出物转化成高质量和高价值的再生产品，从而为全产业链创造经济价值。具体包含机械分选、光电分选、电磁分选等，见图5-12。

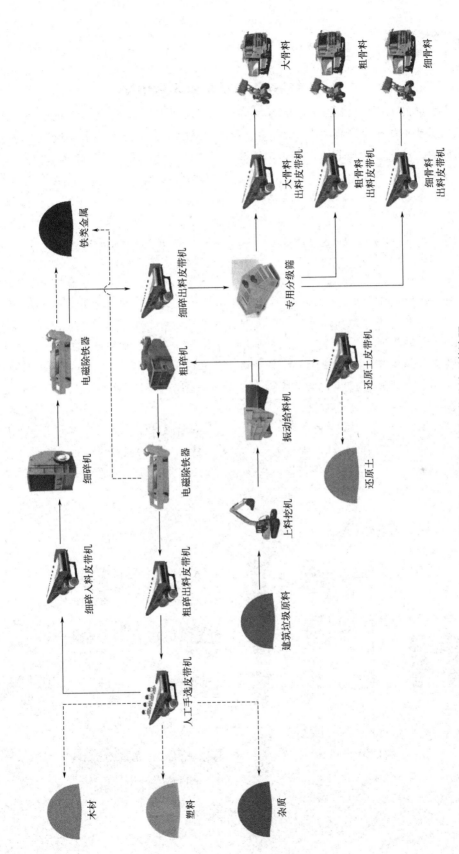

图5-12 常见的固体废物分选工艺流程

> 案例分析

上海生活垃圾分类全程体系建设

随着中国城镇化快速发展，人民生活水平不断提高，"垃圾围城"成为全国大中型城市发展中的一个"痛点"。近年来，物流、餐饮行业的兴起发展，使得上海市生活垃圾量面临巨大的增长力，并由此衍生出土地侵占、环境污染、资源浪费等问题。垃圾分类作为推进生活垃圾减量化、资源化、无害化的主要手段之一，是提升人居环境、加快生态文明建设的重要举措。

上海自20世纪90年代开始推进生活垃圾分类工作，先后开展专项分类，探索分类标准、分类管理制度。垃圾分类既是民生"关键小事"，也是绿色发展大事。2014年，《上海市促进生活垃圾分类减量办法》确立了分类减量联席会议制度、分类投放管理责任人制度等多项管理制度。2017年，上海开始着手构建生活垃圾分类投放、分类收集、分类运输、分类处理的全程分类体系。2018年，上海发布实施方案明确地方标准和规范，印发三年行动计划细化工作进程，生活垃圾分类工作正式进入"全程分类，整体推进"的新阶段。2019年7月1日，《上海市生活垃圾管理条例》正式施行，为垃圾分类全程体系建设提供法治保障。目前，上海已基本形成"党建引领、规划先行、政府推动、市场运作、社会参与"的生活垃圾分类工作新格局，分类实效正在逐步提升。

推行垃圾分类，关键是要加强科学管理、形成长效机制、推动习惯养成。上海生活垃圾分类的主要经验，就是通过完善的顶层设计、良好的制度保障、完备的标准体系来指导实践，推动建立生活垃圾分类投放、分类收集、分类运输、分类处理的全程管理体系，形成以法治为基础、政府推动、全民参与、城乡统筹、因地制宜的垃圾分类制度。

生活垃圾分类体系见图5-13。

图5-13 生活垃圾分类体系

2. 固体废物替代燃料（RDF）制备技术

固体废物替代燃料（refuse derived fuel，RDF）是指从城市生活原生垃圾中分选出的若干类可燃固体废物中进一步提取出高热值部分可燃废物（如废纸、塑料、纺织品等），经过破碎、干燥后，再添加一些防腐和除氯的添加剂，最后压缩成型制成固体燃料，见图5-14。由于RDF具有方便运输和储存、无害化处理过程中较低的污染物排放量、较低的着火点、比原生垃圾更高的热值、燃烧充分稳定、排渣量低等的特点，在国家"双碳"目标的驱使下，RDF成为化石燃料的最佳替代燃料之一，可广泛应用于水泥、冶金等高能源消耗行业，替代化石燃料，减少碳排放，助力"双碳"目标。

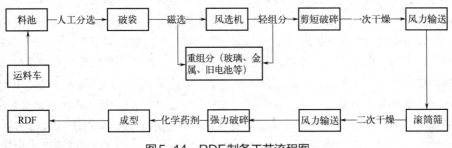

图5-14 RDF制备工艺流程图

3. 水泥窑法

水泥窑法就是利用水泥回转窑在水泥生产过程中协同焚烧垃圾，见图5-15。水泥窑法得到了业界好评，并成功实现了工业应用，如铜陵海螺水泥建成的世界首条水泥窑垃圾处理系统、金隅股份下属的北京水泥厂建成的水泥窑协同处理工业危废和城市污泥系统。水泥窑法主要优点有：具有天然的稳定高温环境，基本不产生二噁英；水泥窑具有天然的碱性环境，有利于中和酸性气体、固化重金属；垃圾和灰渣的组分与水泥原料类似，可作为水泥原料；投资和处理成本低；等等。

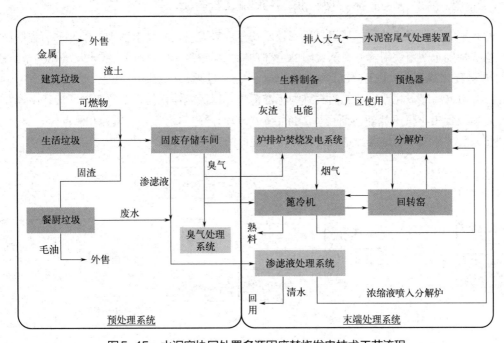

图5-15 水泥窑协同处置多源固废焚烧发电技术工艺流程

4. 生物处理技术

生物处理技术是利用微生物对有机固体废物的分解作用使其无害化。该种技术可以使有机固体废物转化为能源、食品、饲料和肥料，是固体废物资源化的有效的技术方法。与传统的填埋、焚烧等其他废物处理处置方法相比，生物处理技术主要对废物中的有机成分进行处理。生物处理技术不仅能实现有机固体废物的减量化，还能变废为宝，将废物转换为有机肥料以及生物天然气等能源产品。目前应用比较广泛的有堆肥化、沼气化、废纤维素糖化、废纤维饲料化、生物浸出等。

(1) 好氧堆肥化技术　目前，城市区域内使用最广的是动态高温堆肥技术，该技术对处理工艺和固体废物种类有很高的要求。固体废物中必须含有足够多的有机物质，且具备生物降解的优良属性，在排除毒害物质之后，进一步进行堆肥的破碎和分选处理。根据物质种类和特性的不同，这些分解之后的物质会经过发酵顺利完成转化，部分物质被当作肥料，而玻璃瓷器会被搅碎当作微生物的培养皿。好氧堆肥工艺流程见图5-16。堆肥发酵处理技术是目前中国大范围废物处理技术中最为先进的一种，该技术对科技水平的要求很高，目前大中型城市对其需求大，且发展情况良好。但是，中国尚未形成完整的技术应用链条，其产业化还处于发展阶段，因而堆肥发酵处理的发展前景和市场都有待提升，但其发展潜力毋庸置疑。2022年11月，生态环境部发布《生物质废物堆肥污染控制技术规范》（HJ 1266—2022），规定了生物质废物堆肥污染控制的总体要求，收集、贮存、运输、预处理和发酵过程的污染控制技术要求，以及监测和环境管理要求。

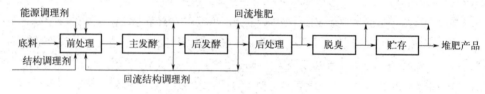

图5-16　好氧堆肥工艺流程图

(2) 厌氧发酵产沼技术　从沼气生产技术的角度来说，发酵是指在厌氧条件下，利用厌氧微生物（特别是产甲烷细菌）新陈代谢的生理功能，经过液化（水解）、酸化及气化三个阶段，将有机物转化成沼气（CH_4、CO_2）的整个工艺生产过程，厌氧消化工艺流程见图5-17。由60%甲烷和40%二氧化碳组成的沼气称为标准沼气。以厌氧消化为主要环节的"能环工程"手段，处理过程中不仅不耗能，而且每去除1kg COD所产生的沼气还可发电0.6kW·h，利用厌氧消化来治理环境并获得能源是人类利用自然规律的一个杰作。

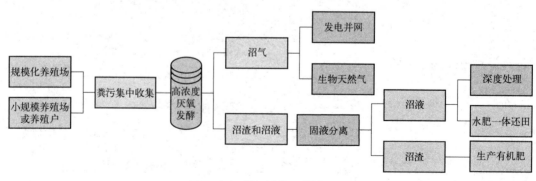

图5-17　厌氧消化工艺流程图

5. 固体废物热解技术

固体废物热解是指在无氧或缺氧条件下，使可燃性固体废物在高温下分解，最终成为可燃气体、油、固形碳的化学分解过程，是将含有有机可燃质的固体废物置于完全无氧的环境中加热，使固体废物中有机物的化合键断裂，产生小分子物质（气态和液态）以及固态残渣的过程，见图5-18。

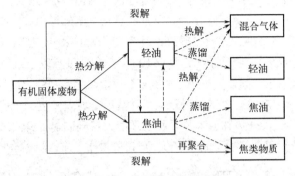

图5-18 热解反应主要流程

固体废物热解利用了有机物的热不稳定性，在无氧或缺氧条件下使得固体废物受热分解。热解法与焚烧法是完全不同的两个过程：焚烧是放热的，热解是吸热的；焚烧的产物主要是二氧化碳和水，而热解的产物主要是可燃的低分子化合物，气态的有氢、甲烷、一氧化碳，液态的有甲醇、丙酮、醋酸、乙醛等有机物及焦油、溶剂油等，固态的主要是焦炭或炭黑。焚烧产生的热能，量大的可用于发电，量小的只可供加热水或产生蒸汽，就近利用。而热解产物是燃料油及燃料气，便于贮藏及远距离输送。热解原理应用于工业生产已有很长的历史，木材和煤的干馏、重油裂解生产各种燃料油等早已为人们所知。但将热解原理应用到固体废物制造燃料，还是近几十年的事。国外利用热解法处理固体废物已达到工业规模，虽然还存在一些问题，但实践表明这是一种有前途的固体废物处理方法。

第四节 我国固体废物资源化成效

"绿水青山就是金山银山"，如今绿色发展已成为全社会的共识，并成为未来生活的目标和趋势。在城市发展的进程中，废物不仅在所难免，更是无处不在，阻碍绿色发展的推进。固体废物产生强度高、利用不充分，部分城市"垃圾围城"问题十分突出。推进"无废城市"建设，将引导全社会减少固体废物产生，提升城市固体废物管理水平，加快解决久拖不决的固体废物污染问题，不断改善城市生态环境质量。

一、"无废城市"政策沿革和推进现状

"无废城市"是以创新、协调、绿色、开放、共享的新发展理念为引领，通过推动形成绿色发展方式和生活方式，持续推进固体废物源头减量和资源化利用，最大限度减少填埋量，将固体废物环境影响降至最低的城市发展模式，是一种先进的城市管理理念，是从城市整体层面深化固体废物综合管理改革和推动"无废社会"建设的有力抓手。相比于发达国家，我国在推

进"无废城市"建设上起步稍晚，大致的过程是：2018年初，中央深改委将"无废城市"建设试点工作列入年度工作要点。2018年12月，国务院办公厅印发《"无废城市"建设试点工作方案》，"无废城市"建设试点工作正式启动，试点地区包括深圳、包头、铜陵、威海、重庆、绍兴、三亚、许昌、徐州、盘锦、西宁等11个城市和雄安新区、北京经济技术开发区、中新天津生态城、福建省光泽县、江西省瑞金市等5个特殊地区（简称"11+5"试点城市）。2021年11月，《中共中央 国务院关于深入打好污染防治攻坚战的意见》明确提出要稳步推进"无废城市"建设。2021年12月，生态环境部、国家发展改革委等18个部门和单位联合印发《"十四五"时期"无废城市"建设工作方案》，明确指出：推动100个左右地级及以上城市开展"无废城市"建设，到2025年，"无废城市"固体废物产生强度较快下降，综合利用水平显著提升，无害化处置能力有效保障，减污降碳协同增效作用充分发挥，基本实现固体废物管理信息"一张网"，"无废"理念得到广泛认同，固体废物治理体系和治理能力得到明显提升。2022年4月24日，生态环境部确定了"十四五"时期开展"无废城市"建设的城市名单，见表5-3。

表5-3 "十四五"时期开展"无废城市"建设的城市名单

一、直辖市		
序号	省份	建设范围
1	北京市	密云区、北京经济技术开发区
2	天津市	主城区（和平区、河西区、南开区、河东区、河北区、红桥区）、东丽区、滨海高新技术产业开发区、东疆保税港区、中新天津生态城
3	上海市	静安区、长宁区、宝山区、嘉定区、松江区、青浦区、奉贤区、崇明区、中国（上海）自由贸易试验区临港新片区
4	重庆市	中心城区（渝中区、大渡口区、江北区、沙坪坝区、九龙坡区、南岸区、北碚区、渝北区、巴南区、两江新区、重庆高新技术产业开发区）
二、省（自治区）		
序号	省份	城市名单
5	河北省	石家庄市、唐山市、保定市、衡水市
6	山西省	太原市、晋城市
7	内蒙古自治区	呼和浩特市、包头市、鄂尔多斯市
8	辽宁省	沈阳市、大连市、盘锦市
9	吉林省	长春市、吉林市
10	黑龙江省	哈尔滨市、大庆市、伊春市
11	江苏省	南京市、无锡市、徐州市、常州市、苏州市、淮安市、镇江市、泰州市、宿迁市
12	浙江省	杭州市、宁波市、温州市、湖州市、嘉兴市、绍兴市、金华市、衢州市、舟山市、台州市、丽水市
13	安徽省	合肥市、马鞍山市、铜陵市
14	福建省	福州市、莆田市
15	江西省	九江市、赣州市、吉安市、抚州市
16	山东省	济南市、青岛市、淄博市、东营市、济宁市、泰安市、威海市、聊城市、滨州市
17	河南省	郑州市、洛阳市、许昌市、三门峡市、南阳市
18	湖北省	武汉市、黄石市、襄阳市、宜昌市
19	湖南省	长沙市、张家界市
20	广东省	广州市、深圳市、珠海市、佛山市、惠州市、东莞市、中山市、江门市、肇庆市
21	广西壮族自治区	南宁市、柳州市、桂林市
22	海南省	海口市、三亚市

续表

序号	省份	城市名单
23	四川省	成都市、自贡市、泸州市、德阳市、绵阳市、乐山市、宜宾市、眉山市
24	贵州省	贵阳市、安顺市
25	云南省	昆明市、玉溪市、普洱市、西双版纳傣族自治州
26	西藏自治区	拉萨市、山南市、日喀则市
27	陕西省	西安市、咸阳市
28	甘肃省	兰州市、金昌市、天水市
29	青海省	西宁市、海西蒙古族藏族自治州、玉树藏族自治州
30	宁夏回族自治区	银川市、石嘴山市
31	新疆维吾尔自治区	乌鲁木齐市、克拉玛依市

此外，雄安新区、兰州新区、光泽县、兰考县、昌江黎族自治县、大理市、神木市、博乐市等8个特殊地区参照"无废城市"建设要求一并推进。以上城市明确将在"十四五"期间开展"无废城市"的建设。

据介绍，目前试点城市已带动投资固体废物源头减量、资源化利用、最终处置工程项目562项1200亿元，取得较好的生态环境效益、社会效益和经济效益。一些省市已经有较为明显推进，例如，浙江省率先印发《浙江省全域"无废城市"建设工作方案》，在全省推动"无废城市"建设；广东省发布《广东省推进"无废城市"建设试点工作方案》，探索建设珠三角"无废试验区"；重庆市与四川省共同推进成渝地区双城经济圈"无废城市"建设。

二、无废城市建设成效

总体而言，各试点城市基本完成了实施方案原定的各项任务。截至2020年底，共安排固废利用处置工程项目562项，其中已完成422项；安排制度、技术、市场、监管四大体系建设相关任务956项，其中已完成850项；还有246项任务正在推进。各试点重点城市围绕一般工业固废、农业固废、生活垃圾、危险废物等几大类固废，因地制宜、积极探索；通过创新生产、生活方式等，初步形成了一批具有良好示范作用的改革举措和典型经验模式，见表5-4。

表5-4 典型经验模式

序号	重点领域	典型经验模式	试点城市
1	一般工业固体废物	工业固体废物综合利用与废弃砂、矿坑治理协同模式	包头市
2		一般工业固体废物"绿色制造减排+园区废物集中管理+电子联单申报登记"综合治理示范模式	深圳市
3		"铜-硫磷化工-建材"行业全产业链减废模式	铜陵市
4		核心产业绿色升级带动全产业链减度提质+服务工业固体废物全生命周期的数字管理模式	北京经济技术开发区
5		绿色转型引领工业固废减量与高值利用+实施工业绿色再制造实现经济生态双赢模式	徐州市
6		开展绿色工厂创建、打造辽河油田"无废矿区"模式	盘锦市

续表

序号	重点领域	典型经验模式	试点城市
7	农业固体废物	"九化"协同、生态循环、全量利用,构建"无废养殖产业"体系模式;构建"农资企业收集、县转运仓储"农药包装废弃物回收体系模式	光泽县
8		秸秆高效还田及收储用一体多元化利用模式	徐州市
9		农业有机废弃物高值化利用的产业融合发展模式	许昌市
10		企业主导、政府推动、多方参与的秸秆规模化利用模式	铜陵市
11		畜禽粪污资源化利用种养结合循环发展模式	瑞金市
12		"草+畜+粪+肥"闭合循环的生态牧场模式、机制创新促进农业残膜回收利用模式	西宁市
13	生活垃圾	源头减量+过程管控+陆海统筹的塑料污染综合治理模式	三亚市
14		基于小城镇精细化治理的生活垃圾管理模式	中新天津生态城
15		生活垃圾"精细化分类管理+趋零填埋+全社会共建"综合治理示范模式	深圳市
16		基于信用体系建设的农村生活垃圾"4+1"分类模式	威海市
17		"规划先行,异地补偿"原生生活垃圾近零填埋模式	重庆市（主城区）
18		源头减量、干湿分类、就地利用,打造山区"无废农村"模式	光泽县
19		政府主导、市场运作、特许经营的建筑垃圾管理和资源化利用模式	许昌市
20		建筑领域全过程源头减量和资源化利用管理模式	河北雄安新区
21	危险废物	川渝首创危险废物跨省转移"白名单"制度和联合执法机制,创设小微源危险废物综合收集贮存试点制度	重庆市（主城区）
22		全面打造"源头减量—全量收运—规范利用"的链条式危险废物精细化管理模式	绍兴市
23		危险废物"在线回收利用+线上交易处置+全过程智慧监管"综合治理示范模式	深圳市
24		统筹推进立法、智能监管和能力建设一体化打造危险废物全生命周期管理模式	徐州市
25		危险废物管理"管家式"服务模式	北京经济技术开发区

三、无废城市典型亮点模式

结合国际、国内热点趋势和我国城市固废管理的共性难点问题,从中选择归纳四个方面的典型亮点模式作举例介绍。

（一）全过程管控系统推动塑料污染综合治理

当前,塑料垃圾问题,特别是海洋塑料污染问题受到国际、国内社会各界广泛关注。由于塑料污染治理涉及经济社会生产生活的方方面面,降低塑料污染风险,需各部门联动、多方配合,关键是要建立起综合治理长效机制。以三亚市为典型代表,在市委、市政府的总体部署下,建立多部门协同机制,成立"禁塑工作领导小组",全方位系统协同推动禁塑、限塑、减塑工作。印发《三亚市全面禁止生产、销售和使用一次性不可降解塑料制品实施方案》及其配套政策文件，明确目标任务；以"无废细胞工程"建设、文旅行业绿色消费为抓手推动塑料废物源头减量；强化陆海统筹，借力河长制、湖长制，加强河道垃圾排查整治，编制《三亚市防治船舶污染环境管理办法》等，减少入海垃圾；借助文旅产业传播"无废城市"理念，建立海洋环保宣传教育基地，提升公众意识；并积极开展国际合作，加入世界自然基金会（WWF）全球"净塑"城市倡议，开展"净塑"项目合作和经验分享，以提升国际影响力。

（二）集中式园区建设统筹城市固废处置，破解"邻避效应"

"邻避效应"是城市固废处理处置设施建设、运营中面临的共性难点问题。一些"无废城市"试点通过探索建立固废处理循环经济产业园、生态园等，开展集中式园区建设，统筹生活垃圾、一般工业固废、危险废物等综合处理处置，便于将分散的防范风险进行集中管理；同时，辅以高标准的处理设施建设，采取一系列先进技术、设计和具体措施，将产业园配套设施和居民生活融合，化"邻避"为"邻利"。该模式以徐州市、深圳市等为典型代表。徐州市通过建设集中式循环经济产业园，将各类固废在处理过程中的物质和能量构建循环和共生关系，立足安全、集中、高效处置城市废弃物的功能区定位，围绕已建成的餐厨垃圾处理厂和生活垃圾焚烧发电厂，将新建的危险废物处理等污染较重的设施布局在中心，新建的大件及园林垃圾处理等污染较小的设施布局在周边；结合高压走廊布设景观绿化，外围建设科研教育基地，打造工业旅游、生态景观园区，从而提升了居民的参与感和获得感，有效破解"邻避效应"。

（三）区域协同治理机制深化固废协同处置，促进资源共享、提升风险防控水平

目前，我国固废处理处置产能整体不足，特定种类固废处理处置能力存在结构性缺口。不少省、自治区、直辖市的固废产生种类、总量与其处理处置能力不相符，一些行政区的某些类别固废的处理处置能力有富余，某些类别又存在短缺。通过开展区域协同治理，有助于化解固废综合利用及无害化处理能力的区域供需失衡和结构性短板问题，也有助于遏制固废跨区域非法转移、倾倒等环境污染事件。该模式以成渝地区双城经济圈和深圳市为典型代表。成渝地区双城经济圈率先建立危险废物跨省转移"白名单"合作机制和联合执法机制，建立跨领域、跨部门、跨区域的危险废物高效管理体系，实现处置能力资源共享、就近处理、风险可控；深圳市依托粤港澳大湾区规划，构建建筑废弃物区域协同处置模式、医疗废物"全覆盖、全收集、全处理"模式，组织筹备深莞惠经济圈（3+2）生态环保合作，推进各地发挥资源优势，实现固废处置能力互补。

（四）智慧信息平台助推城市固废精细化管理

"无废城市"涉及的城市固废数量大、种类多、流向与底数不清且监管无序，这是当前各地城市固废管理中面临的普遍难题。通过利用信息化、数字化技术，建立城市固废智慧信息管理平台，对城市固废全周期、智能化、闭环式统筹管理，可有效助推城市固废精细化管理水平和效率。该模式以徐州市、北京经济技术开发区、深圳市等为典型代表。徐州市通过多维逻辑拓扑运算技术、数据挖掘、3S（遥感系统、全球定位系统和地理信息系统）集成技术、物联网、二维码联单等技术打造智慧信息管理平台，分别构建城市、产业、园区/企业层面的各类固废产生、收运、处置、贮存等各环节的监测数据，实现固废的全生命周期智慧化跟踪监管；同

时，可有效解决整个固废链条上下游信息不对称问题，实现产废单位与用废单位的信息共享，优化资源配置，促进企业间交易撮合。

四、无废城市走向无废社会

从"无废城市"试点逐步走向"无废社会"是一个需要长期努力奋斗的过程。可以将我国建设"无废社会"的时间节点划分为试点探索期、提升推广期和全面实现期三个时期。

一是试点探索期（2018—2025年），战略目标是形成一批具有典型带动示范作用的"无废城市"综合管理制度和建设模式，无废城市固体废物产生量增长率与经济增长率相对脱钩，固废综合利用水平显著提升，各类固体废物填埋处置总量不增长，固体废物产生量、贮存量开始进入下行通道，固废管理信息"一张网"。在这个阶段，无废理念初步形成。

二是提升推广期（2026—2035年），战略目标是在全国范围推行"无废城市"建设，重点区域的主要城市基本完成"无废城市"建设目标，部分试点城市固体废物环境管理达到国际先进水平，各类固体废物填埋处置总量呈现下降趋势，在这个阶段，无废理念深入人心。

三是在全面实现期（2036—2050年），全国主要大中城市基本完成"无废城市"建设，各类固体废物填埋处置总量低于10%，节约资源、垃圾分类等行为蔚然成风，争取"无废社会"基本建成，为美丽中国建设作出贡献。

"无废城市"正日益成为国际社会有关废物健全管理的共识。"无废城市"建设可视为城市发展中一种更为经济、环保的方案，它要求尽量多地采用废弃材料和可再生能源，并将固体废物环境影响降至最低，实现资源能源节约。我国"无废城市"建设试点将借生态文明体制改革之势，探索解决制约我国固体废物管理的难题，为城市谋划更长远的发展路径，推动绿色发展。相信我国"无废城市"建设试点将在创新废物管理解决方案、技术和地方各界参与等方面，为全球固体废物安全管理贡献中国经验。

课外阅读

"无废城市"建设

"无废城市"不是指没有固体废物产生或固体废物完全资源化利用的城市，而是一种先进的城市管理理念，即以创新、协调、绿色、开放、共享的新发展理念为引领，通过推动形成绿色发展方式和生活方式，持续推进固体废物源头减量和资源化利用，最大限度减少填埋量，将固体废物的环境影响降至最低的城市发展模式。这一理念旨在改变传统的"大量生产、大量消耗、大量排放"的生产和消费模式，最终实现整个城市固体废物产生量最小、资源化利用充分、处置安全的目标。

2018年12月，国务院办公厅印发《"无废城市"建设试点工作方案》，通过在试点城市深化固体废物综合管理改革，系统构建指标体系，总结试点经验做法，形成一批可复制、推广的"无废城市"建设示范模式。2019年5月，广东省深圳市、内蒙古自治区包头市、安徽省铜陵市、山东省威海市、重庆市（主城区）、浙江省绍兴市、海南省三亚市、河南省许昌市、江苏省徐州市、辽宁省盘锦市、青海省西宁市，以及河北雄安新区（新区代表）、北京经济技术开发区（开发区代表）、中新天津生态城（国际合作代表)、福建省光泽县(县级代表)、江西省瑞金市(县级市代表)等共16个试点城市和地区启动"无废城市"建设试点工作。

"无废城市"建设是深入落实中共中央、国务院决策部署的具体行动,建设试点是从城市整体层面深化固体废物综合管理改革、推动"无废社会"建设的有力抓手,是提升生态文明、建设美丽中国的重要举措。

练习题

一、名词解释

1. 固体废物　　2. "三化"基本原则　　3. 危险废物　　4. 无废城市
5. 安全填埋　　6. 动态高温堆肥技术　　7. 发酵　　8. 固体废物热解
9. 固体废物替代燃料(RDF)　　10. 邻避效应

二、填空题

1. 固体废物全过程管理是指对固体废物的_____、_____、_____、_____、_____、_____等全过程的各个环节进行监督,制定明晰的固体废物管理策略和适合实际情况的固体废物处理处置技术路线,防止固体废物对环境产生一次和二次污染。

2. 固体废物对生态环境的污染危害主要表现在对_____、_____、_____和土壤环境质量的影响。

3. 危险废物通常具有_____、_____、_____、_____、_____等危害环境和人体健康的特性,因而需要单独进行管理。

4. 三段理论将厌氧发酵划分为_____、_____、_____等三个阶段。

5. 好氧堆肥化工艺可由前处理、_____、_____、_____、脱臭和_____等工序组成。

三、简答题

1. 简述固体废物的特点及危害。
2. 我国固体废物防治的重点任务有哪些?
3. 危险废物的危险特性分为哪几类?
4. 常见的固体废物预处理方法有哪些?进行预处理的主要目的包括哪些?
5. 固体废物热解与焚烧相比具有哪些优点?

四、论述题

1. 清朝诗人龚自珍曾有"落红不是无情物,化作春泥更护花"的诗句,请结合所学固废相关专业知识,谈谈你对这一自然现象的理解和认识。

2. 根据本章内容并结合实际案例,指出我国当下开展固体废物循环利用的不足及建议。

3. 为了提高城市生态环境质量,增强民生福祉,国务院办公厅印发了《"无废城市"建设试点工作方案》,要在全国范围内选择10个左右适合的城市开展试点工作。什么叫作"无废城市"?为什么要建设"无废城市"?建设"无废城市"的意义是什么?我们应该怎么去做?

第六章

生态系统与生态保护

Study Guide
学习指南

内容提要　本章主要介绍生态系统的概念、组成、结构、类型和功能，阐述了生态平衡的特点及平衡破坏的原因、生态学的一般规律及其在环境保护中的应用，总结了党的十八大以来我国在生态保护方面取得的显著成就。

重点要求　熟悉生态系统的概念、组成、结构和类型；掌握生态系统的功能，尤其是物质循环；了解生态平衡的特点及平衡破坏的原因；掌握生态学的一般规律及其在环境保护中的应用。

第一节 生态系统

2022年10月，党的二十大明确了新时代我国生态文明建设的战略任务，对生态文明建设提出了一系列新目标、新要求，作出了新部署，为建设美丽中国提供了根本遵循和行动指南。党的二十大报告指出，大自然是人类赖以生存发展的基本条件，要推动绿色发展，促进人与自然和谐共生。尊重自然、顺应自然、保护自然，是全面建设社会主义现代化国家的内在要求。必须牢固树立和践行绿水青山就是金山银山的理念，站在人与自然和谐共生的高度谋划发展。要推进美丽中国建设，坚持山水林田湖草沙一体化保护和系统治理，统筹产业结构调整、污染治理、生态保护、应对气候变化，协同推进降碳、减污、扩绿、增长，推进生态优先、节约集约、绿色低碳发展。

一、生态系统的基本概念

生态学是研究生命系统和环境系统之间相互作用的机理、规律的科学。1869年，海克尔（Ernst Haeckel）首先提出生态学的概念。1935年坦斯利提出生态系统的概念。1942年林德曼提出食物链和金字塔营养结构（十分之一定律），确立了生态系统物质循环和能量流动理论，为现代生态学奠定了基础。

生态系统（ecosystem）就是在一定空间中共同栖居着的所有生物（即生物群落）与其环境之间由于不断进行物质循环和能量流动而形成的统一整体。地球上的森林、草原、荒漠、海洋、湖泊、河流等，不仅形貌有区别，生物组成也各有其特点，并且其中生物和非生物构成了一个相互作用、物质不断循环、能量不停流动的生态系统。故生态系统是指在一定的时间和空间内，生物成分和非生物成分之间通过不断的物质循环、能量流动和信息传递而相互作用、相互依存构成的统一整体，是具有一定结构和功能的单位，具有自动调节机制。共存于一定空间的各种生物的总和称为生物群落。所以，生态系统又可概括为生物群落与其生存环境共同构成的综合体。或者说，生态系统就是生命系统与环境系统在特定空间的组合。

学者在应用生态系统概念时，对其范围和大小并没有严格的限制，小至动物有机体内消化道中的微生物系统，大至各大洲的森林、荒漠等生物群落，甚至整个地球上的生物圈或生态圈都可称为生态系统，其范围和边界随研究问题的特征而定。例如，研究池塘的能量流动、杀虫剂残留、酸雨、全球气候变化对生态系统的影响等，其空间尺度的变化很大，相差若干数量级。

二、生态系统的组成和结构

（一）生态系统的组成

任何生态系统都是由有机体及其生存环境组成的。组成生态系统的生物种类很多，按其在生态系统中的功能不同及获得能量的方式不同，分类方法各异。不过，一般可根据生态系统具有相同或相似的组成、结构、功能特点来划分。各种生态系统无论大小、复杂程度如何不同，其组成成分均可分为两个部分和四个基本成分。两个部分是生物成分和非生物成分，四个基本成分是生产者、消费者、分解者和非生物成分，见图6-1。

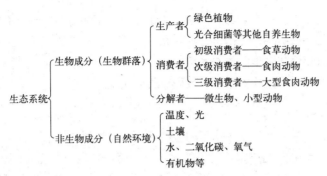

图6-1 生态系统的组成

1. 生物成分（生物群落）

根据各生物成分在生态系统中对物质循环和能量转化所起的作用以及它们取得营养方式的不同，又将其细分为生产者、消费者和分解者三大功能类群。

（1）生产者（producers） 主要是绿色植物和光合细菌等，它们具有固定太阳能进行光合作用的功能，能把从环境中摄取的无机物质合成为有机物质——碳水化合物、脂肪和蛋白质等，同时将吸收的太阳能转化为生物化学能，储存在有机物中。这种首次将能量和物质输入生态系统的同化过程称为初级生产，这类以简单无机物为原料制造有机物的自养者称为初级生产者，在生态系统的构成中起主导作用，直接影响到生态系统的存在与发展。

（2）消费者（consumers） 指除了微生物以外的异养生物，主要指以初级生产者或其他生物为生的各种动物。根据其食性的不同，又分为食草动物、食肉动物、寄生动物、腐生动物和杂食动物五种类型。

（3）分解者（decomposers） 主要指以分解动物残体为生的异养生物，包括真菌、细菌、放线菌，也包括一些原生动物和腐食动物，如甲虫、蠕虫、白蚁和某些软体动物。分解者又称还原者，能使构成有机成分的元素和储备的能量通过分解作用释放归还到周围环境中去，在物质循环、废物消除和土壤肥力形成中发挥巨大的作用。

消费者和分解者都依赖初级生产者提供的能量和养分通过代谢作用来构成自身，其生物形成的生产称为次级生产，二者作为异养生物被统称为次级生产者。

2. 非生物成分（自然环境）

（1）太阳辐射 指来自太阳的直射辐射和散射辐射，是生态系统的主要能源。太阳辐射能通过自养生物的光合作用被转化为有机物中的化学潜能，同时太阳辐射也为生态系统中的生物提供生存所需的温热条件。

（2）无机物质 生态系统环境中的无机物质，一部分指大气中的氧气、二氧化碳、氮气、水及其他物质；另一部分指土壤中的氮、磷、钾、钙、硫、镁等元素的化合物及水。

（3）有机物质 生态系统环境中的有机物质主要来源于生物残体、排泄物及植物根系分泌物。它们是连接生物与非生物部分的物质，如蛋白质、糖类、脂类和腐殖质等。

（4）土壤 土壤作为一个生态系统的特殊环境组分，不仅是无机物和有机物的储藏库，同时也是陆生植物最重要的基质和众多微生物、动物的栖息场所。

（二）生态系统的结构

生态系统的结构是指生态系统中的组成成分及其在时间、空间上的分布和各组分间的能量、物质、信息流的方式与特点。具体来说，生态系统的结构包括四个方面，即物种结构、时空结构、营养结构和层级结构，这四个方面是相互联系、相互渗透和不可分割的。系统结构是系统功能的基础，只有组建合理的生态系统结构，才能获得较高的系统整体功能。反过来，生态系统功能的高低可以作为检验系统结构合理与否的尺度。

1. 物种结构

又称组分结构，是指生态系统中由不同生物类型或品种以及它们之间不同的数量组合关系所构成的系统结构。组分结构中主要讨论的是生物群落的种类组成及各组分之间的量比关系，生物种群是构成生态系统的基本单元，不同物种（或类群）以及它们之间不同的量比关系，构成了生态系统的基本特征。例如，平原地区的"粮、猪、沼"系统和山区的"林、草、畜"系统，由于物种结构的不同，形成了功能及特征各不相同的生态系统。即使物种类型相同，但各物种类型所占比重不同，也会产生不同的功能。此外，环境构成要素及状况也属于组分结构。

2. 时空结构

又称形态结构，是指各种生物成分或群落在空间上和时间上的不同配置和形态变化特征，包括水平分布上的镶嵌性、垂直分布上的成层性和时间上的发展演替特征，即水平结构、垂直结构和时空分布格局。

（1）水平结构　是指在一定生态区域内生物类群在水平空间上的组合与分布。在不同的地理环境条件下，受地形、水文、土壤、气候等环境因子的综合影响，植物在地面上的分布并非是均匀的。植物种类多、植被盖度大的地段，动物种类也相应多，反之则少。这种生物成分的区域分布差异性直接体现在景观类型的变化上，形成了所谓的带状分布、同心圆式分布或块状镶嵌分布等的景观格局。

（2）垂直结构　包括不同类型生态系统在海拔高度不同的生境上的垂直分布和生态系统内部不同类型物种及不同个体的垂直分层两个方面。随着海拔高度的变化，生物类型出现有规律的垂直分层现象，这是由于生物生存的生态环境因素发生变化的缘故。如森林生态系统从上到下依次是乔木层、灌木层、草本层和地被层等层次。

（3）时间结构　是指生态系统中的物种组成、结构和功能等随着时间的推移和环境因子的变化而呈现的各种时间格局。一般有三个时间度量，一是长时间度量，以生态系统进化为主要内容；二是中等时间度量，以群落演替为主要内容；三是昼夜、季节等短时间的变化，反映了生态系统中的动植物等对环境因子周期性变化的适应性。

3. 营养结构

生态系统中由生产者、消费者、分解者三大功能类群以食物营养关系所组成的食物链、食物网是生态系统的营养结构。它是生态系统中物质循环、能量流动和信息传递的主要路径。

（1）食物链　我国谚语"大鱼吃小鱼，小鱼吃虾米""螳螂捕蝉，黄雀在后"就是对食物链概念的生动描述。所谓食物链，就是一种生物以另一种生物为食，彼此形成一个以食物连接起来的锁链关系。食物链上的每个环节称为营养级。如草原生态系统结构中各种草本绿色植物是生产者；兔、羊以草为生，为第一级消费者，鹰、狼又以兔、羊为食，为第二级消费者，狮、虎为第三级消费者；这些动植物死亡后都被微生物分解，故微生物为分解者。受能量传递效率的限制，食物链一般4～5个环节，最少3个。在生态系统中，食物链主要有以下三种类型。

① 牧食食物链。牧食，是指食草动物吃植物。这种食物链是以活的绿色植物为基础，从食草动物开始的，也叫捕食链。如羊草→蝗虫→百灵→沙狐……

② 腐食食物链。腐食，是指微生物或某些土壤动物将动植物尸体分解、矿化或形成腐殖质。这种食物链是以死的动植物残体为基础，从真菌、细菌和某些土壤动物开始的，也叫分解链。如植物残体→蚯蚓→线虫类→节肢动物……

③ 寄生食物链。这种食物链是以活的动植物有机体为基础，从某些专门寄生生活的动植物开始的。如牧草→黄鼠→跳蚤→鼠疫细菌……

（2）食物网　在生态系统中，生物之间实际的取食与被取食的关系，并不像食物链所表达的那样简单，通常是一种生物被多种生物食用，同时也食用多种其他生物。这种情况下，生态系统中的生物成分之间通过能量传递关系，存在着一种错综复杂的普遍联系，这种联系像是一个无形的网，把所有的生物都包括在内，使它们彼此之间都有着某种直接或间接的关系。在一个生态系统中，食物关系往往很复杂，各种食物链互相交错，形成的就是食物网，如图6-2所示。食物网越

图6-2　某落叶森林边缘的食物网

1—北美脂松；2—白桦树；3—大林鸮；4—灰松鼠；5—东部花栗鼠；6—东部棉尾兔；7—红狐狸；8—白尾鹿；9—红尾鹰；10—东部蓝鸲；11—美洲红翼鸫；12—黑莓；13—美洲知更鸟；14—啄木鸟；15—红三叶草；16—细菌和真菌；17—蠕虫和蚂蚁；18—蛾；19—鼹鹿；20—蜘蛛；21—（昆虫）幼虫；22—昆虫；23—真菌

复杂，生态系统抵抗外力干扰的能力就会越强。反之，食物网简单的生态系统中，某种生物，尤其是在生态系统中起关键作用的物种一旦消失或受到严重破坏，往往会导致该系统的剧烈波动。

4. 层级结构

20世纪60年代以来，基于逐渐发展形成的层级（等级）理论（hierarchy theory）而确立的有序结构体系，即为生态系统的层级结构。层级理论是关于复杂系统结构、功能和动态的理论，该理论认为任何系统都属于一定的层级，并具有一定的时间和空间尺度。一个复杂系统由相互关联的若干亚系统组成，各亚系统又是由各自的许多亚系统组成，以此类推，直到最低的层次。地球表面的生态系统也是具有多重层级的复杂系统。按照各系统的组成特点、时空结构、尺度大小、功能特性、内在联系以及能量变化范围等多方面特点，可将地球表层的生态系统分解为若干不同的层级，即全球/生物圈、区域、景观、群落/系统、种群、个体、组织、细胞、分子、基因等多个不同的层级。目前，人类所生活的生物圈内有无数大小不同的生态系统，整个生物圈便是一个最大的生态系统，生物圈也可以称为生态圈。

三、生态系统的类型

地球表面的生态系统多种多样，为了研究方便，可以从不同角度把生态系统分成若干类型，见表6-1。

表6-1 生态系统的主要类型

据原动力和影响力分类	据环境性质和形态特征分类	名称	组成	特点
自然生态系统	陆地生态系统	森林生态系统	以乔木为主体的森林生物群落和非生物环境构成	是开放系统，系统的边界不明显，但生物种群丰富、结构多样，系统的稳定性靠自然调控机制进行维持，系统的生产力较低
		草原生态系统	耐寒旱生多年生草本植物为主的群落与其环境构成	
		荒漠生态系统	超强耐旱生物及其干旱环境构成	
	水生生态系统	海洋生态系统	海洋生物群落和海洋环境构成	
		淡水生态系统	淡水生物群落和水环境构成	
半自然生态系统	—	天然放牧的草原	以自然生态系统为中心，以人类活动为手段，通过人类活动作用于自然生态系统	既有人类干预，又受自然规律支配，是人工驯化生态系统。属于开放性系统，有明显边界
		人类经营和管理的天然林		
人工生态系统	—	农业生态系统	由自然环境、社会环境和人类组成	是封闭式系统，人为控制其物质、能量和信息流
		城市生态系统		

1. 按生态系统形成的原动力和影响力分类

生态系统可分为自然生态系统、半自然生态系统和人工生态系统三类。凡是未受人类干预和扶持，在一定空间和时间范围内，依靠生物和环境本身的自我调节能力来维持相对稳定的生态系统，均属自然生态系统，如原始森林、冻原、海洋等生态系统；按人类的需求建立起来的受人类活动强烈干预的生态系统为人工生态系统，如城市、农田、人工林、人工气候室等；经过了人为干预，但仍保持了一定自然状态的生态系统为半自然生态系统，如天然放牧的草原、人类经营和管理的天然林等。

2. 按生态系统的环境性质和形态特征分类

自然生态系统可分为水生生态系统和陆地生态系统。水生生态系统根据水体的理化性质不同又可分为淡水生态系统和海洋生态系统；陆地生态系统根据纬度地带和光照、水分、热量等环境因素，又可分为森林生态系统、草原生态系统、荒漠生态系统、冻原生态系统、农田生态系统、城市生态系统等。

四、生态系统的功能

生态系统和任何系统一样，也具有多种功能，但其最基本的功能是生物生产、能量流动、物质循环和信息传递。生态系统的这些功能相互联系，共同决定着生态系统的特征。

（一）生物生产

生态系统的生物生产包括初级生产和次级生产两个部分。初级生产是生产者（主要是绿色植物和光合细菌等）把太阳能转变为化学能的过程，故称为植物性生产。初级生产的能源来自太阳辐射，是植物利用太阳能进行光合作用合成和贮存太阳能为化学能的过程。因此除光照强度等因素外，初级生产还取决于大气温度、大气中CO_2含量、降水、土壤的养分供应等多种因素。次级生产是指消费者利用初级生产物质进行同化作用构造自身和繁衍后代的过程。它可以通过生命活动将初级生产产品转化为动物性产品，也称为动物性生产。

（二）能量流动

生态系统的能量流动是指能量通过食物链和食物网在系统内的传递消耗过程，包括各种形式能量的转化、转移、利用与消耗。生态系统中的能量流动和转换，服从热力学第一定律（能量守恒定律）和热力学第二定律（能量传递和转化）。

生态学研究中，常用生态金字塔反映食物链各营养级之间生物个体数量、生物量和能量比例关系的一个图解模型。能量沿食物链传递过程中的衰减现象，使得每一个营养级被净同化的部分都要大大少于前一营养级。因此，当营养级由低到高，其个体数目、生物现存量和所含能量一般呈现出基部宽、顶部尖的立体金字塔形。用生物量表示的称为生物量金字塔，见图6-3（a）；用数量表示的称为数量金字塔，见图6-3（b）；用能量表示的称为能量金字塔，见图6-3（c）。

在这三类生态金字塔中，能较好地反映营养级之间比例关系的是能量金字塔。能量金字塔是根据组成食物链的各个营养级的层次和能量传递的"十分之一定律"，把生态系统中的各个营养级的能量数值绘制成一个塔，塔基为生产者，往上为较少的初级消费者（食草动物），再往上为更少的次级消费者（一级食肉动物），再往上为更少的三级消费者（二级食肉动物），塔顶是数量最少的顶级消费者。能量金字塔形象地说明了生态系统中能量传递的规律。

（三）物质循环

物质循环，是指生态系统从大气、水体和土壤等环境中获得营养物质，通过绿色植物吸收

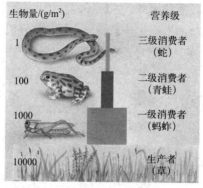

(a) 生物量金字塔

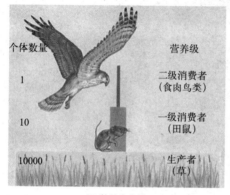

(b) 数量金字塔

(c) 能量金字塔

图 6-3　生态金字塔

进入生态系统,被其他生物重复利用,最后再回归环境中。物质循环是生态系统存在的基础,如果没有物质循环,能量也就不再流动,生物的生命活动也就停止了;物质流与能量流紧密相连,共同维持着生态系统的发育与演化进程。

生态系统中的物质循环模式可以用库和流来表示,库是物质在循环过程中被暂时固定储存的场所,流是物质在库与库之间的转移运动状态。生态系统的物质循环依据物质贮存的库划分,可分为三大类型,即水循环、气体型循环和沉积型循环。依据物质循环的流划分,可将物质循环分为生物循环和生物地球化学循环。生命必要元素在生态系统内进行的循环称为生物循环,为闭路循环;元素在生态系统外部进行的循环,称为生物地球化学循环,为开路循环。水循环、碳循环、氮循环和硫循环则是生态系统物质循环的主体。

1. 水循环

水循环主要是在地表水蒸发与大气降水之间进行的,其动力是太阳辐射和地球引力,如图 6-4 所示。海洋、湖泊、河流等地表水通过蒸发进入大气,植物吸收到体内的大部分水分通过蒸发和蒸腾作用也进入大气。在大气中水分遇冷形成雨、雪、雹,重新返回地面,一部分直接落入海洋、河流和湖泊等水域中;一部分落到陆地表面,渗入地下,形成地下水,供植物根系吸收;另一部分在地表形成径流,流入河流、湖泊和海洋。因此,水循环可以分为海陆间循环、陆上内循环和海上内循环三种形式。

---

❶ 1kcal = 4.1868kJ。

水循环的主要意义如下：①水循环使地球上各种水体处于不断运动、更新中，从而维持全球水的动态平衡，更新陆地淡水资源；②水循环通过大气洋流等过程缓解了全球高低纬度地区之间热量收支的不平衡，对于气候的调节具有重要意义；③水循环通过沟通地球的四大圈层促进了全球性的物质迁移和能量交换；④水循环是自然界最富动力作用的循环运动，不断塑造着地表形态，深刻影响着地球表层结构的形成、演化和发展。

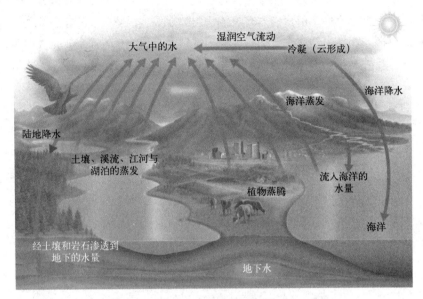

图6-4　水循环示意图

2. 碳循环

碳循环是指碳元素在生物圈、岩石圈、水圈、土壤圈及大气圈中交换，并随地球运动循环的现象，见图6-5。

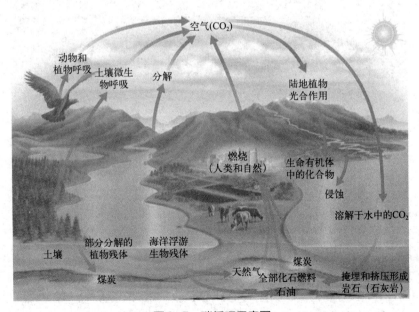

图6-5　碳循环示意图

地球上的两个最大碳库是岩石圈和化石燃料，含碳量约占地球上碳总量的99.9%，这两个库中的碳活动缓慢，起着贮存库的作用。地球上还有三个碳库：大气圈库、水圈库和生物库，这三个库中的碳在生物和无机环境之间迅速交换，容量小而活跃，起着交换库的作用。

在无机环境中，碳主要以CO_2和CO_3^{2-}的形式存在。生物圈中的碳循环主要表现为绿色植物从大气中吸收CO_2，在水的参与下经光合作用转化为葡萄糖并释放出O_2，有机体再利用葡萄糖合成其他有机化合物，有机化合物经食物链传递，又成为动物和细菌等其他生物体的一部分。生物体内的碳水化合物一部分作为有机体代谢的能源，经呼吸作用被氧化为CO_2和水，并释放出能量。在海洋水体中，水生植物将大气扩散到水上层的CO_2固定转化为糖类，通过食物链经消化合成、各种水生动植物呼吸作用又释放CO_2到大气；动植物残体埋入水底，其中的碳借助岩石的风化和溶解、火山爆发等返回大气圈，有的则转化为化石燃料。

人类活动对碳循环的影响主要表现为：由于人类活动的介入，CO_2循环平衡关系被打破。随着化石燃料的使用、植被大量减少，大气中CO_2浓度增加，给气候带来了长期、深远的影响。特别是由于近代工业的发展，人类消耗大量化石燃料，造成空气中CO_2浓度不断增加，导致全球气候变化，产生温室效应。

3. 氮循环

氮循环是指氮在自然界中的循环转化过程，是生物圈内基本的物质循环之一。陆地生态系统氮循环主要有五个步骤，即固氮、氨化、硝化、吸收、反硝化，见图6-6。

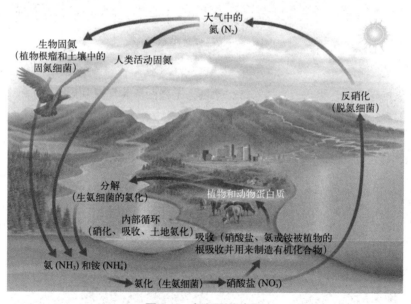

图6-6 氮循环示意图

氮循环的第一步是固氮，即将大气中的N_2转化为NH_3。自然界氮的固定方式有两种路径：一是生物固氮，豆科植物和其他少数高等植物通过固氮细菌（蓝细菌、根瘤菌等）固定大气中的氮；二是非生物固氮，即通过闪电电离、火山爆发、工业过程等固氮。第二步是氨化，即由氨化细菌将生物体内有机氮化合物转化为氨（NH_3）或铵离子（NH_4^+）。第三步是硝化，即在有氧的条件下，由硝化细菌将NH_3或NH_4^+氧化成硝酸盐（NO_3^-）的过程。第四步是吸收，即植物的根吸收NO_3^-、NH_3或NH_4^+，并将其摄入植物蛋白质和核酸中，当动物食用植物纤维后，通过进食植物氮化合物

（氨基酸）并将其转换成动物化合物（蛋白质）从而吸收氮。第五步是反硝化，即在缺氧或无氧环境下，由反硝化细菌将NO_3^-还原成NO_2^-，并进一步还原成N_2，排放到大气中。

从系统的观点看，人类活动打破了全球氮循环的平衡，主要表现在：①用化学合成的方法固定大气中的氮，作为化学肥料用于农业生产，使粮食产量大幅度增加；②过量使用化肥使施入土壤中的氮流失，造成水体污染，导致"富营养化"等现象的发生；③大量燃烧化石燃料使NO_x进入大气，形成光化学烟雾，进而形成酸雨，加剧了温室效应。

4. 硫循环

硫是植物生长发育所必需的矿质营养元素，主要参与光合作用、呼吸作用、氮固定、蛋白质和脂类合成等重要生理生化过程。硫因有氧化和还原两种形态而影响生物体内的氧化还原反应过程。硫是可变价态的元素，价态变化在−2价至+6价之间，可形成多种无机和有机硫化合物，并对环境的氧化还原电位和酸碱度带来影响。硫可增强植物环境胁迫的耐受性，清除有机毒物，并将有机毒物运送至液泡内隔离，使细胞免受毒害；硫还能提高植物产量及品质，抵御重金属对植物的毒害，增强植物抗病虫能力；如果土壤中含硫量过低，就会导致植物正常生理活动受阻、代谢紊乱，甚至导致生态系统的破坏。

硫循环是指硫在大气、陆地生命体和土壤等中的迁移和转化过程，见图6-7。陆地和海洋中的硫通过生物分解、火山爆发等进入大气；大气中的硫通过降水和沉降、表面吸收等作用，回到陆地和海洋，以SO_4^{2-}的形式被植物的根系吸收，转变成蛋白质等有机物，进而被各级消费者所利用，动植物的遗体被微生物分解后，又能将硫元素释放到土壤或大气中；地表径流带着硫进入河流，输往海洋，并沉积于海底，在人类开采和利用含硫的矿物燃料和金属矿石的过程中，硫被氧化成二氧化硫和还原成硫化氢进入大气。

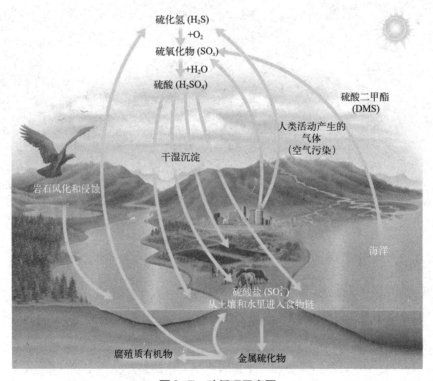

图6-7　硫循环示意图

人类活动对硫循环的影响主要表现为：人类燃烧含硫矿物燃料和柴草，冶炼含硫矿石，释放出大量的SO_2，石油炼制释放的H_2S在大气中很快氧化为SO_2，这些活动使城市和工矿区的局部地区大气中SO_2浓度升高，对人和动植物有伤害作用。SO_2在大气中氧化成为SO_4^{2-}是形成酸雨和降低能见度的主要原因。

5. 磷循环

磷是构成核苷酸和核酸的重要物质，也是植物获取和释放能量不可缺少的元素。磷在生态系统中的循环不同于碳和氮，是典型的沉积型循环。磷的主要来源是磷酸盐岩石和沉积物、鸟粪层及动物化石。通过天然侵蚀和人工开采，磷以矿物的形式进入水体的食物链，经过短期循环后最终大部分流失在深海沉积层中。

在陆地生态系统中，植物吸收无机磷参与蛋白质和核酸的组成，并转化为有机态，进而被一系列消费者利用并逐级转移。植物死亡后，其体内含磷的有机物被微生物分解，转变为可溶性磷酸盐，以供植物利用或由流水带入水环境，见图6-8。在这一循环中，磷很少流出系统之外，是一种主要参与生物小循环的物质。在磷循环中，腐殖质和微生物能够调节植物群落的磷供应，从而对整个生物群落的供磷起调节作用。

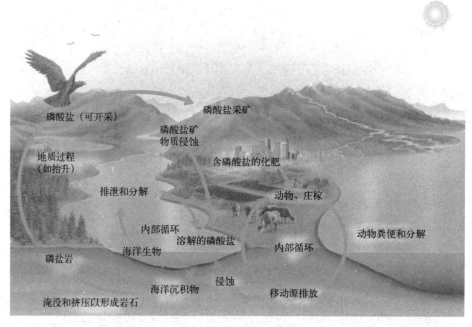

图6-8 磷循环示意图

（四）信息传递

除能量流动和物质循环外，生态系统中各生命体之间还存在着信息传递，又称为信息流。生态系统中包含着各种各样的信息，大致可以分为营养信息、化学信息、物理信息、行为信息四大类。

1. 营养信息

通常指在改变摄食对象或数量时，生物向生物发出的营养结构变化的信息。以由草本植物、鹌鹑、鼠和猫头鹰组成的食物链为例，当鹌鹑数量较多时，猫头鹰大量捕食鹌鹑，而捕食鼠类较少，当鹌鹑较少时，猫头鹰转向大量捕食鼠类，这样通过猫头鹰对鼠类、鹌鹑捕食的多少，向鼠类、鹌鹑传递了其他种群数量的信息。

2. 化学信息

生物代谢产生一些化学物质，起到传递信息、协调功能的作用，这一类信息称为化学信息。如许多猫科动物以尿液标识各自的领地以避免与栖居在同一地区的对手相遇，狼用尿液标记活动路线。在植物的群落中，一种植物通过分泌某种化学物质能够影响另一种或几种植物的生长甚至生存，如作物中的洋葱与食用甜菜、马铃薯与菜豆、小麦与豌豆种在一起能相互促进，而胡桃树大量分泌的胡桃醌对苹果有毒害作用。

3. 物理信息

生态系统中以物理过程传递的信息称为物理信息，光、声、磁、电、颜色等都属此类。如鸟鸣、兽吼可以传达惊慌、安全、恫吓、警告、厌恶、有无食物和要求配偶等各种信息，含羞草在强烈声音的刺激下会做出小叶合拢、叶柄下垂动作，昆虫可以根据花的颜色判断花蜜的有无，信鸽靠体内的电磁场与地球磁场的相互作用确定方向。

4. 行为信息

生态系统中许多动物和植物的异常表现或行为所传递的信息称为行为信息。如蜜蜂跳舞的不同形态和动作可以表示蜜源的远近和方向；燕子在求偶时，雄燕会围绕着雌燕在空中做特殊飞行；丹顶鹤在求偶时，雌雄双双起舞。

生态系统中的信息传递不像物质流那样循环，也不像能量流那样是单向的，信息传递往往是双向的，有输入，也有输出。信息传递对于生态系统内的物质循环、能量流动以及生物种群的分布等具有十分重要的作用，它使生态系统成为一个经常处于协调状态的有机整体。

生态系统除上述功能之外，还有动态系统变化、自动调节功能，它们共同维持生命平衡。

五、我国生态系统情况

根据2024年发布的《2023中国生态环境状况公报》中生态系统情况如下。

（1）生态系统多样性 我国拥有森林、草地、荒漠、湿地、海岛、海湾、红树林、珊瑚礁、海草床、河口和上升流等多种类型自然生态系统，有农田、城市等人工、半人工生态系统。全国陆域生态保护红线面积约304万平方千米，占陆域国土面积比例超过30%，有效保护了90%的陆地生态系统类型和74%的国家重点保护野生动植物种群。

（2）物种多样性 《中国生物物种名录》(2023版)共收录物种及种下单元148674个。其中，动物界69658个，植物界47100个，真菌界25695个，原生动物界2566个，色素界2381个，细菌界469个，病毒805个。列入《国家重点保护野生动物名录》的野生动物有980种和8类，其中国家一级保护野生动物234种和1类，国家二级保护野生动物746种和7类，包括大熊猫、海南长臂猿、普氏原羚、褐马鸡、长江江豚、长江鲟、扬子鳄等中国特有野生动物。列入《国家重点保护野生植物名录》的野生植物有455种和40类，其中国家一级保护野生植物54种和4类，国家二级保护野生植物401种和36类，包括百山祖冷杉、水杉、霍山石斛、云南沉香等中国特有野生植物。

（3）遗传多样性 中国有栽培作物455类1339种，经济树种1000种以上，原产观赏植物种类7000种。第三次全国畜禽遗传资源普查显示，中国目前有1018个畜禽地方品种、培育品种、引入品种。长期保存农作物种质资源53.9万份。

第二节　生态平衡

所谓生态平衡，是指在一定时间内，生态系统中的生物和环境之间、生物各个种群之间，通过能量流动、物质循环和信息传递，使它们相互之间达到高度适应、协调和统一的状态。也就是说，当生态系统处于平衡状态时，系统内各组成成分之间保持一定的比例关系，能量、物质的输入与输出在较长时间内趋于相等，结构和功能处于相对稳定状态，在受到外来干扰时，能通过自我调节恢复到初始的稳定状态。

一、生态平衡的特点

（一）生态平衡是一种相对平衡

任何生态系统都不是孤立的，都会与外界发生直接或间接的联系，会经常遭到外界的干扰。生态系统对外界的干扰和压力具有一定的弹性，其自我调节能力也是有限度的。如果外界干扰或压力在其所能忍受的范围之内，当这种干扰或压力去除后，它可以通过自我调节能力而恢复生态平衡；如果外界干扰或压力超过了它所能承受的极限，其自我调节能力也就遭到了破坏，生态系统就会衰退，甚至崩溃。例如，草原应有合理的载畜量，超过了最大适宜载畜量，草原就会退化；森林应有合理的采伐量，采伐量超过生长量，必然引起森林的衰退；污染物的排放量不能超过环境的自净能力，否则就会造成环境污染，危及生物的正常生活，甚至导致死亡等。

（二）生态平衡是一种动态平衡

变化是宇宙间一切事物的最根本的属性，生态系统这个自然界复杂的实体当然也处在不断变化之中。例如，生态系统中的生物与生物、生物与环境以及环境各因子之间，不停地进行着能量的流动与物质的循环；生态系统在不断地发展和进化，即生物量由少到多、食物链由简单到复杂、群落由一种类型演替为另一种类型等；环境也处在不断变化中。因此，生态平衡不是静止的，总会因系统中某一部分先发生改变，引起不平衡，然后依靠生态系统的自我调节能力使其又进入新的平衡状态。正是这种从平衡到不平衡到又建立新的平衡的反复过程，推动了生态系统整体和各组成部分的发展与进化。

二、生态平衡的标志

生态平衡的标志包括三个方面，即物质输入与输出数量上的平衡、结构上的平衡及功能上的平衡。

（一）物质循环和能量流动处于相对平衡

任何生态系统都是程度不同的开放系统，既有物质和能量的输入，也有物质和能量的输出，能量和物质在生态系统之间不断进行着开放性流动。生态系统中输出多，输入相应也多，如果入不敷出，系统就会衰退；若输入多，输出少，则生态系统有积累，处于非平衡状态。人类从不同的生态系统中获取能量和物质,增加系统的输出,应给予相应的补偿,只有这样才能使环境资源保持永续再生产。

(二) 生物成分应该构成完整的营养结构

对于一个处于平衡状态的生态系统来说,生产者、消费者、分解者都是不可缺少的,否则食物链会断裂,会导致生态系统的衰退和破坏。生产者减少或消失,消费者和分解者就没有赖以生存的食物来源,系统就会崩溃。例如,大面积毁林毁草,迫使各级消费者转移或消失,分解者也会因土壤遭到侵蚀,使其种类和数量大大减少。消费者与生产者在长期共同发展过程中,已形成了相互依存的关系,没有消费者的生态系统也是一个不稳定的生态系统。分解者完成归还或还原或再循环的任务,是任何生态系统所不可缺少的。

(三) 生物种类及数量保持相对稳定

生物之间通过食物链维持着自然的协调关系,控制物种间的数量和比例。如果人类破坏了这种协调关系和比例,使某种物种明显减少,而另一些物种却大量增加,破坏了系统的稳定和平衡,就会带来灾害。例如,大量施用农药使害虫天敌的种类和数量大大减少,从而导致害虫的再度猖獗;大肆捕杀以鼠类为食的食肉动物,导致鼠害日趋严重。生态系统平衡的这种调节方式称为反馈调节机制。所谓反馈,是指系统中某一成分发生变化的时候,它必然会引起其他成分出现一系列的相应变化。

三、生态平衡的破坏

生态系统所能承受外界压力的极限称为生态阈值,生态阈值的大小取决于生态系统的成熟性,系统越成熟,阈值越高;反之,系统结构越简单、功能效率不高,对外界压力的反应越敏感,抵御剧烈生态变化的能力越脆弱,阈值就越低。当外来干扰超越生态系统的阈值而不能恢复到原始状态时,称为生态失衡或生态破坏。

(一) 生态平衡破坏的标志

1. 结构改变

包括一级结构缺损和二级结构变化。一级结构是指生产者、消费者、分解者和非生物成分组成的生态系统的结构。当组成一级结构的某一种或某几种成分缺损时,即表明生态平衡失调。二级结构是指各成分各自的组成结构,二级结构的变化即指组成二级结构的各种成分发生变化。

2. 功能衰退

包括能量流动受阻和物质循环中断。受阻是指能量流动在某一营养级上受到阻碍,中断是指物质循环在某一环节上中断。

(二) 生态平衡破坏的因素

生态平衡破坏的因素有自然因素和人为因素。

自然因素如水灾、旱灾、地震、台风、山崩、海啸等,由自然因素引起的生态平衡破坏称为第一环境问题。人为因素如工业排放"三废"、乱砍滥伐、围湖造田、过度放牧等,由人为因素引起的生态平衡破坏称为第二环境问题。

人为因素是造成生态平衡失调的主要原因。主要表现在三个方面：①大规模地把自然生态系统转变为人工生态系统，严重干扰和损害了生物圈的正常运转，农业开发和城市化是这种影响的典型代表；②大量取用生物圈中的各种资源，包括生物的和非生物的，严重破坏了生态平衡；③向生物圈中超量输入人类活动所产生的产品和废物，严重污染和毒害了生物圈的物理环境和生物组分。以上三个方面最终导致生态系统物种的改变、环境因素的改变及信息系统的破坏。

第三节 生态保护

党的二十大报告强调，要提升生态系统多样性、稳定性、持续性。以国家重点生态功能区、生态保护红线、自然保护地等为重点，加快实施重要生态系统保护和修复重大工程。推进以国家公园为主体的自然保护地体系建设。实施生物多样性保护重大工程。科学开展大规模国土绿化行动。深化集体林权制度改革。推行草原森林河流湖泊湿地休养生息，实施好长江十年禁渔，健全耕地休耕轮作制度。建立生态产品价值实现机制，完善生态保护补偿制度。加强生物安全管理，防治外来物种侵害。

一、生态学的一般规律

我国生态学家马世骏提出了生态学的五大规律，即相互依存和相互制约的规律、物质循环转化与再生的规律、物质输入与输出动态平衡的规律、相互适应与补偿的协同进化规律、环境资源的有效极限规律，对于生态环境保护具有重要意义。

（一）相互依存和相互制约的规律

相互依存与相互制约的规律反映了生物间的协调关系，是构成生物群落的基础。生物间的这种协调关系，主要分为两类。

1. 以食物相互联系与制约的协调关系

亦称"相生相克"规律。在生态系统中，每一生物种都占据一定的位置，具有特定的作用。各生物种之间相互依赖、彼此制约、协同进化。被食者为捕食者提供生存条件，同时又为捕食者控制；反过来，捕食者又受制于被食者。二者相生相克，使生物保持数量上的相对稳定，使整个体系成为协调的整体。当向一个生物群落（或生态系统）引进其他群落的生物种时，往往会由于该群落缺乏能控制它的物种存在，使该种种群暴发，从而造成灾害。

2. 普遍的依存与制约关系

亦称"物物相关"规律。有相同生理、生态特性的生物，占据与之相适宜的小生境，构成生物群落或生态系统。系统中同种生物、异种生物、不同群落或系统之间都存在相互依存、相互制约的关系。如地衣就是真菌和藻类的共生体，真菌吸收水分、无机盐供给藻类光合作用所需的原料，并包裹着藻类细胞使其不会干死；藻类进行光合作用，合成的有机质供给真菌利用。这种影响有些是直接的，有些是间接的；有些是立即表现出来的，有些需滞后一段时间才显现出来。因此，在自然开发、工程建设中必须了解自然界诸事物之间的相互关系，统筹兼顾，做出全面安排。

（二）物质循环转化与再生的规律

在生态系统中，植物、动物、微生物和非生物成分借助能量的不断流动，一方面不断地从自然界摄取物质并合成新的物质，另一方面又随时分解为简单的物质，即所谓"再生"。这些简单的物质重新被植物所吸收，由此形成不停顿的物质循环。因此要严格防止有毒物质进入生态系统，以免有毒物质经过多次循环后富集到危及人类的程度。至于流经自然生态系统中的能量，通常只能通过系统一次，它沿食物链转移时，每经过一个营养级，就有大部分能量转化为热散失掉，无法加以回收利用。因此，要实现生态系统的良性平衡，必须尽力使物质多级利用和提高能量利用率。如在农业生产中，为防止食物链过早截断、过早转入细菌分解，使能量以热的形式散失掉，应该经过适当处理（如秸秆先作为饲料），使系统能更有效地利用能量。

（三）物质输入与输出动态平衡的规律

物质输入与输出动态平衡的规律，又称"协调稳定"规律。当一个自然生态系统不受人类活动干扰时，生物与环境之间的输入与输出是相互对立的关系，对生物体进行输入时，环境必然进行输出，反之亦然。生物体一方面从周围环境摄取物质，另一方面又向环境排放物质，以补偿环境的损失。也就是说，对于一个稳定的生态系统，无论对生物、对环境，还是对整个生态系统，物质的输入与输出总是相平衡的。当生物体的输入不足时，例如农田肥料不足，或虽然肥料（营养成分）足够，但未能分解而不可利用，或施肥的时间不当而不能很好地利用，作物必然生长不好，产量下降。同样，在质的方面，也存在输入大于输出的情况。例如人工合成的难降解的农药、塑料或重金属元素，生物体吸收的量即使很少，也会产生中毒现象；即使数量极微，暂时看不出影响，但它也会逐渐积累并造成危害。另外，对环境系统而言，如果营养物质输入过多，环境自身吸收不了，打破了原来的输入输出平衡，就会出现富营养化现象，如果这种情况继续下去，势必会毁掉原来的生态系统。

（四）相互适应与补偿的协同进化规律

生物与环境之间存在着作用与反作用的过程。植物从环境吸收水和营养元素与环境的特点（如土壤的性质、可溶性营养元素的量以及环境可以提供的水量等）紧密相关。同时生物以其排泄物和残体的方式把相当数量的水和营养元素归还给环境，最后获得协同进化的结果。例如最初生长在岩石表面的地衣，由于没有多少土壤可供着"根"，所得的水和营养元素就十分少。但是，地衣生长过程中的分泌物和残体的分解，不但把等量的水和营养元素归还给环境，而且还生成能促进岩石风化变成土壤的物质。这样，环境保存水分的能力增强了，可提供的营养元素也增多了，从而为高一级的植物苔藓创造了生长的条件。如此下去，以后便逐步出现了草本植物、灌木和乔木。生物与环境就是如此反复地相互适应与补偿。生物从无到有，从低级向高级发展，而环境也在演变。如果因为某种原因损害了生物与环境相互补偿与适应的关系，例如某种生物过度繁殖，环境就会因物质供应不足而造成其他生物的死亡。

（五）环境资源的有效极限规律

在任何生态系统中，生物赖以生存的各种环境资源，在质量、数量、空间、时间等方面，都有其一定的限度，不能无限制地供给，因而生物生产力通常都有一个大致的上限。如放牧强度不应超过草场的允许承载量，采伐森林、捕鱼狩猎和采集药材时不应超过能使各种资源永续利用的产量。在生态环境保护中，一定要注意找限制生态平衡的因子。

二、生态学在环境保护中的应用

（一）运用生态学观点管理环境和保护环境

环境问题的实质就是包括人类在内的生态学问题。解决环境问题，必须运用生态学的理论、方法和手段。人类的生存环境是一个完整的生态系统或若干个生态系统的组合。人类对环境的利用必须在注意遵循经济规律的同时，也注意遵循生态规律。运用生态学观点管理和保护环境，必须把生态学的基本理论和基本观点渗透到工农业生产之中。在现代化的工业建设中，为了高效率地利用资源与能源，有效地保护环境质量，人们提出了要用生态工艺代替传统工艺。生态工艺是指无废料生产工艺。无废料是相对而言，指不向环境排放对生物有毒有害的物质。这是对生态系统中能量流动与物质循环的模拟。生态农业是以生态学理论为依据建立起来的一种理想的生产模式，是一种农业生产形式。建立生态农业的目的是把无机物更多地转化为有机物，最大限度地提高能量流、物质流在生态系统中运转时的利用效率，实现高效生产，同时又能创建一个舒适而美好的生存环境。生态农业的重要意义就在于把经济规律与生态规律结合起来，使现在的生态失调得到扭转。

（二）开展环境质量的生物监测与评价

1. 生物监测

所谓生物监测，就是利用生物在各种污染环境下所发出的各种信息来判断环境污染状况的一种手段。生物监测不仅可以反映出环境中各种污染物的综合影响，而且能反映出环境污染的历史状况，这种反映可以弥补化学与仪器监测的不足。

利用生物对大气污染进行监测和评价，比较普遍的是利用植物叶片受污染后的伤害症状。不同的污染物引起植物叶片的伤害症状是不同的。如SO_2可使叶脉间出现白色烟斑或坏死组织，而氟化物则可使叶缘或叶尖出现浅褐色或褐红色的坏死部分。利用这种受害症状可以判断污染物的种类，进行定性分析。也可以根据受害程度的轻重、受害面积的大小，判断污染的程度，进行定量分析。还可以根据叶片中污染物的含量、叶片解剖构造的变化、生理机能的改变、叶片和新梢生长量等来监测大气污染的发展状况。

随着水污染监测中生物监测技术的大力应用，可借助生物学相关知识，监测生物与环境之间的关系。如果周围水质遭受到污染，借助一系列生物链使得植物生长受到影响、动物发生迁徙等，通过种群数量的变化监控水质环境，对污染的分布、污染来源、污染种类、污染周期等进行风险评估，为河湖水生态修复和后期治理工作的开展提供一定的理论依据，提升水体自净能力，恢复生态功能。水环境生物监测指标包括浮游植物、浮游动物、底栖动物、叶绿素a和微生物等。如通过监测河蚬体内的汞含量可知水体是否受到汞污染，监测藻类的生理功能判断水体受污染的程度，利用青蛙的皮肤判断水体是否受到污染，利用发光细菌监测法开展世博会饮用水安全监测，等等。

2. 生物评价

生物评价是指用生物学方法按一定标准对一定范围内的环境质量进行评定和预测。通常采用的方法有指示生物法、生物指数法和种类多样性指数法等。利用细胞学、生物化学、生理学和毒理学等手段进行评价的方法也在逐渐推广和完善。生物评价的范围可以是一条河流，一个厂区，一座城市，或一个更大的区域。生物监测和生物评价具有的优点是：①综合性和真实性；②长期性；③灵敏性；④简单易行。

（三）研究污染物在环境中的迁移转化

污染物在环境中的迁移即污染物在环境中所发生的空间位置的移动及其引起的富集、分散和消失的过程，该过程常伴随着形态的转化。如通过废气、废渣、废液的排放，农药的施用以及汞矿床的扩散等各种途径进入水环境的汞，会富集于沉积物中。污染物在环境中的迁移受污染物自身物理化学性质和外界环境的物理化学条件（包括区域自然地理条件）两方面因素的制约。环境中污染物的迁移转化一般分为三种：机械迁移，包括水流冲刷的机械搬运作用与湍流扩散作用的水迁移与大气迁移；物理化学迁移，包括络合、絮凝、吸附、沉降的累积过程以及光解、水解、自然蜕变及氧化还原、溶解或解吸等离散过程；生物迁移，包括生物浓缩、生物累积、生物放大等。研究污染物在环境中的迁移转化一般分三个研究层次：①把自然界作为统一整体，研究污染物在环境中的迁移转化过程；②深入研究污染物在气-液-固三个界面间的微观迁移机理；③研究污染物在水、气、土、生物中的迁移转化。

（四）环境污染物的生物净化与生物治理

环境污染物的生物净化是指生物体通过吸收、分解和转化作用，使生态环境中污染物的浓度和毒性降低或消失的过程。在生物净化中，绿色植物和微生物起着重要的作用，绿色植物能够在一定浓度范围内吸收大气中的有害气体、阻滞和吸附大气中的粉尘和放射性污染物、杀灭空气中的病原菌等。我国常见的抗有害气体的树种见表6-2。

表6-2　我国常见的抗有害气体的树种

地区	抗性	树种名称
北方地区（包括东北、华北）	抗二氧化硫	构树、皂荚、华北卫矛、榆树、白蜡树、沙枣、柽柳、臭椿、旱柳、侧柏、瓜子黄杨、紫穗槐、加拿大白杨、刺槐、泡桐等
	抗氯气	构树、皂荚、榆树、白蜡树、沙枣、柽柳、臭椿、侧柏、紫藤、华北卫矛等
	抗氟化氢	构树、皂荚、华北卫矛、榆树、白蜡树、沙枣、柽柳、臭椿、云杉、侧柏等
中部地区（包括华东、华中、西南部分地区以及河南、陕西、甘肃等省的南部地区）	抗二氧化硫	大叶黄杨、海桐、蚊母、夹竹桃、构树、凤尾兰、女贞、珊瑚树、梧桐、臭椿、朴树、紫薇、龙柏、木槿、枸橘、无花果等
	抗氯气	大叶黄杨、龙柏、蚊母、夹竹桃、木槿、海桐、凤尾兰、构树、无花果、梧桐、棕榈、山茶等
	抗氟化氢	大叶黄杨、蚊母、海桐、棕榈、朴树、凤尾兰、构树、桑树、珊瑚树、女贞、龙柏、梧桐、山茶等
南部地区（包括华南和西南部分地区）	抗二氧化硫	夹竹桃、棕榈、构树、印度榕、高山榕、樟叶槭、楝树、广玉兰、木麻黄、黄槿、鹰爪、石栗、红果仔、红背桂等
	抗氯气	夹竹桃、构树、棕榈、樟叶槭、细叶榕、广玉兰、黄槿、木麻黄、海桐、石栗、米仔兰、蝴蝶果等
	抗氟化氢	夹竹桃、棕榈、构树、广玉兰、桑树、银桦、蓝桉等

环境污染物的生物治理是指由人工控制的主要利用生物来减少或消除污染物的过程。目前，生物治理是环境保护中应用最广的、最为重要的技术，其在水污染控制、大气污染治理、环境监测和清洁生产等各个方面发挥着极为重要的作用。例如，利用活性污泥法、生物膜法、厌氧生物处理法、自然生物处理法等方法开展水污染治理，利用微生物降解转化法治理大气污染，利用生物反应堆技术降解固体废物，利用重金属酶促反应法进行土壤生物修复，等等。

第四节 我国生态保护的重要举措

生态保护和修复是一个系统工程。统筹山水林田湖草沙系统治理，必须坚持保护优先、自然恢复为主，深入推进生态保护和修复。要科学布局全国重要生态系统保护和修复重大工程，从自然生态系统演替规律和内在机理出发，统筹兼顾、整体实施，着力提高生态系统自我修复能力，增强生态系统的稳定性，促进自然生态系统质量的整体改善和生态产品供给能力的全面增强。重点实施青藏高原、黄土高原、云贵高原、秦巴山脉、祁连山脉、大小兴安岭和长白山、南岭山地地区、京津冀水源涵养区、内蒙古高原、河西走廊、塔里木河流域、滇桂黔喀斯特地区等关系国家生态安全区域的生态修复工程，筑牢国家生态安全屏障。开展大规模国土绿化行动，推进天然林保护、防护林体系建设、京津风沙源治理、退耕还林还草、湿地保护恢复等重大生态工程，加强城市绿化，加快水土流失和荒漠化石漠化综合治理。

一、筑牢国家生态安全屏障

我国许多地区地处大江大河上游，是中华民族的生态屏障，开发资源一定要注意惠及当地、保护生态，决不能为一时发展而牺牲生态环境。要把眼光放长远些，坚持加强生态保护和环境整治，做到既要金山银山、更要绿水青山，保护好中华民族永续发展的本钱。

1. 把青藏高原打造成为全国乃至国际生态文明高地

青藏高原是世界屋脊、亚洲水塔，是地球第三极，是我国重要的生态安全屏障、战略资源储备基地，是中华民族特色文化的重要保护地。保护好青藏高原生态就是对中华民族生存和发展的最大贡献。如果把青藏高原生态破坏了，生产总值再多也没有什么意义。要站在保障中华民族生存和发展的历史高度，坚持对历史负责、对人民负责、对世界负责的态度，把生态文明建设摆在更加突出的位置，守护好高原的生灵草木、万水千山。

2. 保护好三江源，保护好"中华水塔"

三江源地区是长江、黄河、澜沧江的发源地，被誉为"中华水塔"，有世界上高海拔地区独一无二的大面积湿地生态系统，是世界上高海拔地区生物多样性、物种多样性、基因多样性、遗传多样性最集中的地区，是高寒生物自然物种资源库，生态地位十分重要，无法替代。要从"国之大者"的高度认识三江源保护的重要性，承担好维护生态安全、保护三江源、保护"中华水塔"的重大使命，坚决守住生态底线，确保"一江清水向东流"。图6-9是长江源区的囊极巴陇河道，长江正源沱沱河和南源当曲在此汇合。

图6-9 长江源区的囊极巴陇河道(无人机照片)

3. 筑牢祖国北疆绿色生态屏障

祖国北疆生态状况关系全国生态安全,要保持加强生态文明建设的战略定力,牢固树立生态优先、绿色发展的导向,把祖国北疆这道万里绿色长城构筑得更加牢固。三北(西北、华北、东北)防护林体系建设工程是同我国改革开放一起实施的重大生态工程,是生态文明建设的一个重要标志性工程。要坚持久久为功,创新体制机制,完善政策措施,持续不懈推进三北工程建设,不断提升林草资源总量和质量,持续改善三北地区生态环境,为建设美丽中国作出新的更大贡献。

4. 保护好秦岭、祁连山、贺兰山等生态安全屏障的生态环境

秦岭和合南北、泽被天下,是我国的"中央水塔",是中华民族的祖脉和中华文化的重要象征,要把秦岭生态环境保护和修复工作摆上重要位置,履行好职责,当好秦岭生态卫士。祁连山对保护国家生态安全、推动河西走廊可持续发展具有十分重要的战略意义,要正确处理生产生活和生态环境的关系,让祁连山绿水青山常在,永远造福当地各族群众。贺兰山是我国重要自然地理分界线和西北重要生态安全屏障,要加强顶层设计,狠抓责任落实,强化监督检查,坚决保护好贺兰山生态。

二、开展大规模国土绿化行动

林草兴则生态兴,森林和草原对国家生态安全具有基础性、战略性作用。要开展国土绿化行动,推动国土绿化高质量发展,坚持科学绿化、规划引领、因地制宜,走科学、生态、节俭的绿化发展之路。要加强重点林业工程和草原保护修复工程建设,实施退耕还林还草。着力提高森林质量,坚持封山育林、人工造林并举。完善天然林保护制度,宜封则封、宜造则造、宜林则林、宜灌则灌、宜草则草,实施森林质量精准提升工程。着力开展森林城市建设,使城市适宜绿化的地方都绿起来,充分利用不适宜耕作的土地开展绿化造林,扩大城市之间的生态空间。

持之以恒开展植树造林。植树造林历来是中华民族的优良传统,是实现天蓝、地绿、水净的重要途径,是最普惠的民生工程。新中国成立以后,我们锲而不舍开展植树造林,取得显著成绩。特别是党的十八大以来,爱绿、植绿、护绿不仅成为全党全国各族人民的一致共识和自

觉行动，而且正在世界上产生积极广泛影响。同时也要看到，我国生态欠债依然很大，缺林少绿依然是一个迫切需要解决的重大现实问题。开展全民义务植树是推进国土绿化的有效途径，要坚持各级领导干部带头、全社会人人动手，鼓励和引导大家从自己做起、从现在做起，发扬前人栽树、后人乘凉精神，多种树、种好树、管好树，让大地山川绿起来，让人民群众生活环境美起来。

三、加强荒漠化治理和湿地保护

土地荒漠化是影响人类生存和发展的全球重大生态问题。荒漠化防治是人类功在当代、利在千秋的伟大事业。我国历来高度重视荒漠化防治工作，坚持长时间、大规模治理，沙化荒漠化土地面积连续减少，取得了显著成就，为推进美丽中国建设作出了积极贡献，为国际社会治理生态环境提供了中国经验。但也要看到我国荒漠化治理面临的形势依然严峻，必须弘扬尊重自然、保护自然的理念，坚持生态优先、预防为主，持续推进荒漠生态系统治理。

湿地是"地球之肾"，湿地保护事关国家生态安全。如果再不重视保护好涵养水源的森林、湖泊、湿地等生态空间，自然报复的力度会更大。水是湿地的灵魂，自然生态之美是湿地最内在、最重要的美。要坚定不移把保护摆在第一位，尽最大努力保持湿地生态和水环境。实行湿地面积总量管控，严格湿地用途监管，推进退化湿地修复，增强湿地生态功能，维护湿地生物多样性。坚持湿地蓄洪区的定位和规划，尽快恢复生态湿地蓄洪区的行蓄洪功能和生态保护功能。采取硬措施，制止继续围垦占用湖泊湿地的行为，对有条件恢复的湖泊湿地要退耕还湖还湿。从严控制围填海项目，保护滨海湿地。图6-10为西溪湿地水道。

图6-10 游船行驶在西溪湿地水道上

四、提升生态系统质量和稳定性

提升生态系统质量和稳定性，既是增加优质生态产品供给的必然要求，也是减缓和适应气候变化带来不利影响的重要手段。在多年持续快速发展中，我国农产品、工业品、服务产品的生产能力迅速扩大，但提供优质生态产品的能力没有相应增强，越来越多的人类活动不断触及自然生态的边界和底线。要为自然守住安全边界和底线,既包括有形的边界,也包括无形的边界,全面提升自然生态系统稳定性和生态服务功能,形成人与自然和谐共生的格局。

1. 严守生态保护红线、永久基本农田、城镇开发边界三条控制线

生态保护红线要保证生态功能的系统性和完整性,确保生态功能不降低、面积不减少、性质不改变;永久基本农田要保证适度合理的规模和稳定性,确保数量不减少、质量不降低;城镇开发边界要避让重要生态功能,不占或少占永久基本农田。2018年6月24日,《中共中央 国务院关于全面加强生态环境保护 坚决打好污染防治攻坚战的意见》中提出要坚持保护优先,落实生态保护红线、环境质量底线、资源利用上线硬约束,省级党委和政府加快确定生态保护红线、环境质量底线、资源利用上线,制定生态环境准入清单。"三线一单"(生态保护红线、环境质量底线、资源利用上线和生态环境准入清单)是推进生态环境保护精细化管理、强化国土空间环境管控、推进绿色发展高质量发展的一项重要工作。图6-11为"三线一单"生态环境分区管控体系发展历程图。

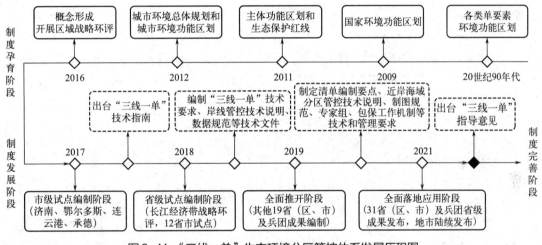

图6-11 "三线一单"生态环境分区管控体系发展历程图

(资料来源:秦昌波,2021)

2. 加强生物多样性保护

生物多样性使地球充满生机,保护生物多样性有助于维护地球家园,促进人类可持续发展。中国幅员辽阔,陆海兼备,地貌和气候复杂多样,孕育了丰富而又独特的生态系统多样性、物种多样性和遗传多样性,是世界上生物多样性最丰富的国家之一。中国的传统文化积淀了丰富的生物多样性智慧。要站在对人类文明负责的高度,尊重自然、顺应自然、保护自然,探索人与自然和谐共生之路,促进经济发展与生态保护协调统一。

3. 构建以国家公园为主体的自然保护地体系

自然保护地是生态建设的核心载体、中华民族的宝贵财富、美丽中国的重要象征,在维护国家生态安全中居于首要地位。我国已建立数量众多、类型丰富、功能多样的各级各类自然保护地,正式设立三江源、大熊猫、东北虎豹、海南热带雨林、武夷山等第一批国家公园。自然保护地在保护生物多样性、保存自然遗产、改善生态环境质量和维护国家生态安全方面发挥了

重要作用，但仍然存在重叠设置、多头管理、边界不清、权责不明、保护与发展矛盾突出等问题。要创新自然保护地管理体制机制，实施自然保护地统一设置、分级管理、分区管控，把具有国家代表性的重要自然生态系统纳入国家公园体系，实行严格保护，形成以国家公园为主体、自然保护区为基础、各类自然公园为补充的自然保护地管理体系。实行国家公园体制，目的是保持自然生态系统的原真性和完整性，保护生物多样性，保护生态安全屏障，给子孙后代留下珍贵的自然资产。这是推进自然生态保护、建设美丽中国、促进人与自然和谐共生的一项重要举措。要坚持生态保护第一、国家代表性、全民公益性的国家公园理念，逐步把自然生态系统最重要、自然景观最独特、自然遗产最精华、生物多样性最富集的区域纳入国家公园体系。对相关自然保护地进行功能重组，理顺管理体制，创新运营机制，健全法律保障，强化监督管理，构建统一规范高效的中国特色国家公园体制。统筹保护和发展，有序推进生态移民，适度发展生态旅游，实现生态保护、绿色发展、民生改善相统一。

科普小知识

国家公园

一、什么是国家公园？

中国国家公园是以保护具有国家代表性的自然生态系统为主要目的，实现自然资源科学保护和合理利用的特定陆域或海域，是中国进一步加大力度，推进自然生态保护、保护生物多样性的切实行动。

二、为什么设立国家公园？

国家公园属于全国主体功能区规划中的禁止开发区域，纳入全国生态保护红线区域管控范围，实行最严格的保护。加快构建以国家公园为主体的自然保护地体系，逐步把自然生态系统最重要、自然景观最独特、自然遗产最精华、生物多样性最富集的区域纳入国家公园体系，保持自然生态系统的原真性和完整性，体现全球价值、国家象征、国民认同，给子孙后代留下珍贵的自然资产。

三、我国第一批国家公园有哪些？

2021年10月12日，在昆明召开的联合国《生物多样性公约》第十五次缔约方大会上，我国宣布正式设立首批5个国家公园，分别是三江源、大熊猫、东北虎豹、海南热带雨林、武夷山国家公园，涉及青海、西藏、四川、陕西、甘肃、吉林、黑龙江、海南、福建、江西等10个省区，均处于我国生态安全战略格局的关键区域，保护面积达23万平方公里，涵盖近30%的陆域国家重点保护野生动植物种类。

1. 三江源国家公园

地处青藏高原腹地，保护面积19.07万平方公里，实现长江、黄河、澜沧江源头整体保护。园内广泛分布冰川雪山、高海拔湿地、荒漠戈壁、高寒草原草甸，生态类型丰富，结构功能完整，是地球"第三极"青藏高原高寒生态系统大尺度保护的代表。

2. 大熊猫国家公园

跨四川、陕西和甘肃三省，保护面积2.2万平方公里，是野生大熊猫集中分布区和主要繁衍栖息地，保护了全国70%以上的野生大熊猫。园内生物多样性十分丰富，具有独特的自然文化景观，是生物多样性保护示范区、生态价值实现先行区和世界生态教育样板。

3. 东北虎豹国家公园

跨吉林、黑龙江两省，与俄罗斯、朝鲜毗邻，保护面积1.41万平方公里，分布着我国境内规模最大、唯一具有繁殖家族的野生东北虎、东北豹种群。园内植被类型多样，生态结构相对完整，是温带森林生态系统的代表。

4. 海南热带雨林国家公园

位于海南岛中部，保护面积4269平方公里，保存了我国最完整、最多样的大陆性岛屿型热带雨林。这里是全球极度濒危的灵长类动物——海南长臂猿的唯一分布地，是热带生物多样性和遗传资源的宝库。

5. 武夷山国家公园

跨福建、江西两省，保护面积1280平方公里，分布有全球同纬度最完整、面积最大的中亚热带原生性常绿阔叶林生态系统，是我国东南动植物宝库。武夷山有丰富的生态人文资源，拥有世界文化和自然"双遗产"。

案例分析

"绿水青山就是金山银山"的安吉模式

安吉县，位于浙江省西北部，地处长三角地理中心，是上海黄浦江的源头、杭州都市圈重要的西北节点，县域面积1886平方公里，下辖8镇3乡4街道，共215个行政村（社区），户籍人口47万。安吉建县于公元185年，县名取自《诗经》"安且吉兮"，素有"中国竹乡""中国转椅之乡""中国白茶之乡"等美誉。在选择发展道路时，安吉曾走过弯路。20世纪末，作为浙江贫困县之一的安吉，为脱贫致富走上了"工业强县"之路，造纸、化工、建材、印染等企业相继崛起，尽管GDP一路高速增长，但对生态环境造成了巨大破坏。2001年，安吉确立了"生态立县"的发展战略，下决心改变先破坏后修复的传统发展模式，开始对新的发展方式进行探索和实践，并开展了村庄环境整治活动。通过有效整治，安吉的生态环境有了极大的改善，但经济发展速度还是明显落后于周边地区，依然是浙江贫困县和欠发达县之一。

习近平同志在担任浙江省委书记期间，先后两次来到安吉调研。2003年4月，习近平同志在安吉调研生态建设工作时指出，对安吉来说，"生态立县"是找到了一条正确的发展道路。2005年8月，习近平在安吉县余村首次提出了"绿水青山就是金山银山"的科学论断。2008年年初，安吉县委县政府提出建设"中国美丽乡村"的目标。十余年来，安吉坚定践行"绿水青山就是金山银山"理念，走出了一条生态美、产业兴、百姓富的可持续发展之路，美丽乡村建设在余村变成了现实。党的十八大以来，在乡村振兴战略的引领下，安吉从改善农村人居环境入手，坚持规划、建设、管理、经营于一体，注重机制创新，抓住环境治理和产业发展两个关键点，不断推动乡村美起来、富起来、强起来。图6-12为安吉县天荒坪镇余村环境整治前后对比。

安吉的美丽乡村建设实践表明，山区县的资源在绿水青山，潜力在绿水青山。山区县的发展可以突破常规模式，即让绿水青山变成金山银山，走出一条通过优化生态环境带动经济发展的全新道路，实现环境保护与经济发展双赢的目标。

(a) 二十世纪八十年代的余村　　　　　　　(b) 2018年4月整修一新的余村

图6-12　安吉县天荒坪镇余村环境整治前后对比

第五节　我国新时代生态保护的实践成效

　　党的十八大以来，我国把生态保护摆在生态文明建设的重要位置，推进山水林田湖草沙一体化保护和系统治理，提升生态系统的质量和稳定性，守好自然生态安全的边界。十多年来，我国以前所未有的力度抓生态文明建设，从思想、法律、体制、组织、作风上全面发力，开展了一系列根本性、开创性、长远性工作，推动生态文明建设和生态环境保护发生了历史性、转折性、全局性的变化，全国推动绿色发展的自觉性和主动性显著增强，创造了举世瞩目的生态奇迹和绿色发展奇迹，走出了一条生产发展、生活富裕、生态良好的文明发展道路，美丽中国建设迈出重大步伐。2023年8月15日是我国首个全国生态日，体现了新时代生态文明建设的重要地位，体现了全面推进美丽中国建设的坚定决心。

一、生态环境保护制度得到系统性完善

　　十多年来，我国生态环境法律和制度建设进入立法力度最大、制度出台最密集、监管执法尺度最严的时期。在法律法规方面，被称作史上最严的环境保护法于2015年生效实施，制订修订了生物安全法、森林法、野生动物保护法、湿地保护法等多部法律法规，将"生态文明"写入宪法，民法典将绿色原则确立为民事活动的基本原则。目前，生态环境领域现行法律达到30余部，生态保护的法治保障更加有力。在制度举措方面，首创设立了生态保护红线制度，把超过25%的国土面积划为生态保护红线。

二、生态保护监管力度得到持续加强

通过中央生态环境保护督察，一批突出的生态环境破坏问题得到了有效解决。如祁连山由曾经的"千疮百孔"到现在的"满山苍绿"，由乱到治，大见成效；秦岭北麓由"无序开发"到"有序退出"再到现在的生态修复，发生了历史性变化。截至2022年，两轮中央生态环境保护督察公开曝光262个典型案例，受理转办的群众生态环境信访举报28.7万件，第一轮督察共问责1.8万人，2021年全国环境行政处罚案件是新环保法实施前的1.6倍。同时，生态环境部联合有关部门连续五年组织开展了"绿盾"自然保护地强化监督，推动国家级自然保护区5000多个问题得到整改。

三、生态安全屏障得到有效巩固

坚持山水林田湖草沙一体化保护和系统治理，加速构建市场化、多元化生态补偿机制，推动生态系统质量和稳定性稳步提升。森林资源总量和质量"双提升"，森林覆盖率、蓄积量持续保持"双增长"，分别由第七次全国森林资源清查（2004—2008年）的20.36%、137亿立方米提高到2020年底的23.04%、175亿立方米。此外，我国森林资源总体呈现质量稳步提高、功能不断增强的发展态势。草原生态系统质量和稳定性逐步恢复，2011—2020年，全国草原综合植被盖度由51%提高至56.1%，重点天然草原平均牲畜超载率由28%降低至10.1%，草原生态系统恶化趋势得到遏制。河湖、湿地保护和恢复取得积极成效，通过实施湿地保护修复、退耕还湿、退田（圩）还湖、生态补水等工程，我国初步形成由64处国际重要湿地、889处国家湿地公园、602处湿地自然保护区、1600余处湿地公园和湿地保护小区构成的保护体系，河湖、湿地生态状况初步改善，2021年底，全国湿地保护率已达52.65%。荒漠化和水土流失治理成效明显，我国水土流失状况持续呈现面积强度"双下降"、水蚀风蚀"双减少"态势，荒漠化和沙化土地面积已实现连续三个五年监测期"双减少"。生物多样性保护进程加速，2021年，我国已建立各级各类自然保护地万余处，占到陆域国土面积的18%，有效保护了65%的高等植物群落、90%的植被类型和陆地生态系统、85%的重点保护野生动物种群，部分珍稀濒危野生动植物种群实现恢复性增长；稳步推进了25个山水林田湖草生态保护修复工程的试点，实施生物多样性保护重大工程和濒危物种的拯救工程，划定了35个生物多样性保护优先区域，112种特有珍稀濒危野生动植物实现了野外回归；建立了以国家公园为主体的自然保护地体系，正式设立了三江源等第一批5个国家公园，有效保护了90%的陆地生态系统类型和74%的国家重点保护野生动植物种群。通过实施长江十年禁渔，长江江豚等珍稀水生生物物种得到了初步恢复，洞庭湖2021年监测到的水生生物物种就比2018年增加了近30种。

四、推动"绿水青山"向"金山银山"的转化实践

截至2022年11月，生态环境部先后组织命名了6批共468个国家生态文明示范区、187个"绿水青山就是金山银山"实践创新基地。第六批"绿水青山就是金山银山"实践创新基地名单见表6-3。国家生态文明建设示范区涵盖生态制度、生态安全、生态空间、生态经济、生态生活、生态文化等六大方面，是目前中国生态文明建设领域的最高荣誉，它不仅反映了一个地区在生态文明建设上取得的成就，也彰显着一个地区以绿色发展理念为引领、实现保护与发展共赢的努力与实践。2023年10月，生态环境部命名北京市昌平区等53个地区为第七批"绿水青山就是金山银山"实践创新基地，见表6-4。

表6-3 第六批"绿水青山就是金山银山"实践创新基地名单

省份及机构	实践创新基地	省份及机构	实践创新基地
北京市	丰台区	天津市	滨海新区中新天津生态城
河北省	石家庄市赞皇县、邯郸市复兴区	山西省	长治市平顺县、运城市芮城县
内蒙古自治区	巴彦淖尔市五原县、锡林郭勒盟乌拉盖管理区	辽宁省	沈阳市棋盘山地区
吉林省	通化市辉南县	黑龙江省	佳木斯市汤原县
上海市	闵行区马桥镇	江苏省	南京市高淳区、泰州市姜堰区
浙江省	杭州市桐庐县、丽水市庆元县	安徽省	安庆市潜山市、黄山市歙县、六安市舒城县
福建省	莆田市木兰溪流域、南平市邵武市	江西省	九江市武宁县、宜春市铜鼓县
山东省	威海市好运角、德州市齐河县	河南省	驻马店市泌阳县
湖北省	十堰市武当山旅游经济特区、宜昌市环百里荒乡村振兴试验区	湖南省	长沙市长沙县、怀化市靖州苗族侗族自治县、永州市金洞管理区
广东省	深圳市龙岗区、茂名市化州市	广西壮族自治区	贺州市富川瑶族自治县
海南省	保亭黎族苗族自治县	重庆市	巫山县
四川省	乐山市沐川县、阿坝藏族羌族自治州汶川县	贵州省	贵阳市花溪区
云南省	普洱市景东彝族自治县	西藏自治区	林芝市巴宜区
陕西省	宝鸡市麟游县、汉中市宁强县、安康市岚皋县	甘肃省	陇南市两当县
青海省	海东市平安县、海西蒙古族藏族自治州乌兰县茶卡镇	宁夏回族自治区	宁夏贺兰山东麓葡萄酒产业园区、固原市隆德县
新疆维吾尔自治区	阿勒泰地区布尔津县	新疆生产建设兵团	第四师71团

表6-4 第七批"绿水青山就是金山银山"实践创新基地名单

省份及机构	实践创新基地	省份及机构	实践创新基地
北京市	昌平区	天津市	宝坻区潮白新河流域
河北省	唐山市迁西县、秦皇岛市北戴河区	山西省	太原西山生态文化旅游示范区、晋中市左权县
内蒙古自治区	呼和浩特市新城区、赤峰市喀喇沁旗	辽宁省	铁岭市西丰县
吉林省	白山市中部生态经济区	黑龙江省	鸡西市虎林市、大兴安岭地区漠河市
上海市	浦东新区航头镇	江苏省	无锡市宜兴市、苏州市吴中区
浙江省	杭州市临安区、金华市义乌市	安徽省	池州市石台县、宣城市绩溪县
福建省	南平市松溪县、宁德市周宁县	江西省	赣州市石城县、宜春市奉新县
山东省	济南市历下区、潍坊市青州市	河南省	洛阳市宜阳县
湖北省	十堰市竹山县、黄冈市罗田县	湖南省	长沙市雨花区圭塘河流域、湘西土家族苗族自治州花垣县十八洞村

续表

省份及机构	实践创新基地	省份及机构	实践创新基地
广东省	韶关市仁化县、清远市连南瑶族自治县	广西壮族自治区	来宾市忻城县
海南省	三亚市崖州区、五指山市水满乡	重庆市	忠县三峡橘乡田园综合体
四川省	天府新区直管区、甘孜藏族自治州丹巴县	贵州省	贵州省赤水河流域茅台酒地理标志保护生态示范区、遵义市湄潭县
云南省	普洱市澜沧拉祜族自治县景迈山、德宏傣族景颇族自治州盈江县	西藏自治区	拉萨市当雄县、日喀则市定结县陈塘镇
陕西省	延安市安塞区、安康市石泉县	甘肃省	平凉市崇信县、甘南藏族自治州舟曲县
青海省	海南藏族自治州同德县、玉树藏族自治州玉树市	宁夏回族自治区	银川市永宁县闽宁镇
新疆维吾尔自治区	伊犁哈萨克自治州尼勒克县喀什河中下游	新疆生产建设兵团	第二师34团

2023年，全国生态质量指数（EQI）值为59.6，生态质量为二类❶。生态质量为一类的县域面积占国土面积的27.8%，主要分布在东北大小兴安岭和长白山、青藏高原东南部、云贵高原西部、秦岭和江南丘陵地区；二类的县域面积占31.7%，主要分布在三江平原地区、内蒙古高原、黄土高原、青藏高原西北部、四川盆地、珠江三角洲和长江中下游平原地区；三类的县域面积占33.4%，主要分布在华北平原、内蒙古阿拉善、青藏高原西部和新疆大部分地区；四类的县域面积占6.3%，五类的县域面积占0.9%，主要分布在新疆中北部和甘肃西部地区。

五、深度参与全球生物多样性治理

"孤举者难起，众行者易趋。"人类面临的所有全球性问题，任何一国想单打独斗都无法解决，必须开展全球行动、全球应对、全球合作。保护生态环境是全球面临的共同挑战和共同责任。面对生态环境挑战，人类是一荣俱荣、一损俱损的命运共同体，没有哪个国家能独善其身，我们必须做好携手迎接更多全球性挑战的准备。为了我们共同的未来，国际社会应当秉持人类命运共同体理念，追求人与自然和谐、追求绿色发展繁荣、追求热爱自然情怀、追求科学治理精神、追求携手合作应对，以前所未有的雄心和行动，勇于担当，勠力同心，共同医治生态环境的累累伤痕，共同营造和谐宜居的人类家园，共同构建地球生命共同体，开启人类高质量发展新征程。

当前，全球物种灭绝速度不断加快，生物多样性丧失和生态系统退化对人类生存和发展构成重大风险。加强生物多样性保护、推进全球环境治理需要各方持续坚韧努力，凝聚更多共识，形成更大合力。中国致力于推动制定"2020年后全球生物多样性框架"，为未来全球生物多样性保护设定目标、明确路径，推动国际社会加强合作，共建地球生命共同体。2021年10月中国宣布率先出资15亿元人民币，成立昆明生物多样性基金，支持发展中国家生物多样性保护事业，呼吁并欢迎各方为基金出资。中国愿与各国共同践行承诺，抓好目标落实，助力全球有效扭转生物多样性丧失，共同守护地球家园。我国积极履行《生物多样性公约》及其议定

---

❶ 2021年开始，生态质量评价依据调整为《区域生态质量评价办法（试行）》，EQI≥70为一类，55≤EQI<70为二类，40≤EQI<55为三类，30≤EQI<40为四类，EQI<30为五类；2022年，全国2855个县域行政单元开展生态质量监测。

书，过去十年，中国的生物多样性保护目标执行情况好于全球平均水平。

2021年10月，作为公约缔约方大会的主席国，中国在昆明成功举行了联合国《生物多样性公约》第十五次缔约方大会（COP15）第一阶段会议，还通过了《昆明宣言》。这次会议向全世界阐释了中国推进全球生态文明建设的理念、主张和行动，为推进全球生态文明建设和生物多样性保护贡献了中国智慧、中国方案和中国力量。2023年12月9日，在《联合国气候变化框架公约》第二十八次缔约方大会（COP28）"自然日"期间，生态环境部部长黄润秋视频出席推动实施"昆明-蒙特利尔全球生物多样性框架"（简称"昆蒙框架"）下"3030目标"高级别活动，并以《生物多样性公约》第十五次缔约方大会（COP15）主席身份宣布牵头发起"昆蒙框架"实施倡议。

课外阅读

库布其沙漠治理

库布其沙漠，蒙古语中意为"弓上之弦"，是中国第七大沙漠，总面积约为1.86万平方公里，主体位于内蒙古自治区鄂尔多斯市杭锦旗境内，曾是内蒙古自治区中西部地区生态环境极度脆弱的地区之一，也是京津冀地区三大风沙源之一，一度被称为生命禁区。库布其沙漠治理方面存在亟须解决的问题，如缺植被、缺公路，降水少，农牧民收入少，沙尘暴频发等，沙区生态环境和生产生活条件十分恶劣，改善生态与发展经济的任务十分繁重。

为改变这一恶劣的生态环境，破解库布其沙漠治理难题，当地党委、政府将生态建设作为全旗最大的基础建设和民生工程来抓，大力推进中国北疆生态安全屏障建设，探索出"党委政府政策性主导、社会产业化投资、农牧民市场化参与、科技持续化创新"四轮驱动的"库布其沙漠治理模式"，构建了"生态修复、生态牧业、生态健康、生态旅游、生态光伏、生态工业"一、二、三产融合发展的沙漠生态产业体系。库布其沙漠区域生态环境明显改善，生态资源逐步恢复，沙区经济不断发展，1/3的沙漠得到治理，实现了由"沙逼人退"到"绿进沙退"的历史性转变，形成了"守望相助、百折不挠、科学创新、绿富同兴"的"库布其精神"，实现了生态效益、经济效益和社会效益的有机统一，被联合国确认为"全球生态经济示范区"。

这一治理模式不仅在中国各大沙区成功落地，而且已走入沙特、蒙古国等"一带一路"合作国家和地区，成为"世界治沙看中国，中国治沙看库布其"的样板和典范，实现了从"黄色沙漠"到"绿洲银行"的蜕变。以库布其治沙为代表的中国荒漠化治理，为世界荒漠化防治开出了中国药方，为实现土地退化零增长的目标提供了中国方案，为推进人类可持续发展贡献了中国经验。

练习题

一、名词解释

1. 生态系统　　2. 食物链　　3. 光合作用　　4. 物质循环　　5. 蒸腾作用

6. 碳循环　　　7. 氨化　　　8. 吸收　　　9. 光化学烟雾　　　10. 生态平衡

11. 生态阈值　　12. 生物浓缩　　13. 生物累积　　14. 生物放大　　15. 生态保护红线

二、填空题

1. 几个"一定"和"不一定"。

　　① 生产者_____是自养型，自养型_____是生产者。

　　② 分解者_____是营腐生生活的生物，营腐生生活的生物_____是分解者。

　　③ 生产者_____是植物，植物_____是生产者。

　　④ 消费者_____是动物，动物_____是消费者。

　　⑤ 分解者_____是微生物，微生物_____是分解者。

2. 食物链和食物网是生态系统_____流动和_____循环的渠道。

3. 生态学一词是由_____首先提出来的。

4. 各种生态系统无论大小、复杂程度如何不同，其组成成分均可分为两个部分和四个基本成分。两个部分是_____和_____，四个基本成分是_____、_____、_____和_____。

5. 陆地生态系统氮循环主要有五个步骤：_____、_____、_____、_____和_____。

6. 生态平衡破坏的因素有_____和_____。

7. 生物评价是用生物学方法按一定标准对一定范围内的环境质量进行_____和_____。

8. 生物多样性通常分为_____、_____和_____三个层次。

9. 生态金字塔包括_____、_____和_____三种。

三、简答题

1. 简述人为因素造成的生态平衡失调的主要原因。

2. 简述生态学的一般规律。

3. 生态平衡的标志主要体现在哪几个方面？

四、论述题

1. 破坏生态平衡的因素有哪些？试列举说明。

2. 论述人类对水循环的影响。

第七章
绿色低碳发展

Study Guide 学习指南

内容提要 本章从绿色低碳发展的基本内容、重要举措、基本技术、实践成效四个方面介绍了绿色低碳发展的基本内容碳达峰碳中和的顶层设计和实施方案、绿色低碳发展的法律保障及实现碳中和的绿色低碳技术。重点介绍了碳达峰碳中和"1+N"政策体系,降碳、减碳、负碳和碳中和的基本方法,等等。

重点要求 深入把握绿色低碳发展的基本内容、碳达峰碳中和的顶层设计政策;掌握降碳、减碳、负碳和碳中和的基本方法,尤其是碳捕集、利用与封存技术;了解我国绿色低碳发展的基本历程和突出成效。

第一节 绿色低碳发展的基本内容

一、促进经济社会发展全面绿色转型

建立健全绿色低碳循环发展经济体系、促进经济社会发展全面绿色转型是解决我国生态环境问题的基础之策。要把实现减污降碳协同增效作为促进经济社会发展全面绿色转型的总抓手，加快推动产业结构、能源结构、交通运输结构、用地结构调整。优化国土空间开发格局，落实生态保护、基本农田、城镇开发等空间管控边界，实施主体功能区战略，划定并严守生态保护红线。抓住资源利用这个源头，推进资源总量管理、科学配置、全面节约、循环利用，全面提高资源利用效率。

二、努力实现碳达峰碳中和

碳达峰（carbon dioxide emissions peak）是指某个地区或行业年度二氧化碳排放量达到历史最高值，然后经历平台期进入持续下降的过程，是二氧化碳排放量由增转降的历史拐点。碳中和（carbon neutrality），节能减排术语，一般是指国家、企业、产品、活动或个人在一定时间内直接或间接产生的二氧化碳或温室气体排放总量，通过植树造林、节能减排等形式，以抵消自身产生的二氧化碳或温室气体排放量，实现正负抵消，达到相对"零排放"。

2020年9月22日，中国国家主席习近平在第75届联合国大会上提出："中国将提高国家自主贡献力度，采取更加有力的政策和措施，二氧化碳排放力争于2030年前达到峰值，努力争取2060年前实现碳中和。"

我国已进入新发展阶段，推进"双碳"工作是破解资源环境约束突出问题、实现可持续发展的迫切需要，是顺应技术进步趋势、推动经济结构转型升级的迫切需要，是满足人民群众日益增长的优美生态环境需求、促进人与自然和谐共生的迫切需要，是主动担当大国责任、推动构建人类命运共同体的迫切需要。

实现碳达峰碳中和是一场广泛而深刻的经济社会系统性变革，绝不是轻轻松松就能实现的。"双碳"工作要坚定不移推进，但不可能毕其功于一役，必须坚持稳中求进，逐步实现。要提高战略思维能力，把系统观念贯穿"双碳"工作全过程，把"双碳"工作纳入生态文明建设整体布局和经济社会发展全局，注重处理好发展和减排、整体和局部、长远目标和短期目标、政府和市场四对关系，坚持全国统筹、节约优先、双轮驱动、内外畅通、防范风险的原则，更好发挥我国制度优势、资源条件、技术潜力、市场活力，加快形成节约资源和保护环境的产业结构、生产方式、生活方式、空间格局。

三、打造国家重大战略绿色发展高地

一是强化京津冀协同发展生态环境联建联防联治。要增加清洁能源供应，调整能源消费结构，持之以恒推进京津冀地区生态建设，加快形成节约资源和保护环境的空间格局、产业结构、生产方式、生活方式。

二是以共抓大保护、不搞大开发为导向推动长江经济带发展，努力探索出一条生态优先、绿色发展新路子，使长江经济带成为我国生态优先绿色发展主战场、畅通国内国际双循环主动脉、引领经济高质量发展主力军。推动长江经济带发展，前提是坚持生态优先，逐步解决长江生态环境透支问题；全面提高资源利用效率，加快推动绿色低碳发展，努力建设人与自然和谐共生的绿色发展示范带；构建综合治理新体系，统筹考虑水环境、水生态、水资源、水安全、水文化和岸线等多方面的有机联系，推进长江上中下游、江河湖库、左右岸、干支流协同治理，改善长江生态环境和水域生态功能，提升生态系统质量和稳定性。强化国土空间管控和负面清单管理，严守生态红线，持续开展生态修复和环境污染治理工程，实施好长江十年禁渔，保持长江生态原真性和完整性。加快建立生态产品价值实现机制，让保护修复生态环境获得合理回报，让破坏生态环境付出相应代价。

三是加快建设美丽粤港澳大湾区。建设粤港澳大湾区，既是新时代推动形成全面开放新格局的新尝试，也是推动"一国两制"事业发展的新实践。要以建设美丽湾区为引领，着力提升生态环境质量，形成节约资源和保护环境的空间格局、产业结构、生产方式、生活方式，形成绿色低碳的城市建设运营模式，促进大湾区可持续发展，使大湾区天更蓝、山更绿、水更清，打造生态安全、环境优美、社会安定、文化繁荣的美丽湾区。创新绿色低碳发展模式，推动大湾区开展绿色低碳发展评价，力争碳排放早日达峰，建设绿色发展示范区。

四是夯实长三角地区绿色发展基础。要在严格保护生态环境的前提下，率先探索将生态优势转化为经济社会发展优势、从项目协同走向区域一体化制度创新，加快长三角生态绿色一体化发展示范区建设。强化生态环境共保联治，推动跨界水体环境治理，严格控制陆域入海污染，联合开展大气污染综合防治，加强固废危废污染联防联治，提升区域污染防治的科学化、精细化、一体化水平。统筹山水林田湖草沙系统治理和空间协同保护，筑牢长三角绿色生态屏障。2023年11月30日，在深入推进长三角一体化发展座谈会上，习近平总书记强调，长三角区域要加强生态环境共保联治，加强三省一市生态保护红线无缝衔接，推进重要生态屏障和生态廊道共同保护，加强大气、水、土壤污染综合防治，深入开展跨界水体共保联治，加强节能减排降碳区域政策协同，建设区域绿色制造体系；要全面推进清洁生产，促进重点领域和重点行业节能降碳增效，做强做优绿色低碳产业，建立健全绿色产业体系，加快形成可持续的生产生活方式；要建立跨区域排污权交易制度，积极稳妥推进碳达峰碳中和。要规划建设新型能源体系，协同推进省市间电力互济；要持续推进长江"十年禁渔"，加强联合执法；要健全生态产品价值实现机制，拓宽生态优势转化为经济优势的路径。

五是扎实推动黄河流域生态保护和高质量发展。习近平总书记指出："治理黄河，重在保护，要在治理。"要坚持山水林田湖草沙综合治理、系统治理、源头治理，坚持生态优先、绿色发展，以水而定、量水而行，因地制宜、分类施策，上下游、干支流、左右岸统筹谋划，共同抓好大保护，协同推进大治理，着力加强生态保护治理、保障黄河长治久安、促进全流域高质量发展、改善人民群众生活、保护传承弘扬黄河文化，让黄河成为造福人民的幸福河。黄河流域生态保护和高质量发展，要尊重规律，注重保护和治理的系统性、整体性、协同性；要保障黄河长久安澜，必须紧紧抓住水沙关系调节这个"牛鼻子"，完善水沙调控机制，加快构建抵御自然灾害防线，补好灾害预警监测短板，补好防灾基础设施短板。推进水资源节约集约利用，坚持以水定城、以水定地、以水定人、以水定产（"四水四定"），把水资源作为最大的刚性约束，走好水安全有效保障、水资源高效利用、水生态明显改善的集约节约发展之路。大力推动生态环境保护治理，上游产水区重在维护天然生态系统完整性，抓好上中游水土流失治理和荒漠化防治，加强下游河道和滩区环境综合治理。沿黄河各地区要从实际出发，宜水则水、宜山则山，宜粮则粮、宜农则农、宜工则工、宜商则商，积极探索富有地域特色的高质量发展新路子。

六是推进南水北调后续工程高质量发展。南水北调工程是跨流域跨区域配置水资源的骨干工程，事关战略全局、事关长远发展、事关人民福祉。要深入分析南水北调工程面临的新形势新任务，遵循确有需要、生态安全、可以持续的重大水利工程论证原则，立足流域整体和水资源空间均衡配置，科学推进工程规划建设，提高水资源节约集约利用水平。研判把握水资源长远供求趋势、区域分布、结构特征，科学确定工程规模和总体布局，处理好发展和保护、利用和修复的关系，决不能逾越生态安全的底线。坚持先节水后调水、先治污后通水、先环保后用水等行之有效的经验，加大生态保护力度，加强南水北调工程沿线水资源保护，持续抓好输水沿线区和受水区的污染防治和生态环境保护工作。

> **科普小知识**

南水北调工程

经过20世纪50年代以来的勘测、规划和研究，在分析比较50多种规划方案的基础上，分别在长江下游、中游、上游规划了三个调水区，形成了南水北调工程东线、中线、西线三条调水线路。根据2002年国务院批复的《南水北调工程总体规划》，通过东中西三条调水线路，与长江、淮河、黄河、海河相互连接，构成我国中部地区水资源"四横三纵、南北调配、东西互济"的总体格局。

东线工程：利用江苏省已有的江水北调工程，逐步扩大调水规模并延长输水线路。东线工程从长江下游扬州江都抽引长江水，利用京杭大运河及与其平行的河道逐级提水北送，并连接起调蓄作用的洪泽湖、骆马湖、南四湖、东平湖。出东平湖后分两路输水：一路向北，在位山附近经隧洞穿过黄河，输水到天津；另一路向东，通过胶东地区输水干线经济南输水到烟台、威海。一期工程调水主干线全长1466.50千米，其中长江至东平湖1045.36千米，黄河以北173.49千米，胶东输水干线239.78千米，穿黄河段7.87千米。规划分三期实施。

中线工程：从加坝扩容后的丹江口水库陶岔渠首闸引水，沿线开挖渠道，经唐白河流域西部过长江流域与淮河流域的分水岭方城垭口，沿黄淮海平原西部边缘，在郑州以西李村附近穿过黄河，沿京广铁路西侧北上，可基本自流到北京、天津。输水干线全长1431.945千米（其中，总干渠1276.414千米，天津输水干线155.531千米）。规划分两期实施。

西线工程：在长江上游通天河、支流雅砻江和大渡河上游筑坝建库，开凿穿过长江与黄河分水岭巴颜喀拉山的输水隧洞，调长江水入黄河上游。西线工程的供水目标，主要是解决涉及青海、甘肃、宁夏、内蒙古、陕西、山西等6省（自治区）黄河上中游地区和渭河关中平原的缺水问题。结合兴建黄河干流上的大柳树水利枢纽等工程，还可以向临近黄河流域的甘肃河西走廊地区供水，必要时也可相机向黄河下游补水。规划分三期实施。

三条调水线路互为补充，不可替代。本着"三先三后"、适度从紧、需要与可能相结合的原则，南水北调工程规划最终调水规模448亿立方米，其中东线148亿立方米，中线130亿立方米，西线170亿立方米，建设时间需40～50年。整个工程将根据实际情况分期实施。

第二节 绿色低碳发展的重要举措

党的二十大报告指出,要推进美丽中国建设,坚持山水林田湖草沙一体化保护和系统治理,统筹产业结构调整、污染治理、生态保护、应对气候变化,协同推进降碳、减污、扩绿、增长,推进生态优先、节约集约、绿色低碳发展。要加快发展方式绿色转型,推动经济社会发展绿色化、低碳化是实现高质量发展的关键环节;加快推动产业结构、能源结构、交通运输结构等调整优化;实施全面节约战略,推进各类资源节约集约利用,加快构建废弃物循环利用体系;完善支持绿色发展的财税、金融、投资、价格政策和标准体系,发展绿色低碳产业,健全资源环境要素市场化配置体系,加快节能降碳先进技术研发和推广应用,倡导绿色消费,推动形成绿色低碳的生产方式和生活方式。

一、碳达峰碳中和的顶层设计

2021年10月发布《中共中央 国务院关于完整准确全面贯彻新发展理念做好碳达峰碳中和工作的意见》(以下简称《意见》),作为"1",是管总管长远的,在碳达峰碳中和"1+N"政策体系中发挥统领作用;该《意见》与2021年10月国务院发布的《2030年前碳达峰行动方案》(以下简称《方案》)共同构成贯穿碳达峰、碳中和两个阶段的顶层设计。"N"则包括能源、工业、交通运输、城乡建设等分领域分行业碳达峰实施方案,以及科技支撑、能源保障、碳汇能力、财政金融价格政策、标准计量体系、督察考核等保障方案。一系列文件构建起目标明确、分工合理、措施有力、衔接有序的碳达峰碳中和政策体系。表7-1为两部文件主要指标目标对比。

表7-1 两部文件主要指标目标对比

指标	目标	实现年份	文件来源
单位GDP能耗	比2020年下降13.5%	2025	《意见》《方案》
	大幅下降	2030	《意见》
单位GDP二氧化碳排放	比2020年下降18%	2025	《意见》《方案》
	比2005年下降65%以上	2030	《意见》《方案》
非化石能源消费比重	20%左右	2025	《意见》《方案》
	25%左右	2030	《意见》《方案》
	80%以上	2060	《意见》
能源利用效率	重点行业能源利用效率大幅提升	2025	《意见》《方案》
	重点耗能行业能源利用效率达到国际先进水平	2030	《意见》《方案》
	能源利用效率达到国际先进水平	2060	《意见》
碳汇	森林覆盖率达到24.1%,森林蓄积量达到180亿立方米	2025	《意见》
	森林覆盖率达到25%左右,森林蓄积量达到190亿立方米	2030	《意见》

（一）关于《中共中央　国务院关于完整准确全面贯彻新发展理念做好碳达峰碳中和工作的意见》

1. 主要目标

《意见》提出了构建绿色低碳循环发展经济体系、提升能源利用效率、提高非化石能源消费比重、降低二氧化碳排放水平、提升生态系统碳汇能力等五个方面主要目标。

到2025年，绿色低碳循环发展的经济体系初步形成，重点行业能源利用效率大幅提升。单位国内生产总值能耗比2020年下降13.5%；单位国内生产总值二氧化碳排放比2020年下降18%；非化石能源消费比重达到20%左右；森林覆盖率达到24.1%，森林蓄积量达到180亿立方米，为实现碳达峰、碳中和奠定坚实基础。

到2030年，经济社会发展全面绿色转型取得显著成效，重点耗能行业能源利用效率达到国际先进水平。单位国内生产总值能耗大幅下降；单位国内生产总值二氧化碳排放比2005年下降65%以上；非化石能源消费比重达到25%左右，风电、太阳能发电总装机容量达到12亿千瓦以上；森林覆盖率达到25%左右，森林蓄积量达到190亿立方米，二氧化碳排放量达到峰值并实现稳中有降。

到2060年，绿色低碳循环发展的经济体系和清洁低碳安全高效的能源体系全面建立，能源利用效率达到国际先进水平，非化石能源消费比重达到80%以上，碳中和目标顺利实现，生态文明建设取得丰硕成果，开创人与自然和谐共生新境界。

2. 重点任务

《意见》坚持系统观念，提出10方面31项重点任务，明确了碳达峰碳中和工作的路线图、施工图。一是推进经济社会发展全面绿色转型，强化绿色低碳发展规划引领，优化绿色低碳发展区域布局，加快形成绿色生产生活方式。二是深度调整产业结构，加快推进农业、工业、服务业绿色低碳转型，坚决遏制高耗能高排放项目盲目发展，大力发展绿色低碳产业。三是加快构建清洁低碳安全高效能源体系，强化能源消费强度和总量双控，大幅提升能源利用效率，严格控制化石能源消费，积极发展非化石能源，深化能源体制机制改革。四是加快推进低碳交通运输体系建设，优化交通运输结构，推广节能低碳型交通工具，积极引导低碳出行。五是提升城乡建设绿色低碳发展质量，推进城乡建设和管理模式低碳转型，大力发展节能低碳建筑，加快优化建筑用能结构。六是加强绿色低碳重大科技攻关和推广应用，强化基础研究和前沿技术布局，加快先进适用技术研发和推广。七是持续巩固提升碳汇能力，巩固生态系统碳汇能力，提升生态系统碳汇增量。八是提高对外开放绿色低碳发展水平，加快建立绿色贸易体系，推进绿色"一带一路"建设，加强国际交流与合作。九是健全法律法规标准和统计监测体系，完善标准计量体系，提升统计监测能力。十是完善投资、金融、财税、价格等政策体系，推进碳排放权交易、用能权交易等市场化机制建设。

（二）关于《2030年前碳达峰行动方案》

《方案》围绕贯彻落实中共中央、国务院关于碳达峰碳中和的重大战略决策，按照《意见》工作要求，聚焦2030年前碳达峰目标，对推进碳达峰工作作出总体部署。强调要坚持"总体部署、分类施策，系统推进、重点突破，双轮驱动、两手发力，稳妥有序、安全降碳"的工作原则，强化顶层设计和各方统筹，加强政策的系统性、协同性，更好发挥政府作用，充分发挥市场机制作用，坚持先立后破，以保障国家能源安全和经济发展为底线，推动能源低碳转型平稳过渡，稳妥有序、循序渐进推进碳达峰行动，确保安全降碳。

1. 主要目标

"十四五"期间，产业结构和能源结构调整优化取得明显进展，重点行业能源利用效率大幅提升，煤炭消费增长得到严格控制，新型电力系统加快构建，绿色低碳技术研发和推广应用取得新进展，绿色生产生活方式得到普遍推行，有利于绿色低碳循环发展的政策体系进一步完善。到2025年，非化石能源消费比重达到20%左右，单位国内生产总值能源消耗比2020年下降13.5%，单位国内生产总值二氧化碳排放比2020年下降18%，为实现碳达峰奠定坚实基础。"十五五"期间，产业结构调整取得重大进展，清洁低碳安全高效的能源体系初步建立，重点领域低碳发展模式基本形成，重点耗能行业能源利用效率达到国际先进水平，非化石能源消费比重进一步提高，煤炭消费逐步减少，绿色低碳技术取得关键突破，绿色生活方式成为公众自觉选择，绿色低碳循环发展政策体系基本健全。到2030年，非化石能源消费比重达到25%左右，单位国内生产总值二氧化碳排放比2005年下降65%以上，顺利实现2030年前碳达峰目标。

2. 重点任务

将碳达峰贯穿于经济社会发展全过程和各方面，重点实施能源绿色低碳转型行动、节能降碳增效行动、工业领域碳达峰行动、城乡建设碳达峰行动、交通运输绿色低碳行动、循环经济助力降碳行动、绿色低碳科技创新行动、碳汇能力巩固提升行动、绿色低碳全民行动、各地区梯次有序碳达峰行动等"碳达峰十大行动"。

二、碳达峰碳中和的实施方案

（一）碳达峰碳中和N系列政策汇总

在《意见》《方案》出台后，有关部门和单位根据方案部署，制定能源、工业、城乡建设、交通运输、农业农村等领域以及具体行业的碳达峰实施方案；各地区也将按照方案制定本地区碳达峰行动方案。此外，"N"中还包括科技支撑、能源保障、碳汇能力、财政金融价格政策、标准计量体系、督察考核等多种保障政策，见表7-2。

表7-2 我国碳达峰碳中和N系列政策汇总表

领域	发文机构	政策文件	发文时间
能源绿色转型领域	国家发展改革委 国家能源局	关于完善能源绿色低碳转型体制机制和政策措施的意见	2022年1月
	国家发展改革委 国家能源局	"十四五"现代能源体系规划	2022年1月
	国家发展改革委 国家能源局	氢能产业发展中长期规划（2021—2035年）	2022年3月
	国家发展改革委等部门	煤炭清洁高效利用重点领域标杆水平和基准水平（2022年版）	2022年4月
	国家发展改革委 国家能源局	关于促进新时代新能源高质量发展的实施方案	2022年5月
	国家发展改革委等部门	"十四五"可再生能源发展规划	2021年10月

续表

领域	发文机构	政策文件	发文时间
能源绿色转型领域	国家能源局	能源碳达峰碳中和标准化提升行动计划	2022年9月
	国家发展改革委等部门	关于进一步做好新增可再生能源消费不纳入能源消费总量控制有关工作的通知	2022年8月
	国家能源局	国家能源局关于进一步规范可再生能源发电项目电力业务许可管理的通知	2023年10月
	国家能源局	国家能源局关于加快推进能源数字化智能化发展的若干意见	2023年3月
	国家能源局	加快油气勘探开发与新能源融合发展行动方案（2023—2025年）	2023年2月
节能降碳领域	国务院	"十四五"节能减排综合工作方案	2021年12月
	国家发展改革委等部门	高耗能行业重点领域节能降碳改造升级实施指南（2022年版）	2022年2月
	国家节能中心	节能增效、绿色降碳 服务行动方案	2022年4月
	国家发展改革委等部门	关于统筹节能降碳和回收利用 加快重点领域产品设备更新改造的指导意见	2023年2月
	国家发展改革委等部门	重点领域产品设备更新改造和回收利用实施指南（2023年版）	2023年2月
	生态环境部等部门	减污降碳协同增效实施方案	2022年6月
	国家发展改革委等部门	关于严格能效约束推动重点领域节能降碳的若干意见	2021年10月
	国家发展改革委等部门	重点用能产品设备能效先进水平、节能水平和准入水平（2022年版）	2022年11月
	国家发展改革委等部门	重点用能产品设备能效先进水平、节能水平和准入水平（2024年版）	2024年1月
工业领域	工业和信息化部 国家发展改革委	关于产业用纺织品行业高质量发展的指导意见	2022年4月
	工业和信息化部	"十四五"工业绿色发展规划	2021年11月
	工业和信息化部 国家发展改革委	关于化纤工业高质量发展的指导意见	2022年4月
	工业和信息化部等部门	工业水效提升行动计划	2022年6月
	工业和信息化部等部门	关于深入推进黄河流域工业绿色发展的指导意见	2022年12月
	工业和信息化部等部门	工业能效提升行动计划	2022年6月
	工业和信息化部等部门	关于促进钢铁工业高质量发展的指导意见	2022年1月
	工业和信息化部等部门	关于"十四五"推动石化化工行业高质量发展的指导意见	2022年3月
	工业和信息化部等部门	关于推动轻工业高质量发展的指导意见	2022年6月
	工业和信息化部等部门	工业领域碳达峰实施方案	2022年7月

续表

领域	发文机构	政策文件	发文时间
工业领域	工业和信息化部等部门	有色金属行业碳达峰实施方案	2022年11月
	工业和信息化部	关于组织开展2023年度工业节能监察工作的通知	2023年4月
	工业和信息化部等部门	绿色航空制造业发展纲要（2023—2035年）	2023年10月
	工业和信息化部	工业领域碳达峰碳中和标准体系建设指南	2024年2月
城乡建设领域	国务院	"十四五"推进农业农村现代化规划	2021年11月
	住房和城乡建设部	"十四五"建筑节能与绿色建筑发展规划	2022年3月
	工业和信息化部等部门	建材行业碳达峰实施方案	2022年11月
	住房和城乡建设部 国家发展改革委	城乡建设领域碳达峰实施方案	2022年6月
	财政部等部门	关于扩大政府采购支持绿色建材促进建筑品质提升政策实施范围的通知	2022年10月
	工业和信息化部等部门	六部门关于开展2023年绿色建材下乡活动的通知	2023年3月
	国家发展改革委等部门	环境基础设施建设水平提升行动（2023—2025年）	2023年7月
交通领域	国务院	"十四五"现代综合交通运输体系发展规划	2021年12月
	交通运输部	绿色交通"十四五"发展规划	2021年10月
	交通运输部 科学技术部	交通领域科技创新中长期发展规划纲要（2021—2035年）	2022年1月
	交通运输部等部门	贯彻落实《中共中央 国务院关于完整准确全面贯彻新发展理念做好碳达峰碳中和工作的意见》的实施意见	2022年4月
	交通运输部	绿色交通标准体系（2022年）	2022年8月
	工业和信息化部等部门	关于加快内河船舶绿色智能发展的实施意见	2022年9月
循环经济领域	工业和信息化部等部门	关于加快推动工业资源综合利用的实施方案	2022年1月
	国家发展改革委等部门	关于组织开展可循环快递包装规模化应用试点的通知	2021年12月
	国家发展改革委等部门	关于加快推进废旧纺织品循环利用的实施意见	2022年3月
	国家发展改革委等部门	关于促进退役风电、光伏设备循环利用的指导意见	2023年7月
科技降碳领域	国家能源局 科学技术部	"十四五"能源领域科技创新规划	2021年11月
	科技部等部门	科技支撑碳达峰碳中和实施方案（2022—2030年）	2022年6月
	交通运输部 科学技术部	交通领域科技创新中长期发展规划纲要（2021—2035年）	2022年1月
	国家发展改革委 科技部	关于进一步完善市场导向的绿色技术创新体系实施方案（2023—2025年）	2022年12月
	国家发展改革委等部门	贯彻落实碳达峰碳中和目标要求 推动数据中心和5G等新型基础设施绿色高质量发展实施方案	2021年11月
	科技部等部门	"十四五"生态环境领域科技创新专项规划	2022年9月

续表

领域	发文机构	政策文件	发文时间
碳汇巩固领域	财政部 国家林草局（国家公园局）	关于推进国家公园建设若干财政政策的意见	2022年9月
	国家发展改革委 国家林草局	"十四五"大小兴安岭林区生态保护与经济转型行动方案	2022年1月
	中共中央 国务院	关于加强新时代水土保持工作的意见	2023年1月
	生态环境部 市场监管总局	温室气体自愿减排交易管理办法（试行）	2023年10月
	生态环境部等部门	黄河生态保护治理攻坚战行动方案	2022年8月
全民低碳行动领域	教育部	加强碳达峰碳中和高等教育人才培养体系建设工作方案	2022年4月
	教育部等部门	关于实施储能技术国家急需高层次人才培养专项的通知	2022年8月
	国家机关事务管理局等部门	深入开展公共机构绿色低碳引领行动促进碳达峰实施方案	2021年11月
	国家机关事务管理局	公共机构绿色低碳技术（2022年）	2022年12月
	教育部	绿色低碳发展国民教育体系建设实施方案	2022年10月
其他支持领域	国务院	关于推进中央企业高质量发展做好碳达峰碳中和工作的指导意见	2021年11月
	全国工商联	全国工商联关于引导服务民营企业做好碳达峰碳中和工作的意见	2022年1月
	生态环境部	关于做好2022年企业温室气体排放报告管理相关重点工作的通知	2022年3月
	财政部	财政支持做好碳达峰碳中和工作的意见	2022年5月
	中国银保监会	银行业保险业绿色金融指引	2022年6月
	最高人民法院	最高人民法院关于完整准确全面贯彻新发展理念 为积极稳妥推进碳达峰碳中和提供司法服务的意见	2023年2月
	国家标准委等十一部门	碳达峰碳中和标准体系建设指南	2023年4月
	市场监管总局	关于统筹运用质量认证服务碳达峰碳中和工作的实施意见	2023年10月
	市场监管总局等部门	建立健全碳达峰碳中和标准计量体系实施方案	2022年10月
	国家发展改革委等部门	国家发展改革委等部门关于加快建立产品碳足迹管理体系的意见	2023年11月
	国家发展改革委	国家碳达峰试点建设方案	2023年10月

（二）减污降碳协同增效

2022年6月，生态环境部等七部门联合印发《减污降碳协同增效实施方案》，明确我国减污降碳协同增效工作总体部署，是碳达峰碳中和"1+N"政策体系的重要组成部分，对进一步优化生态环境治理、形成减污降碳协同推进工作格局、助力建设美丽中国和实现碳达峰碳中和具有重要意义。

《减污降碳协同增效实施方案》锚定美丽中国建设和碳达峰碳中和目标，统筹大气、水、土壤、固废与温室气体等多领域减排要求，将减污和降碳的目标有机衔接。同时，充分考虑减污降碳工作与其他工作的协调性，重点聚焦"十四五"和"十五五"两个关键期，提出到2025年和2030年的分阶段目标要求，即到2025年，减污降碳协同推进的工作格局基本形成，重点区域和重点领域结构优化调整和绿色低碳发展取得明显成效，形成一批可复制、可推广的典型经验，减污降碳协同度有效提升；到2030年，减污降碳协同能力显著提升，助力实现碳达峰目标，大气污染防治重点区域碳达峰与空气质量改善协同推进取得显著成效，水、土壤、固体废物等污染防治领域协同治理水平显著提高。

为确保2025年和2030年两阶段目标实现，《减污降碳协同增效实施方案》从源头防控协同、重点领域协同、环境治理协同和管理模式协同等方面提出重点任务措施。一是加强源头防控协同。强化生态环境分区管控，构建分类指导的减污降碳政策体系，增强生态环境改善目标对能源和产业布局的引导作用；加强生态环境准入管理，坚决遏制"两高"项目盲目发展；推动能源绿色低碳转型，实施可再生能源替代行动，不断提高非化石能源消费比重；倡导简约适度、绿色低碳的生活方式。二是突出重点领域协同。推动工业、交通运输、城乡建设、农业农村、生态建设等领域减污降碳协同增效，加快工业领域全流程绿色发展，建设低碳交通运输体系，提升城乡建设绿色低碳发展质量，协同实现生态改善、环境扩容与碳汇提升。三是加强环境治理协同。强化环境污染治理与碳减排的措施协同，推动环境治理方式改革创新；加大常规污染物与温室气体协同减排力度，一体推进大气污染深度治理与节能降碳行动；推进污水资源化利用，因地制宜推进农村生活污水集中或分散式治理及就近回用；鼓励绿色低碳土壤修复，强化资源回收和综合利用，加强"无废城市"建设。四是创新协同管理模式。在重点区域、城市、园区、企业开展减污降碳协同创新；在区域层面，加强结构调整、技术创新和体制机制创新；在城市层面，探索不同类型城市减污降碳推进机制；在产业园区，提升资源能源节约高效利用和废物综合利用水平；在企业层面，支持打造"双近零"排放标杆企业。

三、绿色低碳发展的法律保障

法律是治国之重器，良法是善治之前提。我国坚持以法治理念、法治方式推动生态文明建设，将"生态文明建设"写入宪法，制定和修改长江保护法、黄河保护法、土地管理法、森林法、草原法、湿地保护法、环境保护法、环境保护税法以及大气、水、土壤污染防治法和核安全法等法律，覆盖各重点区域、各种类资源、各环境要素的生态文明法律法规体系基本建立。持续完善重点领域绿色发展标准体系，累计制修订绿色发展有关标准3000余项。实施省以下生态环境机构监测监察执法垂直管理制度改革，严厉查处自然资源、生态环境等领域违法违规行为。建立生态环境保护综合行政执法机关、公安机关、检察机关、审判机关信息共享、案情通报、案件移送制度，强化生态环境行政执法与刑事司法的衔接，形成对破坏生态环境违法犯罪行为的查处侦办工作合力，为绿色发展提供了有力法治保障。

实现绿色低碳发展非一日之功，既需要有科学的顶层设计和周密的实施策略，也需要建构完备的法律制度体系来加以保障。因此，要加快形成绿色低碳循环发展的法治轨道，形成有利于全面绿色转型的法律法规、标准和政策体系。《2030年前碳达峰行动方案》中指出要构建有利于绿色低碳发展的法律体系，推动能源法、节约能源法、电力法、煤炭法、可再生能源法、循环经济促进法、清洁生产促进法等制定修订。加快节能标准更新，修订一批能耗限额、产品设备能效强制性国家标准和工程建设标准，提高节能降碳要求。健全可再生能源标准体系，加快相关领域标准制定修订。建立健全氢制、储、输、用标准。完善工业绿色低碳标准体系。建立重点企业碳排放核算、报告、核查等标准，探索建立重点产品全生命周期碳足迹标准。积极参与国际能效、低碳等标准制定修订，加强国际标准协调。

第三节 绿色低碳发展的常用术语与基本技术

党的二十大报告指出，要积极稳妥推进碳达峰碳中和。实现碳达峰碳中和是一场广泛而深刻的经济社会系统性变革。立足我国能源资源禀赋，坚持先立后破，有计划分步骤实施碳达峰行动。完善能源消耗总量和强度调控，重点控制化石能源消费，逐步转向碳排放总量和强度"双控"制度。推动能源清洁低碳高效利用，推进工业、建筑、交通等领域清洁低碳转型。深入推进能源革命，加强煤炭清洁高效利用，加大油气资源勘探开发和增储上产力度，加快规划建设新型能源体系，统筹水电开发和生态保护，积极安全有序发展核电，加强能源产供储销体系建设，确保能源安全。完善碳排放统计核算制度，健全碳排放权市场交易制度。提升生态系统碳汇能力。积极参与应对气候变化全球治理。

一、碳达峰碳中和的常用术语

（1）碳排放强度（简称碳强度） 指单位产出或单位活动所产生的二氧化碳排放量，通常以每单位国内生产总值（GDP）或每单位能源消耗量来计算，即碳排放强度=碳排放量/GDP。它是衡量一个国家、区域或企业在经济发展过程中所产生的二氧化碳排放与经济增长之间的关系的重要指标。

（2）碳税 即对二氧化碳排放征税。政府通过对燃煤和石油等化石燃料产品按其碳含量的比例征税，从而把二氧化碳排放带来的环境成本转化为生产经营成本，以达到降低二氧化碳的排放量的目的。

（3）碳汇 主要是指通过植树造林、植被恢复等措施，吸收大气中的二氧化碳，从而减少温室气体在大气中浓度的过程、活动或机制。碳源是指产生二氧化碳之源。碳源与碳汇是两个相对的概念，碳源是自然界中向大气释放碳的母体，碳汇是自然界中碳的寄存体。减少碳源一般通过二氧化碳减排来实现，增加碳汇则主要采用固碳技术（碳封存）。

（4）碳足迹 是指在人类生产和消费活动中所排放的与气候变化相关的气体总量。碳足迹是从生命周期的角度出发，分析产品生命周期或与活动直接和间接相关的碳排放过程。碳足迹大致可以分为国家碳足迹、企业碳足迹、产品碳足迹和个人碳足迹四个层面。2023年11月，《国家发展改革委等部门关于加快建立产品碳足迹管理体系的意见》（发改环资〔2023〕1529号）提出，推动建立符合国情实际的产品碳足迹管理体系，完善重点产品碳足迹核算方法规则和标准体系，建立产品碳足迹背景数据库，推进产品碳标识认证制度建设，拓展和丰富应用场景，发挥产品碳足迹管理体系对生产生活方式绿色低碳转型的促进作用。

（5）碳排放权（又称核证减排量，certification emission reduction，CER） 是清洁发展机制

(CDM)中的特定术语。根据联合国执行理事会(EB)颁布的CDM术语表(第七版),核证减排量,是指一单位,符合清洁发展机制原则及要求,且经EB签发的CDM或PoAs(规划类)项目的减排量,一单位CER等同于一吨的二氧化碳当量,计算CER时采用全球变暖潜力系数(GWP)值,把非二氧化碳气体的温室效应转化为等同效应的二氧化碳量。

(6) 碳交易 指对二氧化碳排放权的交易,买方通过向卖方支付一定金额从而获得一定数量的二氧化碳排放权,从而形成了二氧化碳排放权的交易。碳交易市场是由政府通过对能耗企业的控制排放而人为制造的市场。通常情况下,政府确定一个碳排放总额,并根据一定规则将碳排放配额分配至企业。如果未来企业排放高于配额,需要到市场上购买配额。与此同时,部分企业通过采用节能减排技术,最终碳排放低于其获得的配额,则可以通过碳交易市场出售多余配额。双方一般通过碳排放交易所进行交易,碳交易流程见图7-1。

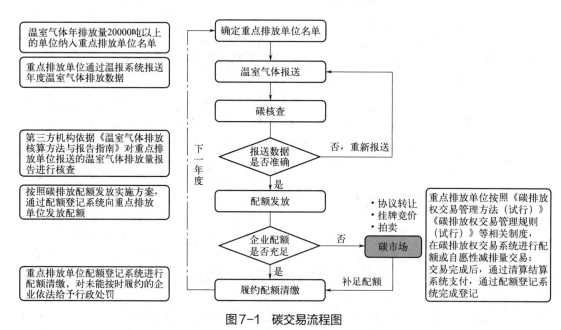

图7-1 碳交易流程图

(7) 自愿减排量 按照碳交易的分类,目前我国碳交易市场有两类基础产品,一类为政府分配给企业的碳排放配额,另一类为核证自愿减排量(CCER)。CCER是指对我国境内可再生能源、林业碳汇、甲烷利用等项目的温室气体减排效果进行量化核证,并在国家温室气体自愿减排交易注册登记系统中登记的温室气体减排量。碳市场按照1∶1的比例给予CCER替代碳排放配额,即1个CCER等同于1个配额,可以抵消1t二氧化碳当量的排放,《碳排放权交易管理办法(试行)》规定重点排放单位每年可以使用国家核证自愿减排量抵销碳排放配额的清缴,抵销比例不得超过应清缴碳排放配额的5%。

二、实现碳中和的绿色低碳技术

联合国政府间气候变化专门委员会(IPCC)认为碳中和技术的研发规模和速度决定了未来温室气体排放减少的规模。碳中和目标的实现基本遵循两条路径:一是通过调整能源结构,增加清洁能源使用比例,从根本上达到减碳的目的;二是通过碳捕集、碳利用、碳储存、碳汇等方式,降低大气中的CO_2含量。

（一）降碳：节能与提高能源利用效率并重

1. 工业节能和循环经济技术

中国是工业大国，改革开放以来，中国工业化进程加快，工业能源消费总量也维持在高水平。从总体来看，工业能源消费总量呈增长趋势，2015年之前保持较快增长，2002—2015年的年均增长率为7.29%；实施供给侧结构性改革之后，2016年工业能源消费总量首次出现下降，2015—2020年工业能源消费总量增速放缓，年均增长率为2.36%。从占比来看，2015年之前，工业能源消费总量占全国能源消费总量的比重一直维持在70%以上，随着产业结构的不断调整和工业化的深入，2015年之后的占比降至70%以下，但工业仍是中国的主要能耗行业，见图7-2。因此，促进工业领域的节能减排、发展循环经济、提高资源利用率、减少能源消耗就显得尤为重要。2021年2月，国务院发布《关于加快建立健全绿色低碳循环发展经济体系的指导意见》（国发〔2021〕4号），重点强调了我国将开始建设绿色低碳循环发展体系和绿色低碳全链条，并对体系中的各个部分进行了任务安排。提出了以节能环保、清洁生产、清洁能源等为重点率先突破，做好与农业、制造业、服务业和信息技术的融合发展，全面带动一二三产业和基础设施绿色升级。要做好绿色转型与经济发展、技术进步、产业接续、稳岗就业、民生改善的有机结合，积极稳妥、韧性持久地加以推进。

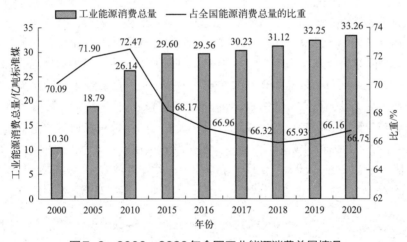

图7-2 2000—2020年全国工业能源消费总量情况

（数据来源：《中国能源统计年鉴》）

2022年，工业和信息化部、国家发展改革委和生态环境部印发了《工业领域碳达峰实施方案》，要求"十四五"期间，产业结构与用能结构优化取得积极进展，到2025年，规模以上工业单位增加值能耗较2020年下降13.5%，单位工业增加值CO_2排放下降幅度大于全社会下降幅度，重点行业CO_2排放强度明显下降。"十五五"期间，工业能耗强度、CO_2排放强度持续下降，努力达峰削峰，在实现工业领域碳达峰的基础上强化碳中和能力，确保工业领域CO_2排放在2030年前达峰。同时，多部门联合印发了钢铁、石化化工行业高质量发展的指导意见，以及建材与有色金属行业碳达峰实施方案，重点行业的碳达峰路线更为清晰。要求"十四五"期间，建材行业水泥、玻璃、陶瓷等产品单位能耗、碳排放强度不断下降，水泥熟料单位产品综合能耗水平降低3%以上；有色金属产业结构、用能结构明显优化，再生金属供应占比达到24%以上；钢铁产业工艺结构明显优化，电炉钢产量占粗钢总产量比例提升至15%以上，吨钢综合能耗降低2%以上；石化行业大宗产品单位产品能耗和碳排放明显下降，挥发性有机物排放总量比"十三五"降低10%以上。

工业领域节能指的是在工业发展过程中，通过调整工业结构、优化生产流程、改进工业技术、使用节能产品等方式，减少能源消耗，提高能源使用率，进而减少CO_2排放。工业领域节能的主要途径有以下四种。

① 调整和优化工业结构。以资源要素禀赋为依据，调整重工业和轻工业的比重，鼓励和发展低能耗、高附加值产业，严格控制高能耗、低附加值行业盲目扩张，提高发展质量。

② 加强工业能源管理。建立健全工业能源使用和管理制度，加强对重点领域、重点工业的能源管理。

③ 回收利用工业余热。工业余热广泛存在于工业领域的生产过程中，其资源丰富，利用空间大，可通过热交换、热功转换、余热制冷制热等技术实现余热的二次利用，降低工业生产过程能耗。

④ 提高生产工艺技术。优化生产流程，在生产工艺、生产设备、生产过程、生产流程末端等方面实现节能。

2. 建筑节能和能效提高技术

广义的建筑能耗指的是建材生产运输、建筑施工、建筑运行和建筑拆除整个过程产生的能耗，狭义的建筑能耗指的是居住建筑和公共建筑在使用过程中采暖、通风、用电等产生的能耗。据中国建筑节能协会测算，2005—2019年，全国建筑全过程能耗与碳排放总体呈上升趋势，2019年，全国建筑全过程能耗总量为22.33亿吨标准煤，占全国能源消费的20%以上，碳排放总量为49.97亿吨CO_2，占全国碳排放的比重为50.6%。随着中国城镇化步伐的加快和建筑数量的增长，高能耗、高碳排放的建筑给社会带来沉重的能源负担，影响经济的可持续发展和生态文明的建设。2021年，我国建筑运行过程中的碳排放总量为22亿吨CO_2，其中化石燃料在建筑中燃烧导致的直接碳排放维持下降趋势，占总排放的23%，见图7-3。2022年3月，住房和城乡建设部印发《"十四五"建筑节能与绿色建筑发展规划》，明确提出要提高新建建筑节能水平，加强既有建筑节能绿色改造，构建绿色、低碳、循环的建设发展方式。

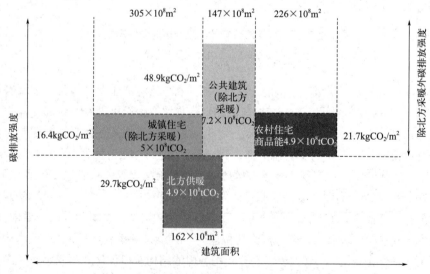

图7-3　2021年中国建筑运行四个分项的碳排放

建筑节能指通过利用太阳能、地热、保温材料等节约室内供暖、空调制冷、照明等能源消耗。从建筑领域节能工作发展沿革来看，一直以来以控制增量、改善存量、调整结构为主要内容。具体来讲，控制增量主要指逐步提高建筑节能标准，并通过加强监管，确保新建建筑执行节能标准；改善存量主要是指针对量大面广的既有建筑，通过推动节能运行与改造，提高既有建筑的用能效率；调整结构主要是指在建筑领域推动太阳能、浅层地热能等可再生能源的应用。从建筑领域实现碳达峰碳中和目标角度看，当前以及今后一段时期的工作重点安排不应仅将目光聚焦于建筑能效提升工作，而应顺应工作形势的变化，逐步从"建筑节能"转向"建筑减碳"，相应的工作重点应发生重大变化。2022年6月，住房和城乡建设部、国家发展改革委印发《城乡建设领域碳达峰实施方案》，明确提出城乡建设领域碳减排目标任务，总体分为消除直接排放与减少间接排放两大部分。

（1）消除建筑直接排放

① 在新建建筑中推进全电气化设计。按照先公建后居建，先城市后农村的顺序，实现建筑用能的全面电气化，从源头消除直接排放。到2030年，实现城镇新建公共建筑全电设计比例达到20%的目标。

② 在既有建筑用能中推动电能替代，包括采暖、生活热水、炊事等建筑用能。对于建筑生活热水用能，采用分散式电热水器、高效电热泵等替代燃气热水器、蒸汽供热系统。对于城乡供暖用能，北方地区现有集中供热热源比电热泵等电供暖更加高效和经济，应作为城镇集中供暖的优选热源。可逐步构建低品位余热作为热源的低碳供热系统，通过大规模跨季节蓄热工程和跨区域输热网络来储存和利用余热热源，实现北方城镇地区的零碳供热。针对集中供热未覆盖的北方地区城乡接合部、农村地区等建筑分散的热需求，应采用高效、自然源热泵，实现分散、灵活、高效的低碳热力供应。

③ 炊事电能替代。以公共建筑为突破口，积极研发推广高效的电炊具，并通过积极宣传引导，让广大居民用户能够逐步转变炊事习惯，了解、接受并使用电炊具。通过引导建筑供暖、生活热水、炊事等向电气化发展，到2030年实现建筑用电占建筑能耗比例超过65%。

（2）减少建筑间接排放

① 效率提升。通过尽可能少的能耗和碳排放来满足建筑功能需求和居住品质。

② 结构优化。建筑领域能源结构优化的主要方向是实现低碳用电和低碳用热；发展以风电光伏为主体的新型电力系统，主要制约是空间资源、调蓄和灵活用能资源，因此要全面挖掘建筑领域的空间资源用以开发利用分布式光伏，实现综合碳排放为零。

③ 方式转变。要充分认识到建筑在低碳能源体系转型中的重要作用，发挥建筑在新型电力系统中的"产、调、储、消"的功能，从"源网荷储用"全链条思考问题。

（二）减碳：促进低碳能源和清洁能源替代

1. 发展低碳能源和清洁能源

根据《中华人民共和国节约能源法》，能源是指煤炭、石油、天然气、生物质能和电力、热力以及其他直接或者通过加工、转换而取得有用能的各种资源。低碳能源和清洁能源，即绿色能源，是指不排放污染物、能够直接用于生产生活的能源，它包括核能和可再生能源。可再生能源是指原材料可以再生的能源，如水能、风能、太阳能、生物质能、地热能、氢能和海洋能等。

加快构建新型能源体系过程中推动能源低碳转型，在能源安全和能源转型"双重"刺激下，煤炭和新能源"双向"增长。2022年我国能源消费总量达到54.1亿吨标准煤，同比增长

2.9%，近十年以能源消费年均3%的增长支撑了国民经济年均6.2%的增长。2022年，煤炭消费量占比56.2%，同比提高0.3个百分点，近10年来首次出现不降反升现象，"十四五"前两年煤炭消费累计增长约3.9亿吨，为"十三五"累计增量的7倍以上；非化石能源消费占比17.5%，相较2020年提升1.6个百分点，较2021年提高0.8个百分点，风、光、水、生、核、氢等多元化清洁能源供应的替代能力不断提升。2012—2021年，我国能源消费结构见图7-4。

可再生能源发展屡创新高。2017—2021年，中国可再生能源发电量稳步增长，2021年发电量达2.48万亿千瓦时，占全社会用电量的29.80%，与2017年相比，增加了3.3个百分点，见图7-5。2022年，全国全口径发电量86939亿千瓦时，比上年增长3.6%。其中，新能源新增发电量2072亿千瓦时，占全口径新增发电量的70%，成为我国新增发电量的主体。2022年，全国累计发电装机容量约25.6亿千瓦，可再生能源总装机超过12亿千瓦，水电、风电、太阳能发电、生物质发电装机均居世界首位。其中，风电和太阳能发电合计新增装机继续突破1亿千瓦，占全部新增发电装机比重62.5%。太阳能发电比上年增长61.7%，创历史新高。

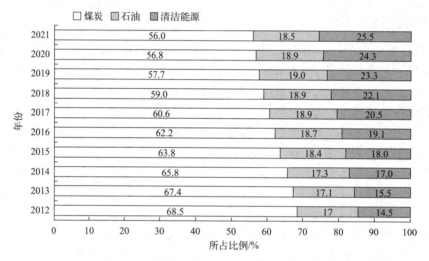

图7-4　2012—2021年全国能源消费结构

（资料来源：国家统计局）

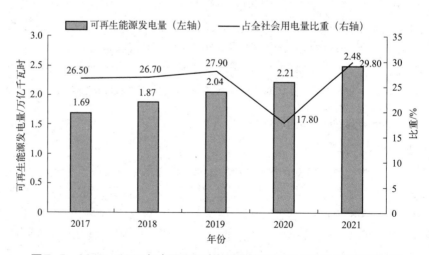

图7-5　2017—2021年全国可再生能源发电量及其占全社会用电量比重

（资料来源：国家统计局）

（1）水能及其利用　水能是一种可再生能源、清洁绿色能源，是指水体的动能、势能和压力能等能量资源。水力发电的原理是利用水的落差在重力作用下形成动能，从河流或水库等高位水源处向低位处引水，利用水的压力或者流速冲击水轮机使之旋转，从而将水能转化为机械能，然后再由水轮机带动发电机旋转，切割磁力线产生交流电，见图7-6。中国是世界上水能资源最为丰富的国家之一，2005年发布的《全国水力资源复查成果》显示，理论蕴藏量在1万亿千瓦及以上的河流有3800多条，理论年发电量约为6.08万亿千瓦时，技术可开发装机容量达到5.4亿千瓦，年发电量约为2.47万亿千瓦时，主要集中在长江、雅鲁藏布江、黄河三大流域，分别占全国技术可开发装机容量的47%、13%和7%。

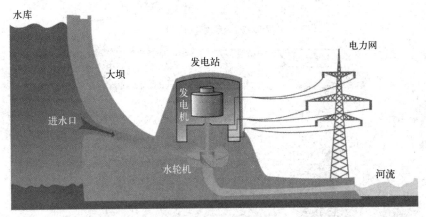

图7-6　水力发电原理图

（2）风能及其利用　风能是地球表面大量空气流动所产生的动能。由于地面各处受太阳辐射后气温变化不同和空气中水蒸气的含量不同，引起了各地气压的差异，在水平方向上高压空气向低压空气地区流动，即形成风。风能资源取决于风能密度和可利用的风能年累积小时数。风能密度是单位迎风面积可获得的风的功率，与风速的三次方和空气密度成正比关系。风能的利用方式有两种：将风能直接转变为机械能应用；或将风能先转变成机械能，然后带动发电机发电，即风力发电。风力发电机结构示意图见图7-7。

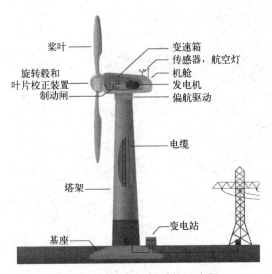

图7-7　风力发电机结构示意图

（3）太阳能及其利用　太阳能是指太阳的热辐射能。太阳能的利用有光热转换和光电转换两种方式，太阳能发电是一种新兴的可再生能源，也是世界上资源量最大、分布最为广泛的清洁能源。按照发电原理，太阳能发电主要包括光伏发电（图7-8）和光热发电（图7-9）两种方式。光伏发电是利用半导体界面的光生伏特效应将光能直接转变为电能的一种技术；太阳能光热发电是利用大规模阵列抛物或碟形镜面收集太阳热能，通过换热装置提供蒸汽，结合传统汽轮发电机的工艺，从而达到发电的目的。太阳能光热发电形式有槽式、塔式、碟式（盘式）三种系统。图7-10是我国首座百兆瓦级塔式光热电站——敦煌首航100MW熔盐塔式光热电站。

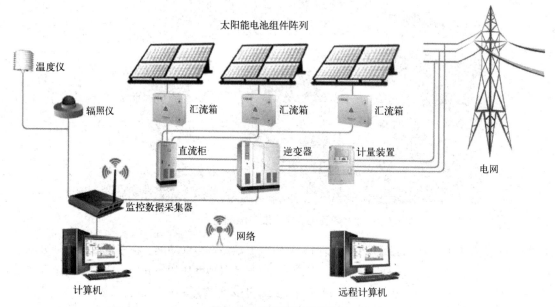

图7-8　光伏发电示意图

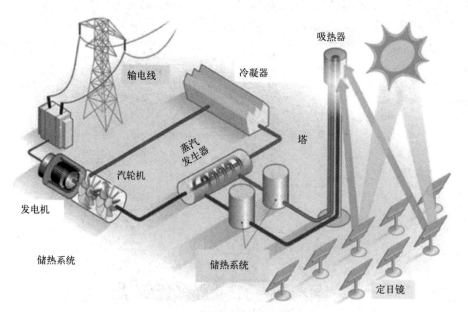

图7-9　塔式太阳能热发电系统示意图

图7-10　我国首座百兆瓦级塔式光热电站——敦煌首航100MW熔盐塔式光热电站

（4）核能及其利用　核能又称原子能，是通过核反应从原子核释放的能量。核能可通过三种核反应之一释放：核裂变（nuclear fission），较重的原子核分裂释放结合能；核聚变（nuclear fusion），较轻的原子核聚合在一起释放结合能；核衰变（nuclear decay），原子核自发衰变过程中释放能量。目前，核能发电是人类利用核能的主要形式。相比其他可再生能源发电的技术，核电技术已经比较成熟，核电的经济性相比风电、太阳能等其他可再生能源具有很大的优势。图7-11是压水式反应堆（pressurized water reactor，PWR）示意图。

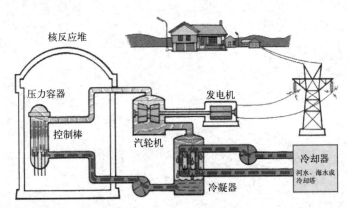

图7-11　压水式反应堆

（5）生物质能及其利用　生物质能是蕴藏在生物质中的能量，是绿色植物通过叶绿素将太阳能转化为化学能而贮存在生物质内部的能量。煤、石油和天然气等化石能源也是由生物质能转变而来的。在各种可再生能源中，生物质能是独特的，是一种可再生的碳源，可转变成常规的固态、液态和气态燃料，为人类提供基本燃料。生物质能是可再生能源，通常包括以下几类：一是木材及森林工业废弃物；二是农业废弃物；三是水生植物；四是油料植物；五是城市和工业有机废弃物；六是动物粪便。

2. 促进能源消费清洁化发展

构建多元化的清洁能源供应体系，改变能源消费方式，推进绿色低碳转型升级，促进能源消费清洁化发展。加大系统应用清洁能源力度，寻找可再生能源替代传统化石能源的方法，提高清洁能源在工业生产中的比重,实现从原材料到成品整个工业过程的绿色低碳产品供给;推进交通系统能源清洁化发展,大力推进电动车、新能源汽车的发展,对新能源汽车车企和消费者进行补贴,鼓励绿色出行方式,降低传统燃油汽车在新车产销和汽车保有量中的占比;推动日常能源消费清洁化代替,根据实际情况,鼓励居民煤改气,提高居民生产生活中天然气的使用比例;优化电力供应结构,推进光伏、风力、天然气等可再生能源发电规模化,提高清洁能源发电量占全社会用电量的比重,提升能源使用效率。为贯彻落实党的二十大精神,大力支持低碳技术应用和推广,促进碳达峰碳中和目标实现,2022年12月,生态环境部组织征集并筛选出一批先进低碳技术,编制了《国家重点推广的低碳技术目录(第四批)》,包括6类共35项低碳技术。

> **科普小知识**
>
> ### 新能源汽车产业驶入"快车道"
>
> 截至2022年6月底,全国新能源汽车保有量达1001万辆,占汽车总量的3.23%。其中,纯电动汽车保有量810.4万辆,占新能源汽车总量的80.93%。2022年上半年新注册登记新能源汽车220.9万辆,同比增长100.26%。2021年新能源汽车全年销量超过350万辆,市场占有率飙升至13.4%,是当年汽车行业最大亮点,进一步说明新能源汽车市场已从政策驱动转向市场拉动。2018—2022年新能源汽车保有量半年变化情况见图7-12。
>
>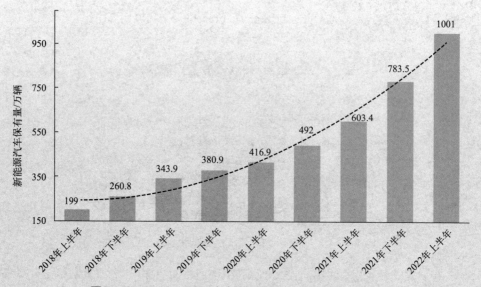
>
> 图7-12 2018—2022年新能源汽车保有量半年变化情况
>
> 根据《中国碳中和与清洁空气协同路径2021》,通过提升可再生发电占比,推动钢铁、水泥等高耗能产品产量梯次达峰,推进发电及终端用能设施的节能升级改造等一系列措施,我国CO_2排放可于2030年实现达峰,排放峰值在110亿吨左右。在此基础上,通过加速推动电力系统低碳转型,加快散煤清洁化进程,加强高耗能行业节能改造与电气化转型,推进传统汽柴油车辆电动化进程等措施,我国可提前至2025年左右实现CO_2排放达峰,且峰值CO_2排放降低至105亿吨左右,见图7-13。

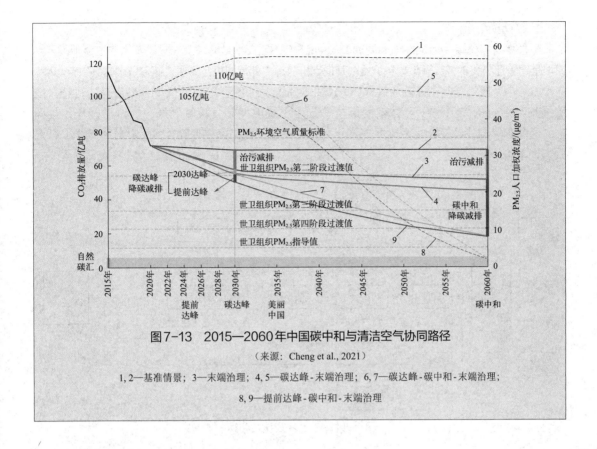

图 7-13 2015—2060 年中国碳中和与清洁空气协同路径

(来源：Cheng et al., 2021)

1, 2—基准情景；3—末端治理；4, 5—碳达峰 - 末端治理；6, 7—碳达峰 - 碳中和 - 末端治理；
8, 9—提前达峰 - 碳中和 - 末端治理

（三）负碳：探索碳捕集、碳储存和碳利用

实现碳中和目标，需要应用负排放技术（negative emission technology, NETs）从大气中移除二氧化碳并将其储存起来，以抵消那些难减排的碳排放。碳移除（CDR）可分为两类：一是基于自然的方法，即利用生物过程增加碳移除，并在森林、土壤或湿地中储存起来；二是技术手段，即直接从空气中移除碳或控制天然的碳移除过程以加速碳储存。表 7-3 列出了一些负排放技术的例子，不同技术的机理、特点等差别较大。

表 7-3 负碳排放技术

技术	特点	碳移除机理	碳封存方式
造林/再造林	通过植树造林将大气中的碳固定在生物和土壤中	生物	土壤/植物
生物炭	将生物质转化为生物炭并使用生物炭作为土壤改良剂	生物	土壤
生物质能源耦合碳捕集与封存（BECCS）	植物吸收空气中的二氧化碳并作为生物质能源利用，产生的二氧化碳被捕集并封存	生物	深层地质构造
直接从空气中捕集并封存（DACCS）	通过工程手段从大气中直接捕集二氧化碳并封存	物理/化学	深层地质构造
强化风化/矿物碳化	增强矿物的风化使大气中的二氧化碳与硅酸盐矿物反应形成碳酸盐岩	地球化学	岩石
改良农业种植方式	采用免耕农业等方式来增加土壤碳储量	生物	土壤
海洋施肥	向海洋投放铁盐增加海洋生物碳汇	生物	海洋
海洋碱性	通过化学反应提高海洋碱性以增加海洋碳汇	化学	海洋

1. 碳捕集与碳储存

碳捕集与碳储存（carbon capture and storage，CCS）技术是解决全球气候变化的主要手段，其原理是通过捕集技术将二氧化碳从工业或其他碳排放源中分离捕集，再通过储存技术将其封存起来。

（1）CO_2 捕集　CO_2 捕集是指将 CO_2 从工业生产、能源利用或大气中分离出来的过程。按碳捕集与燃烧的先后顺序可将碳捕集技术分为燃烧前捕集、富氧燃烧、燃烧后捕集，见图 7-14。根据分离过程，碳捕集技术主要分为物理吸收技术、化学吸收技术、膜分离技术、低温分离技术等，见表 7-4。

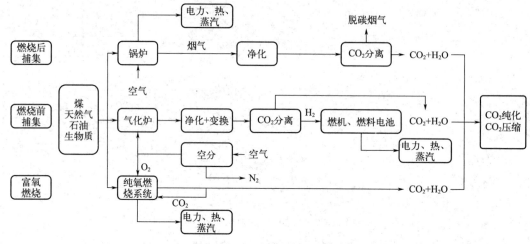

图 7-14　CO_2 捕集技术路线

表 7-4　碳捕集技术对比（按分离过程进行分类）

技术类别	原理及适用性	主要优势	劣势
物理吸收技术	在回收塔中，通过降低压力的方法使 CO_2 被吸附介质吸附分离的方法称为变压吸附（PSA）；通过增加塔内温度分离 CO_2 的方法称为变温吸附（TSA）。适用于 CO_2 排放浓度较高的行业	吸收容量大；能耗较低；腐蚀性较小	CO_2 回收率低
化学吸收技术	基于单乙醇胺（MEA）吸收 CO_2 是目前最成熟的化学吸收方法。适用于吸收容量受 CO_2 分压和总压影响较小的场合	吸收速度快；净化度高；CO_2 回收率高	溶剂再生能耗高，腐蚀性强
膜分离技术	将膜和化学吸收相结合，采用微孔膜技术，隔离混合气体与吸收液，依靠膜另一侧的吸收液的选择性吸收达到分离混合气体中 CO_2 的目的。多用于制氢、天然气处理等	能耗低，操作简单	投资高，工业化不成熟
低温分离技术	将混合气体冷却并压缩液化，通过蒸馏分离二氧化碳。适用于 CO_2 排放浓度较高的行业	CO_2 浓度高于 90% 时，分离具有经济性	CO_2 浓度较低时，能耗高

燃烧前捕集技术是指将氢气、天然气、煤气和合成气等可燃气体中的 CO_2 进行分离与捕集的技术。CO_2 分离是在燃料燃烧前进行的，燃料气尚未被 N_2 稀释，燃料气中 CO_2 浓度高，由于高压（10～80 bar❶）和高浓度（20%～50%），捕集的能耗和成本较低。通常说到燃烧前捕集技术，大多是指基于煤气化或整体煤气化联合循环（integrated gasification combined cycle，

---

❶ 1bar = 100kPa。

IGCC）的 CO_2 燃烧前捕集技术。高压下，化石燃料与氧气、水蒸气在气化反应器中分解生成 CO 和 H_2 混合气，经冷却后，送入变换器，进行催化重整反应，生成以 H_2 和 CO_2 为主的水煤气，并对其进行 CO_2 分离，获得的高浓度 H_2 作为燃料送入燃气轮机，见图 7-15。

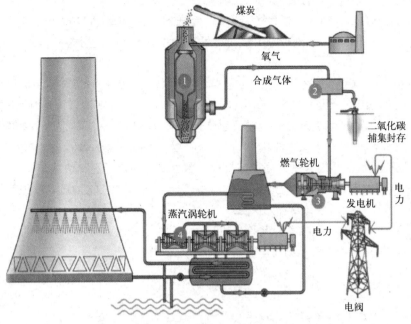

图 7-15　IGCC 工作原理

富氧燃烧采用传统燃煤电站的技术流程，但通过制氧技术，将空气中大比例的氮气脱除，直接采用高浓度的氧气与抽回的部分烟气（烟道气）的混合气体来替代空气，这样得到的烟气中有高浓度的 CO_2 气体，可以直接进行处理和封存，见图 7-16。

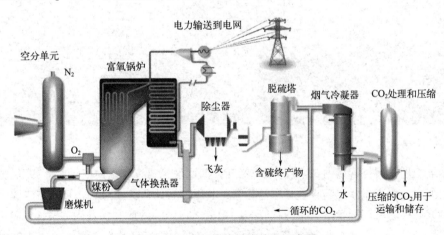

图 7-16　富氧燃烧技术流程示意图

（资料来源：刘建华，2020）

燃烧后碳捕集即利用化学吸收法、膜分离法、物理吸附法等捕集方法将 CO_2 从经过除尘、脱硫后的烟气中分离出来。国华锦界电厂开展的 15 万吨碳捕集与封存示范项目于 2021 年 1 月安装建设完成，是目前中国规模最大的燃煤电厂燃烧后碳捕集与封存全流程示范项目。2023 年

6月1日，在珠江口盆地，我国首个海上碳封存示范工程正式投用。这标志着我国初步形成了海上二氧化碳注入、封存和监测的全套钻完井技术和装备体系，填补了我国海上二氧化碳封存技术的空白。该项目预计高峰期每年可封存二氧化碳30万吨，累计将超过150万吨。减碳规模相当于植树近1400万棵，或停开近100万辆轿车。

（2）CO_2输送 CO_2输送是指将捕集的CO_2运送到可利用或封存场地的过程。根据运输方式的不同，分为罐车运输、船舶运输和管道运输，其中罐车运输包括汽车运输和铁路运输两种方式。

（3）CO_2封存 CO_2封存是指通过工程技术手段将捕集的CO_2注入深部地质储层，实现CO_2与大气长期隔绝的过程。二氧化碳封存的方法有许多种，一般说来可分为地质封存和海洋封存两类，见图7-17。地质封存一般是将超临界状态（气态及液态的混合体）的CO_2注入地质结构中，这些地质结构可以是油田、气田、咸水层、无法开采的煤矿等。IPCC的研究表明，CO_2性质稳定，可以在相当长的时间内被封存。若地质封存点经过谨慎地选择、设计与管理，注入其中的CO_2的99%都可封存1000年以上。海洋封存是指将CO_2通过轮船或管道运输到深海海底进行封存。然而，这种封存办法也许会对环境造成负面的影响，比如过高的CO_2含量将杀死深海的生物、使海水酸化等，此外，封存在海底的二氧化碳也有可能会逃逸到大气当中（有研究发现，海底的海水流动到海面需要1600年的时间）。

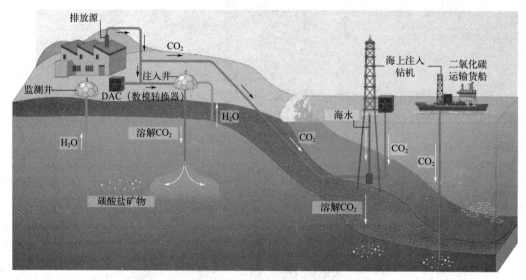

图7-17 CO_2封存示意图

全球陆上理论封存容量为6万亿~42万亿吨，海底理论封存容量为2万亿~13万亿吨。在所有封存类型中，深部咸水层封存占据主导位置，其封存容量占比约98%，且分布广泛，是较为理想的CO_2封存场所；油气藏由于存在完整的构造、详细的地质勘探基础等条件，是适合CO_2封存的早期地质场所。中国地质封存潜力为1.21万亿~4.13万亿吨。中国油田主要集中于松辽盆地、渤海湾盆地、鄂尔多斯盆地和准噶尔盆地，通过CO_2强化石油开采技术（CO_2-EOR）可以封存约51亿吨CO_2。中国气藏主要分布于鄂尔多斯盆地、四川盆地、渤海湾盆地和塔里木盆地，利用枯竭气藏可以封存约153亿吨CO_2，通过CO_2强化天然气开采技术（CO_2-EGR）可以封存约90亿吨CO_2。中国深部咸水层的CO_2封存容量约为24200亿吨，其分布与含油气盆地分布基本相同。

2. 碳捕集、利用与封存

随着CCS（碳捕集与封存）技术的不断发展，在碳捕集、碳运输、碳储存的基础上加入碳利用环节，以CO_2为主要原料，通过化工或生物过程转化为高附加值产品，或者将CO_2注入地下，提高石油、天然气开采率，实现CO_2的资源化利用，见图7-18和图7-19。这一改进后的技术称为碳捕集、利用与封存（carbon capture, utilization and storage，CCUS）技术，见图7-20。CCUS技术是工业领域深度减排的关键技术，可以同时实现化石能源使用和大规模减排，与CCS技术相比，CCUS技术不需要投入巨额资金和运营成本，更具安全性。

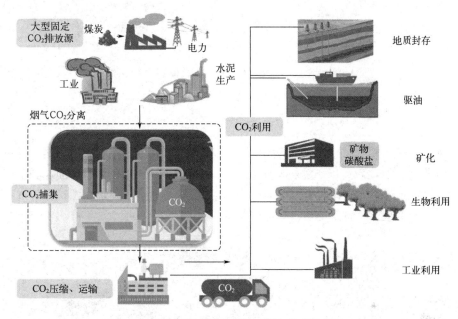

图7-18　碳捕集、利用与封存技术体系

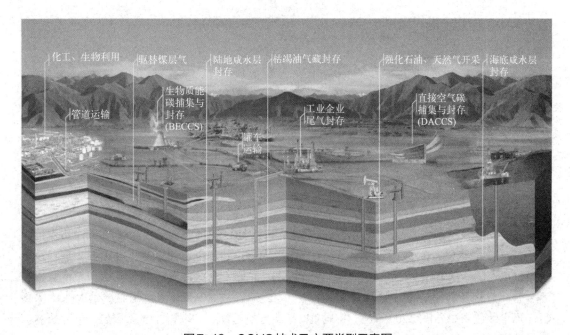

图7-19　CCUS技术及主要类型示意图

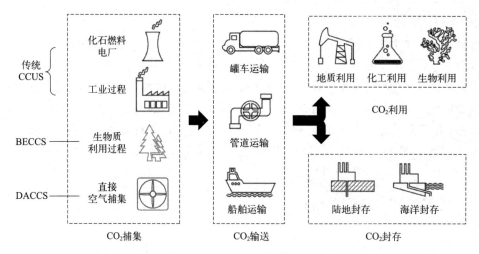

图7-20　CCUS技术环节

（资料来源：中国21世纪议程管理中心，2021）

CO_2利用是指通过工程技术手段将捕集的CO_2实现资源化利用的过程。根据工程技术手段的不同，可分为CO_2地质利用、CO_2化工利用和CO_2生物利用等，例如CO_2加氢制甲醇，见图7-21。CO_2地质利用是将CO_2注入地下，进而实现强化能源生产、促进资源开采的过程，如提高石油、天然气采收率，开采地热、深部咸（卤）水、铀矿等多种类型资源。

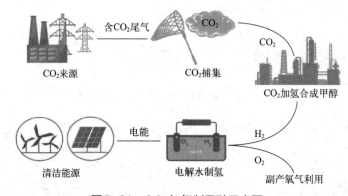

图7-21　CO_2加氢制甲醇示意图

2022年6月，科技部等九部门印发的《科技支撑碳达峰碳中和实施方案（2022—2030年）》提出，到2025年，支撑单位GDP CO_2排放比2020年下降18%；到2030年，有力支撑单位GDP CO_2排放比2005年下降65%以上。2022年，化石能源燃烧排放的CO_2占我国CO_2排放量的80%以上，其中煤炭占75%，因此，从煤基工业和燃煤发电行业中减排CO_2是当前我国减排的关键，而CO_2捕集利用与封存（CCUS）是能够实现这种减排的重要技术手段。根据《中国二氧化碳捕集利用与封存（CCUS）年度报告（2021）》，目前我国已投运或建设中的CCUS示范项目约40个，捕集能力300万吨每年，分布于19个省份，涉及电厂和水泥厂等纯捕集项目以及CO_2-EOR、CO_2-ECBM（驱替煤层气）、地浸采铀、重整制备合成气、微藻固定和咸水层封存等多样化封存及利用项目，见表7-5。其中，中石油吉林油田EOR项目是亚洲最大的EOR项目，已累计注入CO_2超过200万吨。中国的CCUS各技术环节均取得了显著进展，部分技术已经具备商业化应用潜力，见图7-22。

表7-5 中国CCUS部分项目分布

序号	项目名称	项目地点	碳捕集能力	CCUS类型
1	华能高碑店电厂捕集项目	北京	$0.3×10^4$t/a	燃烧后捕集+CO_2食品级利用
2	华能长春热电厂捕集项目	吉林	$0.1×10^4$t/a	相变型捕集
3	中电投重庆双槐电厂碳捕集示范项目	重庆	$1×10^4$t/a	燃烧后捕集+CO_2工业级利用
4	华润海丰电厂碳捕集测试平台CO_2加氢制甲醇	浙江	$2×10^4$t/a	燃烧后捕集（胺液吸收和膜分离）+CO_2食品级和工业级利用
5	华能绿色煤电IGCC电厂碳捕集项目	天津	$10×10^4$t/a	燃烧前捕集+CO_2-EOR
6	华能石洞口电厂捕集示范项目	上海	$12×10^4$t/a	燃烧后捕集+CO_2食品级和工业级利用
7	安徽海螺集团水泥窑烟气CO_2捕集纯化项目	安徽	$5×10^4$t/a	新型化学吸收法（有机胺）捕集+CO_2食品级和工业级利用
8	中海油丽水36-1气田CO_2分离项目	浙江	$5×10^4$t/a	CO_2分离、液化+制取干冰
9	国华锦界电厂燃烧后CO_2捕集与封存全流程示范项目	陕西	$15×10^4$t/a	燃烧后捕集+CO_2工业级利用+驱油封存
10	延长石油煤化工CO_2捕集与驱油示范项目	陕西	$30×10^4$t/a	燃烧前捕集（低温甲醇洗工艺）+CO_2驱油+地质封存
11	华能陇东基地先进低能耗碳捕集工程	甘肃	$150×10^4$t/a	燃烧后捕集（化学吸收法）+CO_2驱油+地质封存
12	中石油吉林油田EOR项目	吉林	$35×10^4$t/a	燃烧后捕集+CO_2-EOR
13	大庆油田EOR项目	黑龙江	$35×10^4$t/a	燃烧前捕集+CO_2-EOR
14	中石化华东油田EOR项目	河南	$10×10^4$t/a	燃烧后捕集+CO_2-EOR
15	新疆油田EOR项目	新疆	$60×10^4$t/a	燃烧后捕集（化学吸附法）+CO_2-EOR
16	中石化齐鲁石油化工EOR项目	山东	$100×10^4$t/a	燃烧前捕集+CO_2-EOR
17	通源石油CCUS一体化示范项目	新疆	$100×10^4$t/a	燃烧后捕集+CO_2-EOR+地质封存
18	广汇能源碳捕集、管输及驱油一体化项目	新疆	$300×10^4$t/a	燃烧后捕集+CO_2-EOR
19	华中科技大学35MW富氧燃烧技术研究与示范	湖北	90%以上	富氧燃烧捕集
20	垃圾发电烟气碳捕集项目	浙江	95%以上	新型化学吸收法（有机胺）捕集
21	通辽CO_2地浸采铀项目	内蒙古		地浸采铀
22	中联煤CO_2驱煤层气项目	山西		驱煤层气

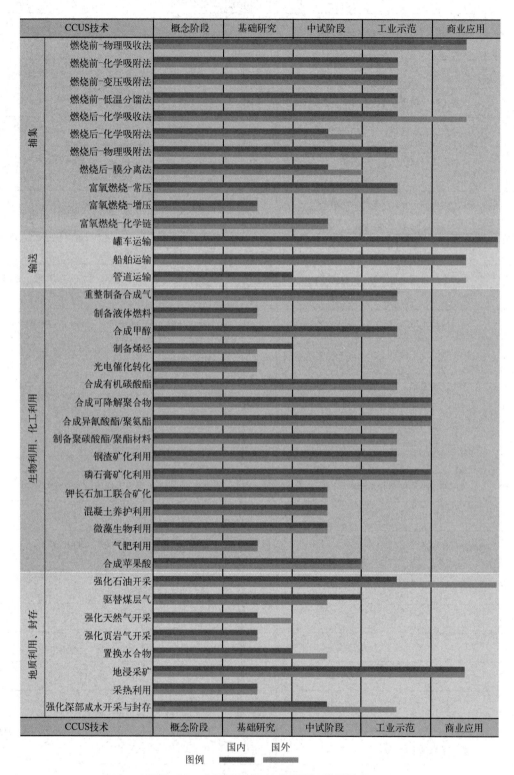

图7-22 中国CCUS技术类型及发展阶段

(资料来源：中国21世纪议程管理中心，2021)

（四）碳中和：增加碳汇

《联合国气候变化框架公约》将碳的排放过程定义为"源"，将碳的清除过程定义为"汇"，碳元素在源与汇之间不断地迁移转化和循环周转，实现全球碳循环。碳汇主要可以分为陆地绿色植物通过光合作用吸收的二氧化碳，即绿碳（包括森林碳汇、草地碳汇、耕地碳汇、土壤碳汇、湿地碳汇等），以及通过海洋活动和海洋生物吸收的二氧化碳，即蓝碳（包括红树林、海草床和滨海盐沼等）。增加碳汇的主要途径有以下几个方面。

1. 增加森林草原碳汇

森林碳汇是最有效的固碳方式，也是中国的主要碳汇项目。通过植树造林、退化生态系统的修复、建立农林复合系统、加强森林管理等提高林地生产力，进而增加森林碳汇。通过减少林木砍伐、改进采伐措施、提高木材利用效率、加强森林灾害防治等措施来保护森林碳贮存。通过使用其他清洁能源替代薪柴、采伐剩余物的回收利用、木材深加工、木材循环利用等措施来实现碳替代。中国积极推进植树造林、退耕还林、天然林资源保护等生态工程，2021年，完成森林抚育3467万亩，退化林修复1400万亩，完成造林5400万亩，全国森林火灾次数、受害森林面积、受害草原面积同比下降47%、50%和62%，治理沙化、石漠化土地2160万亩，续建9个国家沙化土地封禁保护区，首次实行造林任务直达到县、落地上图，以国家公园为主体的自然保护地体系持续完善。截至2021年4月，中国已有194个城市成为国家森林城市，全国城市建成区绿化覆盖率达到41.1%，人居环境不断改善，草原综合植被盖度升至56.1%。2022年，中国提出"力争10年内种植、保护和恢复700亿棵树"的行动目标。

2. 增加农田土壤碳汇

耕地碳汇是陆地生态碳汇的重要组成部分，也是最活跃的部分之一。我国农田土壤有机碳较低，南方为0.8%~1.2%，华北为0.5%~0.8%，西北大都在0.5%以下，而美国为2.5%~4%，所以我国增加耕地碳汇有着很大的空间，需要在这一方面加大投入，以增加耕地碳汇。据《中国应对气候变化的政策与行动2022年度报告》，中国统筹部署推进农田建设工作，加强规划引领，强化政策支持，突出支持永久基本农田保护区、粮食生产功能区和重要农产品生产保护区，集中力量建设高标准农田。印发《国家黑土地保护工程实施方案（2021—2025年）》，着力解决黑土地出现的"变薄、变瘦、变硬"问题。2021年东北典型黑土地区共完成耕地保护面积1亿亩以上，其中，实施保护性耕作7200万亩。在401个县实施秸秆综合利用行动，全国秸秆还田量超过4亿吨，还田面积近11亿亩。

3. 增强湿地其他碳汇

划定生态保护红线，涵盖绝大部分天然林、草地、湿地等典型陆地自然生态系统，以及红树林、珊瑚礁、海草床等典型海洋自然生态系统，进一步夯实全国生态安全格局、稳定生态系统固碳作用。2021年全国湿地保护率达52.65%，新增和修复湿地109万亩。发布《岩溶碳循环调查与碳汇效应评价指南》行业标准，启动建设联合国教科文组织国际岩溶研究中心岩溶碳汇试验场，选取西南典型流域开展岩溶碳汇调查评价。

4. 稳步提升海洋碳汇

海洋碳汇是海洋生物吸收和存储大气中的二氧化碳的能力或容量。海洋是地球生态系统中最大的碳库，其固碳能力是大气的50倍、陆地生态系统的20倍。据《中国应对气候变化的政策与行动2022年度报告》，中国制定了红树林、滨海盐沼、海草床蓝碳生态系统碳储量调查与评估技术规程，选取16个蓝碳生态系统分布区域开展碳储量调查评估试点，编制《红树林生态修复手册》，通过保护和修复红树林、海草床等海岸线生态系统，增加了海洋的二氧化碳贮存和吸收能力。组织实施了海洋缺氧酸化和海-气二氧化碳通量业务化监测，开展长江口和珠江口缺氧区监测，探索开展了海洋碳汇交易，建设国家级海洋牧场示范区136个，助力贡献海洋固碳。

第四节 从绿色发展到美丽中国

党的十八大以来，中国坚持绿水青山就是金山银山的理念，坚定不移走生态优先、绿色发展之路，促进经济社会发展全面绿色转型，建设人与自然和谐共生的现代化，创造了举世瞩目的生态奇迹和绿色发展奇迹，美丽中国建设迈出重大步伐。绿色成为新时代中国的鲜明底色，绿色发展成为中国式现代化的显著特征，广袤中华大地天更蓝、山更绿、水更清，人民享有更多、更普惠、更可持续的绿色福祉。中国的绿色发展，为地球增添了更多"中国绿"，扩大了全球绿色版图，既造福了中国，也造福了世界。

一、我国绿色低碳发展的历程

相较于发达国家，我国绿色发展起步较晚，但在我国长远规划和坚定推动下，我国经济社会整体绿色发展进程较快，如图7-23所示。由图可见，2000—2012年，我国开始注重生态环境治理，提出了科学发展观、"两型社会"和节能减排等可持续发展理念，但该阶段发展的第一要义仍是追求经济效益。自2013年2月党的十八届二中全会之后，我国加强了对生态环境治理的顶层设计，提升了生态文明建设战略高度，提出系列"绿色"新概念，开始构建绿色发展相关理论体系，从追求资源能源的可持续发展进一步深入到整个经济社会的绿色发展。"十三五"期间，我国继续增强对生态环境治理的重视程度，生态环境治理重心也开始从完善宏观理论体系逐渐转向微观实践研究，开始探索经济社会生产生活方式的绿色发展路径。进入"十四五"时期，我国将碳达峰和碳中和目标纳入环境治理的内容中，提出了全方位全过程推动社会各方面绿色发展的新要求。

二、我国绿色低碳发展的成效

党的十八大以来，我国绿色发展取得显著成效，绿色发展的理念深入人心，绿色发展的内涵进一步扩展，绿色发展的体制机制和政策体系进一步健全，人与自然和谐共生的现代化迈出坚实步伐。

（一）生态环境质量持续向好

坚持精准治污、科学治污、依法治污，以解决人民群众反映强烈的大气、水、土壤污染等突出问题为重点，持续打好蓝天、碧水、净土保卫战，深入推进生态系统保护修复。

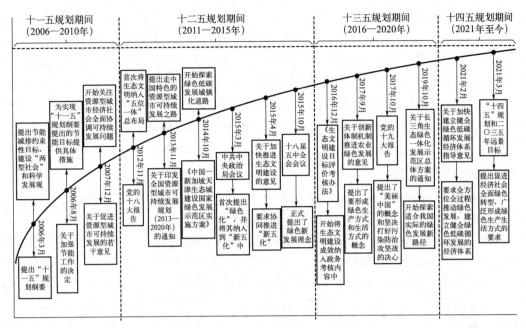

图7-23 我国绿色低碳发展历程

1. 在污染物综合治理方面

空气环境质量明显改善，2022年，全国339个地级及以上城市空气质量优良天数比例为86.5%，成为全球大气质量改善速度最快的国家。水环境质量明显提升，2022年，全国地表水监测的3629个国控断面中，Ⅰ～Ⅲ类水质断面（点位）占87.9%，劣Ⅴ类占0.7%，污染严重水体和不达标水体显著减少。土壤污染防治取得初步进展，全面禁止洋垃圾入境，实现固体废物"零进口"目标，全国土壤环境风险得到基本管控，土壤污染加重趋势得到初步遏制。

2. 强化生态系统保护修复

构建以国家公园为主体、自然保护区为基础、各类自然公园为补充的自然保护地体系，正式设立首批5个国家公园。科学划定生态保护红线，目前中国陆域生态保护红线面积占陆域国土面积比例超过30%，巩固了"三区四带"生态安全格局。实施重要生态系统保护和修复重大工程，2012—2021年，中国累计完成造林9.6亿亩，防沙治沙2.78亿亩，种草改良6亿亩，新增和修复湿地1200多万亩。2021年，中国森林覆盖率达到24.02%，森林蓄积量达到194.93亿立方米，森林覆盖率和森林蓄积量连续三十多年保持"双增长"，是全球森林资源增长最多和人工造林面积最大的国家。中国在世界范围内率先实现了土地退化"零增长"，荒漠化土地和沙化土地面积"双减少"，对全球实现2030年土地退化零增长目标发挥了积极作用。

（二）绿色空间格局基本形成

积极健全国土空间体系，加强生产、生活、生态空间用途统筹和协调管控，加大生态系统保护修复力度，有效扩大生态环境容量，推动自然财富、生态财富快速积累，生态环境保护发生历史性、转折性、全局性变化。

1. 优化国土空间开发保护格局

实施主体功能区战略，建立全国统一、责权清晰、科学高效的国土空间规划体系，统筹人口分布、经济布局、国土利用、生态环境保护等因素，整体谋划国土空间开发保护，实现国土空间开发保护更高质量、更可持续。将主体功能区规划、土地利用规划、城乡规划等空间规划融合为统一的国土空间规划，逐步建立"多规合一"的规划编制审批体系、实施监督体系、法规政策体系和技术标准体系，逐步形成全国国土空间开发保护"一张图"。统筹优化农产品主产区、重点生态功能区、城市化地区三大空间格局。统筹划定耕地和永久基本农田、生态保护红线、城镇开发边界等空间管控边界以及各类海域保护线。加强重点生态功能区管理，着力防控化解生态风险。

2. 推动重点区域绿色发展

实施京津冀协同发展战略，在交通、环境、产业、公共服务等领域协同推进，强化生态环境联建联防联治。2021年，京津冀13个城市空气质量优良天数比例达到74.1%，比2013年提升32.2个百分点，北京市大气环境治理成为全球环境治理的中国样本。以共抓大保护、不搞大开发为导向推动长江经济带建设，大力推进长江保护修复攻坚战，深入实施城镇污水垃圾处理、化工污染治理、农业面源污染治理、船舶污染治理和尾矿库污染治理"4+1"工程，全面实施长江十年禁渔，开展长江岸线利用项目及非法矮围清理整治。2018年以来，累计腾退长江岸线162千米，滩岸复绿1213万平方米，恢复水域面积6.8万亩，长江干流国控断面水质连续两年全线达到Ⅱ类。加快长三角生态绿色一体化发展示范区建设，率先探索将生态优势转化为经济社会发展优势，从项目协同走向区域一体化制度创新，依托优美风光、人文底蕴、特色产业，集聚创新要素资源，夯实绿色发展生态本底，打造绿色创新发展高地。推动黄河流域生态保护和高质量发展，坚持对黄河上下游、干支流、左右岸生态保护治理工作统筹谋划，开展全流域生态环境保护治理，推动上中游水土流失和荒漠化防治以及下游河道和滩区综合治理，黄河泥沙负荷稳步下降，确保黄河安澜。坚持以水定城、以水定地、以水定人、以水定产，走水安全有效保障、水资源高效利用、水生态明显改善的集约节约发展之路。建设美丽粤港澳大湾区。

3. 建设生态宜居美丽家园

我国把绿色发展理念融入城乡建设活动，大力推动美丽城市和美丽乡村建设，突出环境污染治理，着力提升人居环境品质，打造山峦层林尽染、平原蓝绿交融、城乡鸟语花香的美丽家园。把保护城市生态环境摆在突出位置，推进以人为核心的城镇化，科学规划布局城市的生产空间、生活空间、生态空间，打造宜居城市、韧性城市、智慧城市，把城市建设成为人与自然和谐共生的美丽家园；持续拓展城市生态空间，建设国家园林城市、国家森林城市，推进城市公园体系和绿道网络建设，大力推动城市绿化，让城市再现绿水青山；2012—2021年，城市建成区绿化覆盖率由39.22%提高到42.06%，人均公园绿地面积由11.8平方米提高到14.78平方米。我国将绿色发展作为推进乡村振兴的新引擎，积极发展生态农业、农村电商、休闲农业、乡村旅游、健康养老等新产业、新业态，加强生态保护与修复，推动农业强、农村美、农民富的目标不断实现；持续改善农村人居环境，完善乡村公路、供水、供气等基础设施，推进农村厕所革命，加强生活垃圾、污水治理，开展村庄清洁行动，全面推进乡村绿化，持续开展现代宜居农房建设，越来越多的乡村实现水源净化、道路硬化、夜晚亮化、能源清洁化。

（三）产业结构持续调整优化

以创新驱动为引领塑造经济发展新动能新优势，以资源环境刚性约束推动产业结构深度调整，以强化区域协作持续优化产业空间布局，经济发展既保持了量的合理增长，也实现了质的稳步提升，开创了高质量发展的新局面。

1. 大力发展战略性新兴产业

科技创新投入力度逐步加大，全社会研发投入由2012年的1.03万亿元增长到2021年的2.80万亿元，研发投入强度由1.91%提高到2.44%，是全球布局环境技术创新最积极的国家。人工智能、大数据、区块链、量子通信等新兴技术加快应用，培育了智能终端、远程医疗、在线教育等新产品、新业态，在经济发展中的带动作用不断增强，数字经济规模居世界第二位。互联网、大数据、人工智能、5G等新兴技术与传统产业深度融合，先进制造业和现代服务业融合发展步伐加快，2021年，高技术制造业、装备制造业增加值占规模以上工业增加值比重分别为15.1%、32.4%，较2012年分别提高5.7和4.2个百分点，"中国制造"逐步向"中国智造"转型升级。同时，可再生能源产业发展迅速，风电、光伏发电等清洁能源设备生产规模居世界第一，多晶硅、硅片、电池和组件占全球产量的70%以上。节能环保产业质量效益持续提升，形成了覆盖节能、节水、环保、可再生能源等各领域的绿色技术装备制造体系。综合能源服务、合同能源管理、合同节水管理、环境污染第三方治理、碳排放管理综合服务等新业态新模式不断发展壮大，2021年节能环保产业产值超过8万亿元。

2. 引导资源型产业有序发展

我国持续深化供给侧结构性改革，改变过多依赖增加资源消耗、过多依赖规模粗放扩张、过多依赖高耗能高排放产业的发展模式，以环境承载力作为刚性约束，严控高耗能、高排放、高耗水行业产能规模，推动产业结构持续优化。化解过剩产能和淘汰落后产能，在保障产业链供应链安全的同时，积极稳妥化解过剩产能、淘汰落后产能，对钢铁、水泥、电解铝等资源消耗量高、污染物排放量大的行业实行产能等量或减量置换政策。"十三五"期间，累计退出钢铁过剩产能1.5亿吨以上、水泥过剩产能3亿吨，地条钢全部出清，电解铝、水泥等行业的落后产能基本出清。坚决遏制高耗能、高排放、低水平项目盲目发展。

（四）绿色生产生活方式广泛推行

我国加快构建绿色低碳循环发展的经济体系，大力推行绿色生产方式，推动能源革命和资源节约集约利用，系统推进清洁生产，统筹减污降碳协同增效，实现经济社会发展和生态环境保护的协调统一。

1. 促进传统产业绿色转型

① 推进工业绿色发展，完善绿色工厂、绿色园区、绿色供应链、绿色产品评价标准，引导企业创新绿色产品设计、使用绿色低碳环保工艺和设备，优化园区企业、产业和基础设施空间布局，加快构建绿色产业链供应链。大力推进园区循环化改造，推动产业循环式组织、企业循环化生产。全面开展清洁生产审核，积极实施清洁生产改造。全面推进数字化改造，重点领域关键工序数控化率由2012年的24.6%提高到2021年的55.3%，数字化研发设计工具普及率由48.8%提高到74.7%。截至2021年底，累计建成绿色工厂2783家、绿色工业园区223家、绿色供应链管理企业296家，制造业绿色化水平显著提升。

② 转变农业生产方式，创新农业绿色发展体制机制，逐步健全耕地保护制度和轮作休耕制度，全面落实永久基本农田特殊保护，稳步推进国家黑土地保护，全国耕地质量稳步提升。

多措并举推进农业节水和化肥农药减量增效，2021年，农田灌溉水有效利用系数达到0.568。大力发展农业循环经济，推广种养加结合、农牧渔结合、产加销一体等循环型农业生产模式，强化农业废弃物资源化利用。统筹推进农业生产和农产品两个"三品一标"（品种培优、品质提升、品牌打造和标准化生产，绿色、有机、地理标志和达标合格农产品），深入实施地理标志农产品保护工程。

③ 提升服务业绿色化水平，积极培育商贸流通绿色主体，开展绿色商场创建。截至2021年底，全国共创建绿色商场592家。持续提升信息服务业能效水平，升级完善快递绿色包装标准体系，截至2021年底，电商快件不再二次包装率达到80.5%，全国快递包装瘦身胶带、循环中转袋使用基本实现全覆盖。在餐饮行业逐步淘汰一次性餐具，倡导宾馆、酒店不主动提供一次性用品。

2. 推动能源绿色低碳发展

① 大力发展非化石能源，加快推进以沙漠、戈壁、荒漠地区为重点的大型风电光伏基地建设，积极稳妥发展海上风电，积极推广城镇、农村屋顶光伏，鼓励发展乡村分散式风电。以西南地区主要河流为重点，有序推进流域大型水电基地建设。因地制宜发展太阳能热利用、生物质能、地热能和海洋能，积极安全有序发展核电，大力发展城镇生活垃圾焚烧发电。坚持创新引领，积极发展氢能源。加快构建适应新能源占比逐渐提高的新型电力系统，开展可再生能源电力消纳责任权重考核，推动可再生能源高效消纳。截至2021年底，清洁能源消费比重由2012年的14.5%升至25.5%，煤炭消费比重由2012年的68.5%降至56.0%；可再生能源发电装机突破10亿千瓦，占总发电装机容量的44.8%，其中水电、风电、光伏发电装机均超3亿千瓦，均居世界第一。

② 提高化石能源清洁高效利用水平，以促进煤电清洁低碳发展为目标，开展煤电节能降碳改造、灵活性改造、供热改造"三改联动"，新增煤电机组执行更严格节能标准，发电效率、污染物排放控制达到世界领先水平。推动终端用能清洁化，推行天然气、电力和可再生能源等替代煤炭，积极推进北方地区冬季清洁取暖。在城镇燃气、工业燃料、燃气发电、交通运输等领域有序推进天然气高效利用，发展天然气热电冷联供。实施成品油质量升级专项行动，用不到10年时间走完发达国家30多年成品油质量升级之路，成品油质量达到国际先进水平，有效减少了汽车尾气污染物排放。

3. 构建绿色交通运输体系

我国以提升交通运输装备能效水平为基础，以优化用能结构、提高组织效率为关键，加快绿色交通运输体系建设，让运输更加环保、出行更加低碳。

① 优化交通运输结构。加快推进铁路专用线建设，推动大宗货物"公转铁""公转水"，深入开展多式联运。2021年，铁路、水路货运量合计占比达到24.56%，比2012年提高3.85个百分点。

② 推进交通运输工具绿色转型。在城市公交、出租、环卫、物流配送、民航、机场以及党政机关大力推广新能源汽车，截至2023年9月底，中国新能源汽车保有量已达到1821万辆。不断推进铁路移动装备的绿色转型，铁路内燃机车占比由2012年的51%降低到2021年的36%。提升机动车污染物排放标准，加快老旧车船改造淘汰。

③ 提升交通基础设施绿色化水平。开展绿色公路建设专项行动，大力推动废旧路面材料再生利用，截至2021年底，高速公路、普通国省道废旧路面材料循环利用率分别达到95%、

80%以上。推进铁路电气化改造、港口和公路绿色交通配套设施建设。

4. 推进资源节约集约利用

加快资源利用方式根本转变,努力用最少的资源环境代价取得最大的经济社会效益。

① 提高能源利用效率。完善能源消耗总量和强度调控,重点控制化石能源消费。大力推广技术节能、管理节能、结构节能,组织实施钢铁、电力、化工等高耗能行业节能降碳改造。2012年以来,中国以年均3%的能源消费增速支撑了年均6.6%的经济增长,2021年万元国内生产总值能耗较2012年下降26.4%。

② 提升水资源利用效率。开展国家节水行动,实施水资源消耗总量和强度双控。对高耗水行业实施节水技术改造,推广农业高效节水灌溉。创建节水型城市,将再生水等非常规水源纳入水资源统一配置,有效缓解了缺水地区的水资源供需矛盾。2021年,万元国内生产总值用水量较2012年下降45%。

③ 强化土地节约集约利用。完善城乡用地标准体系、严格各类建设用地标准管控和项目审批。强化农村土地管理,建立建设用地增量安排与消化存量挂钩机制和闲置土地收回机制,盘活存量用地。2012—2021年,单位国内生产总值建设用地使用面积下降40.85%。

④ 科学利用海洋资源。严格管控围填海,建立自然岸线保有率控制制度,对海岸线实施分类保护、节约利用,严格保护无居民海岛,最大程度减少开发利用。

⑤ 提高资源综合利用水平。开展绿色矿山建设,大力推进绿色勘查和绿色开采,提升重要矿产资源开采回采率、选矿回收率、综合利用率,累计建设国家级绿色矿山1101座。完善废旧物资回收网络,2021年,废钢铁、废铜、废铝、废铅、废锌、废纸、废塑料、废橡胶、废玻璃等9种再生资源循环利用量达3.85亿吨。

5. 绿色生活方式渐成时尚

积极弘扬生态文明价值理念,推动全民持续提升节约意识、环保意识、生态意识,自觉践行简约适度、绿色低碳的生活方式,形成全社会共同推进绿色发展的良好氛围。

① 持续开展全国节能宣传周、中国水周、全国城市节约用水宣传周、全国低碳日、全民植树节、六五环境日、国际生物多样性日、世界地球日等主题宣传活动,把绿色发展有关内容纳入国民教育体系,发布《公民生态环境行为规范(试行)》。

② 广泛开展节约型机关、绿色家庭、绿色学校、绿色社区、绿色出行、绿色商场、绿色建筑等创建行动,将绿色生活理念普及推广到衣食住行游用等方方面面。颁布实施《中华人民共和国反食品浪费法》。

③ 积极推广新能源汽车、高能效家用电器等节能低碳产品。实施税收减免和财政补贴,不断完善绿色产品认证采信推广机制,健全政府绿色采购制度,实施能效水效标识制度,引导促进绿色产品消费。

三、我国绿色低碳发展的未来行动

面向未来,我国已迈上全面建设社会主义现代化国家、全面推进中华民族伟大复兴新征程。人与自然和谐共生的现代化,是中国式现代化的重要特征。党的二十大擘画了中国未来发展蓝图,描绘了青山常在、绿水长流、空气常新的美丽中国画卷。2023年7月17—18日,在全国生态环境保护大会上,习近平总书记强调,今后5年是美丽中国建设的重要时期,要深入贯彻新时代中国特色社会主义生态文明思想，坚持以人民为中心，牢固树立和践行绿水青山就是金山银山的理念，把建设美丽中国摆在强国建设、民族复兴的突出位置，推动城乡人居环境明显改善、美丽中国建设取得显著成效，以高品质生态环境支撑高质量发展，加快推进人与自然和谐共生的现代化。全面推进美丽中国建设的重点任务如下。

一是持续深入打好污染防治攻坚战，建设高品质生态环境。实现生态环境根本好转，让天更蓝、山更绿、水更清、生态环境更优美，是建设人与自然和谐共生美丽中国的重要标志。当前我国生态环境质量稳中向好的基础还不稳固，从量变到质变的拐点还没有到来。需要坚持精准治污、科学治污、依法治污，保持力度、延伸深度、拓展广度，持续深入打好蓝天、碧水、净土保卫战，重点是要着力解决三类问题，即①要基本解决长期存在的突出问题，如基本消除重污染天气和城市黑臭水体；②要有效遏制住趋势性苗头性问题，如控制臭氧污染、土壤污染、新污染物污染；③要加快解决群众反映的热点难点问题，如道路交通和工业企业噪声、餐饮油烟、恶臭异味、农村黑臭水体整治等问题。重视新污染物治理，聚焦重点物质，识别重点地区、行业、管控环节、环境介质，分阶段实施精准管控示范。

二是加快发展方式绿色低碳转型，推动绿色低碳高质量发展。坚持绿色低碳发展是解决生态环境问题的治本之策。这需要改变传统的"大量生产、大量消耗、大量排放"的生产模式和消费模式，使资源、生产、消费等要素相匹配相适应。重点是要加快调整优化产业结构、能源结构、交通运输结构等经济结构，减少过剩落后产能，大力发展非化石能源，加快大宗货物和中长途货物运输"公转铁""公转水"，从源头上推动发展方式绿色转型。要聚焦京津冀协同发展、长江经济带共抓大保护、长三角生态绿色一体化发展、黄河流域生态保护和高质量发展、美丽粤港澳大湾区建设等重大国家战略，打造绿色发展的重要高地。实施全面节约战略，推进水资源、能源、土地资源等各类资源节约集约利用，加快构建废弃物循环利用体系，实现生产系统和生活系统循环链接。发展绿色低碳产业，建设绿色制造体系和服务体系。发展循环经济，推动再生资源清洁回收、规模化利用和集聚化发展，增强绿色低碳转型的新动能。倡导绿色消费，推动生活方式和消费模式向简约适度、绿色低碳、文明健康的方向转变。

三是加强自然恢复和系统保护修复，提升生态系统多样性、稳定性和持续性。现阶段生态系统质量和稳定性状况不容乐观，制约着经济高质量发展和人民美好生活需要，需要着力提高生态系统自我修复能力和稳定性。在青藏高原生态屏障区、黄河重点生态区、长江重点生态区、东北森林带、北方防沙带、南方丘陵山地带、海岸带等"三屏四带"实施重要生态系统保护和修复重大工程，推进荒漠化、石漠化、水土流失综合治理，科学开展大规模国土绿化行动，筑牢国家生态安全屏障。加强生物多样性保护，实施生物多样性保护重大工程，构建以国家公园为主体的自然保护地体系，完善自然保护地、生态保护红线和重点区域流域海域生态保护监管制度。统筹处理好人与自然的关系，实施好长江流域重点水域十年禁渔，健全耕地休耕轮作制度。推行草原森林河流湖泊休养生息，有效恢复自然生态承载能力。建立健全生态产品价值实现机制，完善生态保护补偿制度，建立保护者受益、使用者付费、破坏者赔偿的利益导向机制。

四是统筹兼顾各方面和全过程，积极稳妥推进碳达峰碳中和。我国作为世界上最大的发展中国家，将完成全球最高碳排放强度降幅，用全球历史上最短的时间实现从碳达峰到碳中和，需要比欧美国家碳达峰碳中和克服更多挑战、付出更大努力。坚持全国统筹、节约优先、双轮驱动、内外畅通、防范风险的原则，把双碳工作纳入生态文明建设的整体布局和经济社会发展的全局，按照碳达峰碳中和"1+N"政策体系有关部署，有计划分步骤实施碳达峰行动，大力推动工业、建筑、交通等领域绿色低碳发展。坚持先立后破，深入推进能源革命，重点控制化石能源消费，加强煤炭清洁高效利用，构建清洁低碳安全高效的能源体系，确保能源安全。完善"双碳"相关基础制度，重点是完善碳排放统计核算制度，逐步建立碳排放总量和强度"双控"制度。健全碳排放权市场交易制度，完善相关交易规则和核算标准。此外，还要构建有利于"双碳"工作的国土空间开发保护格局，扩大林草资源总量，巩固并提升生态系统碳汇增量。积极参与国际气候谈判和规则制定，深化绿色"一带一路"建设，支撑发展中国家能源绿色低碳发展。

五是统筹发展与安全，守牢美丽中国建设安全底线。生态安全是国家安全的重要组成部分，是建设人与自然和谐共生美丽中国的重要基石。贯彻总体国家安全观，积极有效应对各种风险挑战，加强生态安全与经济安全、资源安全、社会安全等领域的协作，源头防范化解生态环境风险与各类风险挑战内外联动、累积叠加，提升生态安全系统防范能力。加强生物安全管理，守住自然生态安全边界，持续加强外来入侵物种防控，开展重点区域外来入侵物种调查、监测、预警、控制、评估、清除及生态修复。严密防控环境风险，紧盯危险废物、尾矿库、化学品等高风险领域，强化危险废物、医疗废物收集处置能力，加强环境风险预警防控与应急，实行核与辐射最严格的安全标准和监管措施，确保经济社会持续健康发展。

六是强化法治、科技和政策支撑，有效保障美丽中国建设。统筹各领域资源，汇聚各方面力量，打好法治、市场、科技、政策"组合拳"。要强化法治保障，统筹推进生态环境、资源能源等领域相关法律制定和修订，充分发挥行政审判、环境资源审判职能作用，为生态环境保护修复、绿色发展提供更加优质高效的司法服务和保障，实施最严格的地上地下、陆海统筹、区域联动的生态环境治理制度，全面实行排污许可制，完善自然资源资产管理制度体系，健全国土空间用途管制制度。完善绿色低碳发展经济政策，强化财政支持、税收政策支持、金融支持、价格政策支持，推进排污权、用能权、用水权、碳排放权市场化交易，因地制宜深化电价、水价、污水垃圾处理收费等生态环境价格改革，充分发挥市场机制激励作用。创新生态环境科学技术，构建绿色技术创新体系，加强美丽中国建设的理论体系、技术体系和方法体系等科学研究，深化生态环境健康、化学品安全、生物多样性保护、全球气候变化等美丽中国建设重点领域的基础研究、关键技术、产品研发和推广应用。

中国将坚定不移走绿色发展之路，推进生态文明建设，推动实现更高质量、更有效率、更加公平、更可持续、更为安全的发展，让绿色成为美丽中国最鲜明、最厚重、最牢靠的底色，让人民在绿水青山中共享自然之美、生命之美、生活之美。

课外阅读

实现碳达峰、碳中和的中国承诺

2020年9月，习近平主席在第七十五届联合国大会一般性辩论上发表重要讲话，宣布中国将提高国家自主贡献力度，二氧化碳排放力争于2030年前达到峰值，努力争取2060年前实现碳中和。2021年3月，习近平主席主持召开中央财经委员会第九次会议,明确将碳达峰、碳中和纳入生态文明建设整体布局。中国力争2030年前实现碳达峰,2060年前实现碳中和,是中国基于推动构建人类命运共同体的责任担当和实现可持续发展的内在要求作出的重大战略决策。实现碳达峰、碳中和,是一场广泛而深刻的经济社会系统性变革,要推动经济社会发展建立在资源高效利用和绿色低碳发展的基础之上。要坚定不移贯彻新发展理念,坚持系统观念,处理好发展和减排、整体和局部、短期和中长期的关系,以经济社会发展全面绿色转型为引领,以能源绿色低碳发展为关键,加快形成节约资源和保护环境的产业结构、生产方式、生活方式、空间格局,坚定不移走生态优先、绿色低碳的高质量发展道路。要坚持全国统筹,强化顶层设计,发挥制度优势,压实各方责任,根据各地实际分类施策。要把节约能源资源放在首位,实行全面节约战略,倡导简约适度、绿色低碳生活方式。要坚持政府和市场两手发力,强化科技和制度创新,深化能源和相关领域改革,形成有效的激励约束机制。要加强国际交流合作,有效统筹国内国际能源资源。要加强风险识别和管控,处理好减污降碳和能源安全、产业链供应链安全、粮食安全、群众正常生活的关系。

练习题

一、名词解释

1. CCUS
2. 碳汇
3. 碳足迹
4. 碳排放权
5. 自愿减排量
6. 碳达峰
7. 碳中和
8. 碳排放强度
9. CO_2捕集
10. CO_2封存

二、填空题

1. 太阳能的利用有_____和_____两种方式。按照发电原理,太阳能发电主要包括_____和_____两种方式。

2. 核能可通过三种核反应之一释放:_____、_____、_____。

3. 碳捕集与碳储存技术是通过捕集技术将_____从工业或其他碳排放源中分离捕集,再通过_____将其封存起来。

4. 按碳捕集与燃烧的先后顺序可将碳捕集技术分为_____、_____、_____。

5. 燃烧前捕集技术是指将_____等可燃气体中的CO_2进行分离与捕集的技术。

6.《联合国气候变化框架公约》将碳的排放过程定义为_____,将碳的清除过程定义为_____,碳元素在源与汇之间不断地迁移转化和循环周转,实现全球碳循环。

三、简答题

1. 请列举常见碳捕集技术的原理、适用性及优缺点。
2. 我国绿色低碳发展取得哪些成效?
3. 全面推进美丽中国建设的重点任务有哪些?

参考文献

[1] 弗雷迪·纳克加勒. 世界土壤资源状况[M]. 王树声, 郭先锋, 孔凡玉, 译. 北京: 中国农业科学技术出版社, 2018.

[2] 尼尔·布雷迪, 雷·韦尔. 土壤学与生活: 第14版[M]. 李保国, 徐建明, 译. 北京: 科学出版社, 2019.

[3] 彼得·H. 雷文, 大卫·M. 哈森扎尔, 玛丽·凯瑟琳·哈戈尔, 等. 环境概论[M]. 姜智芹, 译. 南京: 江苏人民出版社, 2021.

[4] RAVEN, P H. BERG, L R. HASSENZAHL, D M. Environment [M]. 7th ed. Hoboken: John Wiley & Sons, Inc., 2010.

[5] 秦昌波, 张培培, 于雷, 等. "三线一单"生态环境分区管控体系: 历程与展望[J]. 中国环境管理, 2021, 13(5): 151-158.

[6] 蔡博峰, 李琦, 张贤, 等. 中国二氧化碳捕集利用与封存(CCUS)年度报告(2021): 中国CCUS路径研究[R]. 生态环境部环境规划院, 中国科学院武汉岩土力学研究所, 中国21世纪议程管理中心, 2021.

[7] 曾永平. 环境微塑料概论[M]. 北京: 科学出版社, 2020.

[8] 柴发合. 我国大气污染治理历程回顾与展望[J]. 环境与可持续发展, 2020, 45(3): 5-15.

[9] 柴发合. 久久为功, 蓝天永驻: $PM_{2.5}$与臭氧协同控制[J]. 环境与可持续发展, 2020, 45(6): 148-149.

[10] 陈海嵩, 孙洪坤. 环境风险管理与纠纷处理法律问题研究[M]. 长春: 吉林人民出版社, 2012.

[11] 陈怀满. 环境土壤学[M]. 3版. 北京: 科学出版社, 2018.

[12] 翟融融. 二氧化碳捕集技术及其在火力电厂的工程应用[M]. 北京: 化学工业出版社, 2019.

[13] 丁翠萍. 固体废弃物收集、处理及资源化利用技术进展分析[J]. 资源节约与环保, 2017 (8): 5, 9.

[14] 福建龙净环保股份有限公司. 2021—2030年大气污染治理行业发展展望报告[R]. 北京: 中国环境保护产业协会, 2021.

[15] 高世楫, 陈健鹏. 十八大以来我国绿色发展进展、经验与展望[J]. 中国发展观察, 2022 (10): 56-62.

[16] 侯德义, 沈征涛. 污染场地风险管控技术及国外典型案例分析[M]. 北京: 化学工业出版社, 2022.

[17] 姜华, 高健, 李红, 等. 我国大气污染协同防控理论框架初探[J]. 环境科学研究, 2022, 35(3): 601-610.

[18] 蒋建国. 固体废物处置与资源化[M]. 2版. 北京: 化学工业出版社, 2013.

[19] 李广超, 李国会. 大气污染控制技术[M]. 3版. 北京: 化学工业出版社, 2020.

[20] 李进, 于海琴. 低碳技术与政策管理导论[M]. 北京: 北京交通大学出版社, 2015.

[21] 李俊生, 李果, 吴晓莆, 等. 陆地生态系统生物多样性评价技术研究[M]. 北京: 中国环境科学出版社, 2012.

[22] 李珣, 尚书勇. 固体废弃物收集、处理及资源化利用技术进展[J]. 广东化工, 2016, 43(5): 122-123.

[23] 刘华军, 邵明吉, 孙东旭. 新时代中国绿色发展的实践历程与重大成就: 基于资源环境与经济协调性的考察[J]. 经济问题探索, 2022 (9): 133-147.

[24] 刘建华. 国内燃煤锅炉富氧燃烧技术进展[J]. 热力发电, 2020, 49(7): 48-54.

[25] 刘芃岩. 环境保护概论[M]. 2版. 北京: 化学工业出版社, 2018.

[26] 刘瑞平, 宋志晓, 崔轩, 等. 我国土壤环境管理政策进展与展望[J]. 中国环境管理, 2021, 13(5): 93-100.

[27] 刘益贵. 新时代生态文明建设理论与实践[M]. 长沙: 湖南科学技术出版社, 2021.

[28] 刘渝, 黄靖, 刘孟新. 固体废物及其防治方法浅谈[J]. 科技视界, 2018(7): 224-225.

[29] 毛超, 漆良华. 森林土壤氮转化与循环研究进展[J]. 世界林业研究, 2015, 28(2):8-13.

[30] 潘霄. 清洁能源工程技术原理与应用[M]. 北京: 清华大学出版社, 2021.

[31] 钱易, 唐孝炎. 环境保护与可持续发展[M]. 2版. 北京: 高等教育出版社, 2010.

[32] 全球能源互联网发展合作组织. 清洁能源发电技术发展与展望[M]. 北京: 中国电力出版社, 2020.

[33] 沙涛, 李群, 于法稳. 中国碳中和发展报告(2023)[M]. 北京: 社会科学文献出版社, 2023.

[34] 邵超峰, 鞠美庭. 环境学基础[M]. 3版. 北京: 化学工业出版社, 2021.

[35] 生态环境部土壤生态环境司, 生态环境部南京环境科学研究所. 土壤污染风险管控与修复技术手册[M]. 北京: 中国环境出版集团, 2022.

[36] 王宝庆. 物理性污染控制工程[M]. 北京: 化学工业出版社, 2020.

[37] 王纯, 张殿印. 废气处理工程技术手册[M]. 北京: 化学工业出版社, 2013.

[38] 王金南, 董战峰, 蒋洪强, 等. 中国环境保护战略政策70年历史变迁与改革方向[J]. 环境科学研究, 2019, 32(10):1636-1644.

[39] 王金南. 全面推进美丽中国建设[J]. 红旗文稿, 2023(16):4-8.

[40] 王毅, 苏利阳. 加快构建绿色低碳循环发展经济体系[J]. 中国经贸导刊, 2021(5):71-73.

[41] 魏振枢. 环境保护概论[M]. 4版. 北京: 化学工业出版社, 2019.

[42] 吴启堂. 环境土壤学[M]. 北京: 中国农业出版社, 2011.

[43] 伍斌, 王斌, 谷庆宝. 我国土壤环境标准体系建设研究[C]// 中国土壤学会土壤环境专业委员会, 中国土壤学会土壤化学专业委员会. 2019年中国土壤学会土壤环境专业委员会、土壤化学专业委员会联合学术研讨会论文摘要集.2019, 158-159.

[44] 谢红. 固体废弃物收集、处理及资源化利用技术进展[J]. 资源节约与环保, 2018(1): 100, 102.

[45] 熊敬超, 宋自新, 崔龙哲, 等. 污染土壤修复技术与应用[M].2版. 北京: 化学工业出版社, 2021.

[46] 袁霄梅, 张俊, 张华, 等. 环境保护概论[M].2版. 北京: 化学工业出版社, 2020.

[47] 张涵, 姜华, 高健, 等. $PM_{2.5}$与臭氧污染形成机制及协同防控思路[J]. 环境科学研究, 2022, 35(3): 611-620.

[48] 张怀顺,朱光有,丁玉祥,等.天然气中汞的来源及脱汞技术[J].天然气地球科学,2021,32(3):363-371.

[49] 张文艺,毛林强,胡林潮,等.环境保护概论[M].2版.北京:清华大学出版社,2021.

[50] 章丽萍.环境保护概论[M].北京:煤炭工业出版社,2013.

[51] 赵由才,牛冬杰,柴晓利,等.固体废物处理与资源化[M].3版.北京:化学工业出版社,2019.

[52] 中共中央宣传部,中华人民共和国生态环境部.习近平生态文明思想学习纲要[M].北京:学习出版社,人民出版社,2022.

[53] 中国碳中和与清洁空气协同路径年度报告工作组.中国碳中和与清洁空气协同路径2021[R].北京:中国清洁空气政策伙伴关系,2021.

[54] 中国碳中和与清洁空气协同路径年度报告工作组.中国碳中和与清洁空气协同路径2022[R].北京:中国清洁空气政策伙伴关系,2022.

[55] 中国碳中和与清洁空气协同路径年度报告工作组.中国碳中和与清洁空气协同路径2021:中国清洁空气政策伙伴关系[R].北京:清华大学碳中和研究院,2021.

[56] 中国碳中和与清洁空气协同路径年度报告工作组.中国碳中和与清洁空气协同路径2022:减污降碳 协同增效[R].北京:清华大学碳中和研究院,2022.

[57] 中国碳中和与清洁空气协同路径年度报告工作组.中国碳中和与清洁空气协同路径2023:降碳减污扩绿增长[R].北京:清华大学碳中和研究院,2023.

[58] 中华人民共和国国务院新闻办公室.新时代的中国绿色发展[R].北京:人民出版社,2023.

[59] 钟斌.扎实推进净土保卫战[J].中国生态文明,2020(3):69-71.

[60] 冯强,易境,刘书敏,等.城市黑臭水体污染现状、治理技术与对策[J].环境工程,2020,38(8):82-88.

[61] 吕贻忠,李保国.土壤学[M].北京:中国农业出版社,2006.

[62] 洪亚雄.加强土壤污染源头防控,深入打好净土保卫战[J].世界环境,2023(5):25-27.

[63] 孟小燕,王毅.我国推进"无废城市"建设的进展、问题及对策建议[J].中国科学院院刊,2022,37(7):995-1005.

[64] 杜祥琬.固废资源化利用是高质量发展的要素[J].人民论坛,2022(9):6-8.

[65] 中华人民共和国生态环境部.中国应对气候变化的政策与行动2022年度报告[R].2022.

[66] State of climate in 2021: Extreme events and major impacts[EB/OL]. (2021-10-31)[2023-6-26]. https://unfccc.int/news/state-of-climate-in-2021-extreme-events-and-major-impacts.

[67] Global Environment Facility (GEF). Valuing the Global Environment:Actions and Investments for a 21st Century. Washington, DC, USA.1998.

[68] CHENG J, TONG D, LIU Y, et al.Health benefits of China's clean air and carbon neutrality synergistic pathway, in prep.2021.

[69] 中国21世纪议程管理中心.中国CCUS技术评估报告[M].北京:2021.